SAGGI DI STORIA ANTICA
31

AF749624

Diretti da
ANDREA GIARDINA

SAGGI DI STORIA ANTICA

1 - Scheid, J. - Le collège des Frères Arvales, 1990.
2 - Canfora, L.; Liverani, M.; Zaccagnini, C. (Edd.) - I trattati nel mondo antico, 1990.
3 - Pecere, O. (Ed.) - Itinerari dei testi antichi, 1991.
4 - Ziolkowski, A. - The Temples of Mid-Republican Rome and their Historical and Topographical Context, 1992.
5 - Grelle, F. - Canosa Romana, 1993.
6 - Chastagnol, A. - Aspects de l'Antiquité tardive, 1994.
7 - Santalucia, B. - Studi di diritto penale romano, 1994.
8 - Magdelain, A. - De la royauté et du droit de Romulus à Sabinus, 1995.
9 - De Romanis, F. - Cassia, Cinnamomo, Ossidiana, 1996.
10 - Tantillo, I. - La prima orazione di Giuliano a Costanzo, 1997.
11 - Avanzini, A. (Ed.) - Profumi d'Arabia, 1997.
12 - Andreau, J. - Patrimoines, échanges et prêts d'argent: l'économie romaine, 1997.
13 - Convegno per Santo Mazzarino, Roma 9-11 Maggio 1991, 1998.
14 - Fraschetti, A. (Ed.) - La commemorazione di Germanico nella documentazione epigrafica, Tabula Hebana e Tabula Siarensis, 2000.
15 - Consolino, F.E. (Ed.) - Letteratura e propaganda nell'occidente latino da Augusto ai regni romanobarbarici, 2000.
16 - González, J. (Ed.) - Trajano Emperador de Roma, Actas del Congreso Internacional 14-17 Septiembre 1998, 2000.
17 - Munzi, M. - L'epica del ritorno. Archeologia e politica nella Tripolitania italiana, 2001.
18 - Torelli, M.R. - Benevento romana, 2001.
19 - Chausson F.; Wolff É. (Edd.) - Consuetudinis Amor. Fragments d'histoire romaine (IIe - VIe siècles) offerts à Jean-Pierre Callu, 2003.
20 - Porena, P. - Le origini della prefettura del pretorio tardoantica, 2003.
21 - Zaccagnini, C. (Ed.) - Mercanti e politica nel mondo antico, 2003.
22 - Munzi, M. - La decolonizzazione del passato. Archeologia e politica in Libia dall'amministrazione alleata al regno di Idris, 2004.
23 - Fraschetti, A. - Poesia anonima latina, 2005.
24 - La Rocca, A. - Il filosofo e la città. Commento storico ai *Florida* di Apuleio, 2005.

(continua a pagina 235)

François Salviat et André Tchernia

VINS VIGNERONS ET BUVEURS DE L'ANTIQUITÉ

«L'ERMA» di BRETSCHNEIDER

FRANÇOIS SALVIAT ET ANDRÉ TCHERNIA
Vins vignerons et buveurs de l'Antiquité

© Copyright 2013 by «L'ERMA» di BRETSCHNEIDER
Via Cassiodoro, 11 - Roma

Tutti i diritti riservati. È vietata la riproduzione di testi e illustrazioni
senza il permesso dell'Editore

Salviat, François
Vins vignerons et buveurs de l'Antiquité / François Salviat et André Tchernia. - Roma : "L'ERMA" di BRETSCHNEIDER, 2013. - 236 p. ; 22 cm. -
(Saggi di storia antica ; 31)
ISBN 978-88-8265-536-5 (Rilegato)
ISBN 978-88-913-0469-8 (PDF)

CDD 21. 641.22093
1. Vino - Antichità
2. Viticoltura - Antichità
3. Vigneti - Antichità
I. Tchernia, André

TABLE DES MATIÈRES

Avant-Propos

Sapias, vina liques...

La civilisation de l'antiquité gréco-romaine est universellement viticole. Le vin est le jus fermenté, alcoolisé, du fruit d'un arbuste-liane cloné, repiqué, soigné, guidé par la taille, adaptable et diffusé du Nil aux rives du Pont-Euxin, et de l'Arménie à la Lusitanie. Aliment et dopant pour les soldats, dès les guerriers épiques devant Troie et les mercenaires que menait Xénophon, le vin nourrit les travailleurs aux champs et les rameurs, jusqu'aux esclaves. Remède au service des médecins; tonique pour les gens âgés. Ouvrant aux rêveurs, aux poètes, Archiloque, Anacréon, Horace, la voie vers les paradis artificiels, vers l'enthousiasme, l'inspiration. Aux femmes, le plaisir de transgresser. Aux moralistes, des problèmes. Pour les crus de prix, orgueil du luxe; délices au palais des connaisseurs, délectation hédoniste des disciples d'Epicure. Don divin de Dionysos Libérateur, support de rites collectifs, de fêtes, de danses, d'initiations et de mystique religieuse jusque dans l'au-delà. Enfin, et ce n'est pas le moins, stimulant d'économie, source de prospérité pour les planteurs, les producteurs, les potiers, les cabaretiers et les négociants, les investisseurs, les banquiers, les spéculateurs, les fraudeurs, les armateurs, les capitaines, objet d'un trafic à haut profit malgré les taxes et les risques de mer.

Deux champs de recherche sont ici croisés. Le domaine grec, riche mais vaste et éclaté, d'approche plus parcellaire, en reste encore souvent au stade de l'analyse et des monographies. Les études sont en progrès: les travaux de G. Bertucchi (Marseille), d'A. Marangou (Crète), D. Courcoumélis (Corfou) s'ajoutent à ceux qui concernent ici surtout l'Egée du nord. Le domaine romain est mieux connu, éclairé par des traités d'agronomes, et par une approche érudite déja ancienne. Le livre d'A. Tchernia *Le vin de l'Italie romaine* (1986) offre une synthèse que nous pensons être toujours utile. Pour l'oenographie antique la plus à jour, nous disposons des ouvrages de J.P. Brun: *Le vin et l'huile dans la Méditerranée antique* (2003); *Archélogie du vin et de l'huile* 1, 2 (2004) et 3 (2005) (Paris, Errance).

La plupart des articles inclus dans ce recueil avaient leur dessein propre et leur utilité à leur date; on en tiendra compte. Mais la compilation a un avantage.

Elle enregistre la continuité des réflexions, l'approfondissement des thèmes. Elle exprime ainsi la connivence des auteurs dans l'enquête qui les a longtemps occupés.

Accord sur la méthode. Aux données archéologiques, chaque jour accrues par la fouille terrestre ou marine, par l'inventaire des amphores, estampillées, étiquetées, sont confrontées la collecte et la lecture des témoignages écrits, littéraires (où Galien fait écho à Hippocrate et Pline à Théophraste), papyrologiques, épigraphiques, dans leur contexte large et sur la durée. Mais au récolement documentaire, à l'analyse du vocabulaire, à l'expertise philologique, nous pensons qu'on doit joindre la connaissance des choix, des façons, des techniques vigneronnes et l'histoire longue, jusqu'à nos jours, du vin. A ce prix seul, on peut découvrir permanences et variations, et saisir, dans une perspective qu'on souhaiterait juste, d'Homère au tarif de Dioclétien et au manuel byzantin des *Géoponiques*, une culture.

Accord aussi pour le fond, et convergence sur des points essentiels.

Celui des migrations. L'article nouveau traitant des cépages énonce des conclusions communes: il reconnaît l'ascendance moyen-orientale, phénicienne, des vignes grecques, autorisant la pratique générale du passerillage pour concentrer le suc des grappes, par les procédés qu'énumère Théophraste, pour l'élaboration des vins de haut degré que nous disons "de liqueur"; puis le transport secondaire des souches "aminéennes", d'où coulait le falerne, élite des vignes d'Italie, implantées en Campanie – Aristote nous l'apprend – par des colons grecs venus de la Magnésie thessalienne.

Celui du goût. Les Anciens le décrivaient, en disputaient, à partir de catégories fixées déjà par Démocrite, qui sont rejointes par l'analyse actuelle des qualités organoleptiques. L'épreuve en bouche reste un recours. Certes, on ne peut plus apprécier le falerne fauve gardé dans l'argile portant la date d'antiques consuls; mais, buveurs attentifs, nous avons reconnu ensemble la *drimutès* (intraduisible) du xérès, du sauternes madérisé ambré, et du Château-Chalon du Jura élevé sous voile, que les Anciens déjà recherchaient. Et J.-P. Brun fut le complice de l'un de nous (A.T.) dans une expérience – réussie – d'archéologie expérimentale: la fabrication d'un vin "romain" au mas des Tourelles dans les Costières de Nîmes. Avouons-le pourtant: nous avons grimacé dans une tentative pour appliquer la recette catonienne du vin salé "de Cos".

Celui des symboles et de l'adage opportun: "La vérité de l'homme est dans ce qu'il boit". Entre humilité et fierté ou arrogance, le vin est révélateur des statuts sociaux. Boisson du tout venant de l'année, crus émergents ou promus, témoignent des pratiques enracinées dans des classes distinctes, hiérarchisées. Vins d'abondance, bas de gamme modestes; roturiers jeunes et mordants; vins bourgeois, familiers, de santé, de confort; vins nobles enfin rares et chers, qui avaient un nom, qui gagnaient à vieillir, que l'on buvait dans l'or; porteurs de préjugés, de prétentions, vanité des parvenus, distinction voyante des snobs, raffinement des gourmets, ostentation aristocratique, royale; au sommet, le vin de l'honneur.

I

LE VIN DE THASOS AMPHORES, VIN ET SOURCES ÉCRITES*

François Salviat

On peut être aujourd'hui convaincu que les amphores grecques, dès l'époque archaïque, sont par excellence des récipients à vin, que leur timbrage, à partir du Ve siècle, s'explique par cette fonction, en rapport avec des terroirs spécifiques, que la diffusion de chaque série ancienne correspond à celle d'un vin. Les progrès de l'étude du matériel amphorique sollicitent la réflexion en ce sens et nous obligent à envisager un nouveau bilan des autres documents concernant les vignobles et les crus. Le recours aux sources écrites est indispensable; or l'enquête à leur sujet n'a été conduite encore que de façon superficielle, fragmentaire, et souvent sans dimension historique. Les travaux de Billiard, de Jardé, de Ziebarth[1], toujours cités, ne répondent plus à l'attente actuelle. On ne peut plus se satisfaire de références sèches, au mieux de quelques citations sans contexte, et pratiquement hors du temps, et du renvoi au seul Athénée: il est nécessaire de recenser textes et fragments, les situant dans leur époque, de les in-

* Article publié dans *Recherches sur les amphores grecques*, *BCH* Supplément XIII, Paris 1986, éd. par J.Y. Empereur et Y. Garlan (Colloque d'Athénes de 1984), p. 145-196.

[1] R. Billiard, *La vigne dans l'antiquité*, Lyon 1913; A. Jardé, art. *Vinum*, 1919, dans le *Dictionnaire des antiquités* de Daremberg et Saglio; E. Ziebarth, *Beiträge zur Geschichte des Seeraubs und Seehandels im alten Griechenland*, Hamburg 1929.

terroger de manière plus pressante, en s'attachant au vocabulaire même, en utilisant au besoin les ressources de la critique philologique, pour élaborer, en mettant en regard les données toujours plus abondantes et plus sûres fournies par l'archéologie, une histoire plus nuancée et plus précise. Le travail d'A. Tchernia sur le vin et les amphores dans le monde romain à partir de l'époque républicaine apporte aujourd'hui un modèle et fait apparaître, par la nouveauté des résultats, la fécondité d'une démarche exigeante, moins classique qu'il n'y paraît: on y trouvera à la fois l'exposé et l'illustration d'une méthode qu'il convient maintenant d'appliquer au monde grec[2].

S'occuper des amphores et des textes, c'est s'intéresser à tous les problèmes concernant le vin. Sa technologie d'abord[3], du raisin à la coupe, sa fabrication, son «élevage», son conditionnement, sa conservation, qui définissent sa qualité et son goût. Puis sa commercialisation: le sujet est capital pour la connaissance de l'économie antique. On le sait: avec le grain (orge ou blé) et avant l'huile[4], le vin est une denrée de base; et le type naturel d'échange était celui du vin contre le grain: Aristote lui-même l'affirme, à deux reprises, dans la *Politique* (1256 b) et dans l'*Éthique* à *Nicomaque* (V, 1133 b), et quand il évoque, dans l'*Éthique* encore, les mesures officielles grandes et petites, pour le trafic de gros et de détail, il mentionne de même, et uniquement, avec les mesures à grain (μέτρα σιτηρά), celles à vin (οἰνηρά)[5]. On approfondira ces aspects – la production, la vente et l'échange – sans manquer d'en explorer le côté social. Enfin la consommation et la mentalité des buveurs, qui fait la valeur du produit, détermine son «image»: on gardera à l'esprit tous les prestiges du vin, aliment certes, mais don merveilleux de Dionysos, support de toute une religion, source d'imagination, de joie, d'oubli, drogue pour ceux qui souffrent, réconfort de la vieillesse, symbole de richesse, de culture aussi, et d'initiation à la vie virile, même si l'on craint l'ivresse déraisonnable et violente.

L'enquête sur les sources doit être vaste, pour prendre en compte les problèmes dans ce champ large, et dans des perspectives compa-

[2] A. Tchernia, *Le vin de l'Italie romaine*, Rome 1986.

[3] Aux études de Jardé et Billiard citées cidessus note 1, on ajoutera les remarques de D. A. Amyx, *Hesperia* 27, 1958, p. 241-246 (à propos du *lenos*); voir aussi Ph. Bruneau et, Ph. Fraisse, *BCH*, 105 (1981), p. 127-153 et *BCH*, 108 (1984), p. 713-730 (problèmes posés par les pressoirs de Délos et réflexions sur la technologie du vin dans les Cyclades).

[4] Sur le grain et l'huile, voir la reprise des problèmes et des vues originales dans M.-C. Amouretti, *Le pain et l'huile dans la Grèce antique* (thèse de doctorat, Aix-en-Provence 1984).

[5] Aristote, *Éthique à Nicomaque*, 1135 a.

ratives. La méthode, dans un premier temps, va de soi: il convient d'établir le recueil complet des documents. On peut commencer cet inventaire par la constitution d'un dossier concernant un terroir et le cas de Thasos est privilégié. Tous ceux qui se sont intéressés aux timbres amphoriques et aux amphores de Thasos, depuis A. Dumont, ont en effet estimé, avec bon sens, que le vin était le principal produit en rapport avec ce matériel, de volume et de diffusion considérables; la preuve en est dans des références particulièrement abondantes chez les auteurs antiques, établissant la renommée du vin de l'île, auxquelles s'ajoute une série d'inscriptions importantes, et d'intérêt unique. Mais aucun recueil exhaustif de témoignages n'a été vraiment dressé sur ce thème: la liste de références la plus riche, donnée par C. Fredrich dans son introduction à la partie thasienne des *Inscriptiones Graecae* XII, 8 n'est reprise que de manière allusive – avec quelques additions pourtant – par A.-M. Bon, dans la préface du catalogue des timbres amphoriques thasiens[6]. Il est donc utile de présenter, avec un appareil un peu alourdi, l'ensemble des textes littéraires, en y ajoutant les documents épigraphiques, et un papyrus essentiel. La liste qui suit, que je me suis efforcé de rendre complète, reste ouverte. Sont proposés plus loin une synthèse et, sans que l'on s'écarte trop de Thasos, un aperçu sur l'évolution des crus.

[6] *Les timbres amphoriques de Thasos*, éd. par A.-M. Bon, A. Bon, Paris 1957, p. 36, notes 8-11 et p. 43. Des séries plus courtes, mais indépendantes, des références littéraires sont fournies par Billiard, *La vigne*..., p. 69, note 10 et p. 314, note 5, et par Jardé, *DA*, s.v. *vinum*, p. 914, note 29. Voir aussi *Guide de Thasos*, Paris 1967, p. 176-179; J. Pouilloux, *Études thasiennes*, III, *Recherches sur l'histoire et les cultes de Thasos* I, Paris 1954 (abrégé ci-après *Recherches*... I) à l'index p. 490 (vin); Chr. Dunant et J. Pouilloux, *Études thasiennes*, V, *Recherches sur l'histoire et les cultes de Thasos* II, Paris 1958, à l'index p. 363 (vin); *Guide de Thasos*, Athènes 2000, p. 182-183.

DOCUMENTS ÉPIGRAPHIQUES

a. Loi sur le vin et le vinaigre; boustrophédon (vers 480 av. J.-C.)

Pouilloux, *Recherches*... I, 7 (= *SEG*, XVIII, 347; W. H. Pleket, *Epigraphica*, 1; *Guide de Thasos*, 2000, p. 183-184, fig. 123)

Λ
_ΙΟΜ ΜΗ
ον ποιέω· ὅ τι ἂν τις τούτω[ν ποιῆι.....]
α, τõ οἴνο καὶ τõ ὀχσέος στερέσ̣[θω ὑπõ τõ]
[κατειπ]όντος, καὶ ἕκτην κατ' ἀμφορέα ἕκα[στον ὀφελ]-
[έτω τῆι Ἀθ]ηναίηι τῆι Πολιόχωι καὶ τῶι Ἀπόλλω̣[νι τῶι Πυθί]-
[ωι κ]αὶ τῶι κατειπόντι ἑτέρην· ἀπενγυάτω ὁ [κατειπὼν]
[ἀπενγύην] παρὰ Τριηκοσίοισιν κατάπερ τῶν βιαίων· [π]-
[ε]ρὶ τõ οἴνο νηϊδίης οὐκ ἔστιν ὅρκος οὔτ[ε ἀστῶι οὔ]-
τε χσένωι.

... *Tout contrevenant ... se verra confisquer par l'accusateur le vin et le vinaigre et versera une* hecté *par amphore à Athéna Poliouchos el à Apollon Pythien, et une autre* hecté *à l'accusateur. L'accusateur déposera caution auprès des Trois Cents comme dans le cas de violences. Pour le cas du vin, ni Thasien ni étranger ne peuvent invoquer sous serment l'ignorance.*

A la ligne 3, on restitue maintenant ποιῆι, avec une entière sûreté, en utilisant le parallèle de formules analogues dans le texte inédit cité ci-après (**h**). Je propose aussi d'abréger les restitutions jusqu'ici proposées aux lignes 6 à 8, après avoir réévalué les lacunes. La restitution aux lignes 4-5, nouvelle, est pour moi assurée.

b. Lois sur le commerce du vin *IG*, XII suppl. 347, I et II (fin du Ve siècle av. J.-C.)

G. Daux, *BCH*, 50 (1926), p. 214-220; *RA* (1948), p. 249 sqq.; J. Pouilloux, *Recherches*... I, p. 45 et 130; W. H. Pleket, *Historia* 13, 1963, p. 73, note 18, et *Epigraphica*, 2, p. 8 et 9; G. Mantsoufas, *La loi thasienne* Γλεῦκος μηδὲ οἶνον *sur le commerce du vin*, Athènes 1967; D. C. Gofas, *BCH*, 93 (1969), p. 358-360; *Guide de Thasos*, 2000, p. 184-185, fig. 124.

I

Γλεῦκος μηδὲ οἶνον τõ καρπõ τõ ἐπὶ τῆις ἀμπέ[λοις ὠν]-ἔσθαι πρὸ νεομηνίης Πλυντηριῶνος· ὃς δ' ἂν πα[ραβας] πρίηται, ὀφείλεν στατῆρα παρὰ στατῆρα, τὸ μὲν [ἥμυσυ] τῆι πόλι, τὸ δ' ἥμυσυ τῶι δικασαμένωι· δίκη δ' ἔστω κα[τά]-περ τῶμ βιαίων· ὃς δ' ἂν ἐμ πίθοις οἶνον πρίηται, τὴν ὠν-ὴν κυρίην ἔναι, ἂν τὸς πίθος σημήνηται.

II

[---αἱ δὲ] θωιαὶ καὶ ἀπενγύαι ἔστων κατὰ ταὐτά· ἂν δὲ μηδὲς ἀπ[εγγυ-] [ᾶ]ι, οἱ πρὸς τὴν ἤπειρον ἐπιτετραμμένοι δικασάσθων· ὅτ[ε] δ' ἂν νικήσωσι, τῆς πόλεως ἡ θωιὴ ἔστω πᾶσα· ἂν δὲ οἱ ἐπιτετ-ραμμένοι μὴ δικάσωνται πυθόμενοι, αὐτοὶ τὴν θωιὴν διπ-λησίην ὀφελόντων· δικασάσθω δὲ ὁ βολόμενος κατὰ ταὐτά, καὶ τῆς θωιῆς τὸ ἥμυσυ ἰσχέτω, καὶ τὴν δίκην οἱ δημιοργο-ὶ δόντ‹ων› κατὰ τῶν ἐπιτετραμμένων κα‹τὰ› ταὐτά· μηδὲ πλοῖον Θάσιον ξενικὸν οἶνον ἐσαγέτω ἔσω Ἄθ‹ω› καὶ Παχείης· εἰ δὲ μή, τὰς αὐτὰς θωιὰς ὀφελέτω ὥσπερ παρὰ τὸν οἶνον ὕδωρ παρα-χέων, καὶ ὁ κυβερνήτης τὴν αὐτὴν θωιὴν ὀφελέτω· αἱ δὲ δίκ-αι καὶ αἱ ἀπενγύαι ἔστων κατὰ ταὐτά· μηδὲ ἐξ ἀμφορέων μη-δὲ ἐκ πιθάκνης μηδ' ἐξ ψευδοπίθο κοτυλιζέτω μηδές· ὃς δ' ἄ-ν πωλῆι, δίκαι καὶ ἀπεγγύαι καὶ θωιαὶ ἔστων κατὰ ταὐτὰ κ-ατάπερ τõ ὕδατος τῆς παραχύσιος. *vacat*

I

Moût ou vin, il est interdit d'acheter la récolte sur pied avant le premier du mois de Plyntérion; l'acheteur contrevenant paiera statère pour statère; la moitié ira à la cité, la moitié à qui aura enyagé l'action; l'action sera la même que dans le cas de violences. Pour qui achète en pithoi, *la vente sera parfaite quand il aura mis les* pithoi *sous scellés.*

II

... que les amendes et les consignations soient les mêmes. Si personne ne dépose de caution, que les commissaires au continent engagent l'action; s'ils l'emportent, l'amende reviendra toute à la cité; si les commissaires n'engagent pas l'action, ayant eu connaissance du délit, ils paieront une amende double; et qui le voudra pourra engager une action contre eux dans les mêmes conditions, et il aura la moitié de l'amende; et les démiourgoi *procèderont à l'action contre les commissaires dans les mêmes conditions. Défense à tout navire thasien d'introduire du vin étranger dans les eaux com-*

prises entre l'Athos el la Pachélé; en cas d'infraction, [*l'armateur*] *paiera les amendes fixées pour le mouillage du vin et le pilote paiera la même amende; actions et cautions dans les mêmes conditions. Défense de faire de la vente au détail en utilisant amphores, ou* pithacné, *ou* pseudopithos*; si l'on vend en contravention, actions, cautions el amendes seront les mêmes que pour le mouillage du vin.*

Il n'est pas question de reprendre ici le commentaire; signalons simplement que dans le texte I, la prescription finale, ligne 6, ne concerne pas l'estampillage des *pithoi* eux-mêmes; on peut être entièrement d'accord avec la critique conduite par J. Vinogradov contre toutes les opinions qui ont été exprimées, presque unanimement il faut le reconnaître, en ce sens[7]. Mais je n'adhère pas à la solution nouvelle proposée par J. Vinogradov, la gravure d'indications de volume: à mon sens, et de façon évidente, il s'agit de la mise sous scellés de chaque *pithos* par l'acheteur; il fallait ensuite briser le sceau pour retirer le couvercle. Le moment de la mise sous scellés définit celui où la vente est «parfaite»; les risques à venir sont dès lors ceux de l'acheteur. Cette interprétation, suggérée à G. Daux, l'éditeur des textes, par P. Roussel, est la seule acceptable. Elle est la seule en effet à rendre compte du vrai sens, constamment attesté, notamment dans les cas de douane[8], ou de séquestre, du verbe (σημήνηται) ou de ses composés et des indications de Caton dans le *De agricultura* sur les précautions à prendre pour la vente du vin, produit instable, en jarres (*vinum in doliis*)[9]. Je renverrai surtout au *Digeste* où est exposée au chapitre XVIII, 6 (*De periculo et commodo rei venditae*) la «théorie des risques» dans le droit des obligations[10] et où l'exemple du vin est privilégié. Certains jurisconsultes, dont C. Trebatius Testa, ami et correspondant de Cicéron, et dédicataire de ses *Topiques*, soutenaient – et c'est dès le Ve siècle on le voit, exactement la doctrine thasienne – que le vin de-

---

[7] Voir la bibliographie donnée par D. C. Gofas, *BCH*, 93 (1969), p. 358, note 1, et la communication de J. Vinogradov, *BCH*, *Suppl*. XIII, p. 197-200 avec les références.

[8] Voir par exemple Énée le Tacticien, XXIX, 5 (adaptation burlesque de cette réalité dans Aristophane, *Oiseaux*, 559-560, avec l'équivalent ἐπιβάλλειν σφραγῖδα).

[9] *De agricultura*, 148.

[10] Sur ce problème, qui se pose aux juristes de toutes les époques, voir R. Monier, *Manuel élémentaire de droit romain*, II, Paris 1954, p. 147; F. de Zulueta, *The Roman Law of Sale*, Oxford 1949, p. 30-35, avec la référence, p. 35, aux doctrines modernes du risque dans le droit anglais, français et allemand; A. Watson, *The Law of Obligations in the Later Roman Republic*, Oxford 1965, p. 59 sqq.

vait être considéré comme livré, c'est-à-dire que la vente était parfaite et que les risques d'altération (le vin «tourne» et se gâte) et de perte (par exemple par bris du vase ou fuite) n'étaient plus supportés par le vendeur après cette mise sous scellés des *dolia* qu'exprime le verbe latin *signare*. *Si dolium signatum sit ab emptore, Trebatius ait id traditum videri*. L'expression *vinum signatum ... sigillo*, pour définir l'état d'un vin mis sous scellés dans un cas de litige, apparaît *Digeste* XIX, 2, 11 (Ulpien): *Qui vinum de Campania transportandum conduxisset, mola a quodam controversia, signatum suo el alterius sigillo in apothecam deposuisset, ex locato tenetur...* (Quelqu'un s'était engagé par contrat à transporter du vin depuis la Campanie; comme on avait soulevé un procès (à propos de ce vin) le transporteur avait déposé dans une cave le vin, scellé de son sceau et de celui d'un tiers; il peut être contraint en vertu de son contrat ...). *Signare vinum* a dans ce cas une signification très claire. L'interprétation de notre article législatif thasien ne souffre donc aucune incertitude; et il ne doit plus être question, à son sujet, de timbres de type amphorique, de graffiti, de contrôle de contenance, de fiscalité. On découvrira, en revanche, la continuité remarquable entre ce point du droit des obligations helléniques et certains aspects du droit romain restés pour nous, par chance, beaucoup plus explicites.

Dans le texte II, on notera que les *démiourgoi* qui interviennent aux lignes 7-8 ne doivent pas être identifiés à un collège de magistrats de type ordinaire; il s'agit plutôt du corps des citoyens «actifs», ceux qui ont accès aux magistratures: et le recours à leur action indique la couleur institutionnelle du régime sous lequel fut promulguée la loi II; la démocratie, avant 411, paraît exclue. Un progrès décisif pour l'interprétation de l'article qui suit est l'identification sûre, d'après l'historien Critoboulos, de la Pachéiè (ligne 9) avec le cap Paxi sur la côte thrace, un peu à l'Est d'Ainos. Le dernier article de la loi est expliqué ainsi par l'éditeur, G. Daux: le délit est «le fait de quiconque détaille le vin, fût-ce en mesures exactes, à partir de récipients à capacité non déterminée»[11]. Les vases mentionnés, amphore, *pithacné*, *pseudopithos*, «sont interdits», car ils sont de contenance mal fixée. Le pithos au contraire, étant à cette époque un récipient à capacité définie «serait utilisé». Cette hypothèse, accueillie par A.-M. Bon[12], est à rejeter absolument, car elle ignore une donnée matérielle: les *pithoi* sont inamovibles dans le chai, au point

[11] *BCH*, 50 (1926), p. 220.
[12] Bon, Bon, *Les timbres...*, 1957, p. 37.

d'être vendus avec le fonds[13] (l'oubli de ce fait avait conduit aussi à l'interprétation hasardeuse du deuxième article du texte I). Les autres propositions de G. Daux sont parfois utiles (ainsi l'idée d'un «contrôle permanent sur le commerce de gros») mais non développées. – Sur le récipient désigné comme *pithacné*, on dispose maintenant du commentaire de D. A. Amyx à propos des stèles des Hermocopides, où l'on trouve le terme équivalent de *phidacné* et l'apparenté *phidacnis*[14]: le vase est de dimension intermédiaire entre l'amphore et le *pithos*; les prix à l'unité, stèle VII, lignes 52-56, varient de 4 à 11 drachmes; la contenance, variable elle aussi selon toute apparence, pourrait aller jusqu'à 25 amphores (stèle II, lignes 251-252).

c. Stèles des Hermocopides (414 av. J.-C.)

Stèle VI, l. 53-61 et 133-138. W. K. Pritchett, *Hesperia*, 22 (1953), p. 272 et 273; commentaires de Pritchett, *Hesperia*, 25 (1956), p. 199-203, et D. A. Amyx, *Hesperia*, 27 (1958), p. 168-170 et 241-246; *M.L.* 79, p. 242.

		vacat
	['Αδειμάν]το τõ	Λε[υκ]ολοφίδο Σκα[μβονίδο]·
- -	. .	ἀνὲρ ['Αρ]ιστόμαχος
		ἀγρὸς [ἐν] Θάσοι ἐν 'Ị[- -]
		καὶ οἰκ[ία]·
- -	[. . .]ΗΗ𐅄	ἔπεστιν [πίθ]οι ἐνν̣[- - -]
		hυγιε͂ς ΔΔ̣[. . σ]αθρο̣[ὶ - -]
		ἐπιθέμα[τα ἔχοντες].
- -	[. .] Η𐅄ΔΔΔ	οἴνο ἀμφο[ρε͂]ς [- - -]
		𐅄𐅄̣ΔΔΔΔ τρ[ε͂]ς χόε[ς].

Les lignes 53 à 61 forment un paragraphe, qui concerne les biens d'Adeimantos. L'esclave de la ligne 54 doit être attaché au domaine qui est mentionné aussitôt après. Il s'agit d'un terrain (ἀγρός) situé

[13] Les *pithoi* sont un «matériel fixe, que son poids, son volume, sa fragilité retenaient entre les murs des caves» (Billiard, *La vigne*..., p. 466; voir *ibid*., p. 478). Voir, sur les *pithoi* grecs, D. A. Amyx, *Hesperia*, 27 (1958), p. 168-170. Le droit romain considère que les *dolia* accompagnent le fonds et sont vendus avec lui *(Digeste* XVIII, 1, 40 et 1, 76; XXII, 93, 4; XXXIII, 7, 8): cf. A. Watson, *The Law of Obligations*..., p. 91-92.

[14] D. A. Amyx, *Hesperia*, 27 (1958), p. 170-174.

à Thasos au lieu dit ’I..., d’un local, et de *pithoi*, dotés de couvercles[15], dont certains (22 au moins, 40 au plus) sont sains, d’autres abîmés. Pritchett suppose qu’à la ligne 57 la contenance des *pithoi* était fournie; la chose est très incertaine. Le vin mentionné aux lignes 60 et 61 doit être du vin de Thasos, encore dans le chai du domaine, peut-être dans les *pithoi*; la mesure donnée: 590 amphores 3 *chous* est évidemment attique.

Un autre terrain sis à Thasos apparaît stèle VI, dans le fragment 1, lignes 133-134.

frag. 1
traces
χορίον ἐν Θά[σοι– – –
ἐγ χυτρίνο[ις – – –
𐅄ΔΔΔΔΙΙΙ·–
ἐπιθέμα[τα – –]
λενός[– – – –]
πύελο[ς – –]
. . Γ

Le propriétaire de ce χωρίον semble être encore, si la mise en place des fragments proposée par Pritchett est bonne, Adeimantos. Son nom apparaît en effet à la ligne 131 de la stèle VI, telle qu’il la reconstitue. Le contexte évoque encore, après le terrain, au lieu dit *Chytrinoi*, des *pithoi*, au nombre de 93, avec leurs couvercles[16], une table de pressoir[17], une cuve.

Les prix de vente sont perdus: à la ligne 57, la somme ne peut descendre au-dessous de 950 drachmes, mais peut s’élever bien audessus. Une estimation du volume des *pithoi* dans l’un et l’autre cas, jointe à la donnée que constitue, pour le premier, le volume du vin vendu sur le fonds, peut fournir cependant une indication approchée de l’étendue de chaque domaine. Le raisonnement, qui n’a été fait ni par Pritchett ni par Amyx, est simple. Il convient sans doute, pour les années de production exceptionnelle, de prévoir des *pithoi* de réserve, mais la règle est de libérer les vases avant la vendange à venir: on peut donc considérer que le volume d’accueil est lié à la ré-

---

[15] Sur ces couvercles, voir AMYX, *loc. laud.*, p. 169. Sur les *dolia* et leurs couvercles, voir BILLIARD, *La vigne...*, p. 466-477, et en particulier p. 468, avec les références à Caton, Varron, Pline.

[16] D. A. AMYX, *Hesperia*, 27 (1958), p. 169, évoque simplement «a separate listing of pithos-lids». On ne peut échapper, me semble-t-il, à l’interprétation du chiffre qui précède (l. 135) comme celui des *pithoi* du domaine.

[17] Voir *ibid.*, p. 241-246.

colte annuelle. La contenance moyenne des *pithoi* est encore difficile à définir; mais la suggestion de D. A. Amyx, autour de 10 hectolitres (25 amphores attiques) paraît raisonnable. Si l'on adopte ce chiffre, le chai de la propriété sise aux *Chytrinoi*, avec ses 93 *pithoi*, convient, dans l'hypothèse, large pour un vin titré, de 30 hectolitres à l'hectare[18], à la récolte d'une terre plantée d'une trentaine d'hectares. L'autre vignoble est moins grand, mais encore important: 22 *pithoi* (le minimum) pourraient recevoir 220 hectolitres, 40 (maximum) 400 hectolitres; les 590 amphores trois *chous* de «vin thasien non exporté» (Pritchett)[19], 230 hl environ pour une mesure unitaire de 39 litres, doivent y être encore contenues; elles correspondent à la vendange de 8 à 10 hectares. Il n'est pas besoin d'y insister: ce sont un grand vignoble, et un très grand, qu'on a confisqués en 414: Phainippos, grand propriétaire en Attique au IVe siècle, ne produit annuellement que 800 métrètes (amphores) de vin. On devra tenir compte de ces données pour apprécier les possessions, hors d'Attique, des riches amis d'Alcibiade, l'«exemple le plus clair» (Ph. Gauthier[20]) étant celui d'Adeimantos de Skambonidai, et juger de l'exploitation économique athénienne, par «appropriation individuelle du sol»[21], des cités sujettes de l'empire.

Le fragment *m* de la stèle VI, aux lignes 140 à 145, concerne une ou deux autres propriétés viticoles, avec des *pithoi*. Sommes-nous encore à Thasos? L'hypothèse est incertaine. Il est utile cependant de citer ce passage[22].

frag. *m*

ἐν Ε[– – – – – –]
πίθον κ[εραμεõν – –]
ἐπιθέμα[τα – – –]
ΑΝΟ πίθοι [– – – –]
σαθροί ΔΕ[– – – – –]
λέβες [– – – – – – –]

---

[18] Voir chez Tchernia, *Le vin...*, Appendice 7, l'étude des problèmes posés par l'évaluation du rendement des vignobles. Dans le cas d'un vin liquoreux, comme le Thasos, fabriqué à partir de raisin exposé au soleil et déshydraté (voir la recette ci-après, **52**) le volume produit était nécessairement plus faible.

[19] W. K. Pricthett, *Hesperia*, 25 (1956), p. 203.

[20] Ph. Gauthier, «A propos des clérouquies athéniennes du Ve siécle», dans *Problèmes de la terre en Grèce ancienne*, éd. par M. L. Finley, Paris-La Haye 1973, p. 168.

[21] Ph. Gauthier, *ibid.*, p. 197.

[22] A la ligne 144 de ce fragment *m*, l'indication des *pithoi* en mauvais état est sûrement suivie du chiffre dix (Δ).

Il faut rappeler qu'Adeimantos, fils de Leucolophidès, propriétaire au moins du premier domaine thasien, riche à Athènes de gros revenus locatifs (stèle VI, lignes 118-119), était un très grand personnage: dénoncé par Agaristé, avec Alcibiade et Axiochos, pour avoir parodié les mystères (ANDOCIDE, I, 16), il est élu stratège en 407, en même temps qu'Alcibiade réhabilité, accompagne celui-ci à Andros et en Asie; stratège à nouveau en 406, après l'affaire des Arginuses, il est réélu encore en 405. Après Aïgos Potamos, il est épargné, seul, par Lysandre: d'où la condamnation violente d'Aristophane *(Grenouilles*, vers 1512[23]), et la suspicion de traîtrise, qu'il ne méritait peutêtre pas.

d. Règlement des karpologoi (fin du Ve siècle)

IG, XII *Suppl.* 345; POUILLOUX, *Recherches...* I, p. 122 et sqq.; D. C. GOFAS, *BCH*, 87 (1963), p. 337-370; F. SALVIAT, *Éludes classiques* III, 1971, p. 237-247 (avec références antérieures): le texte est ici donné d'après cette dernière édition, après recollage des fragments A et B:

.... Ω .... ΙΙ ....
[..... καρπο]λόγοι μὴ ὁρκώσαντες ....
.... καὶ τὸ ἥμυσυ τῆς θωιῆς ....
4 .... πάντας μῆνας τῆι δευ[πέρηι? ....]
[....... σύνο]λον? τõ γινομένο˙ οὐδε ....
.... μή τίς μοι δοκῆι τὸ τέλο[ς ....]
.... κα στατῆρας ὀρελέτω ....
8 .... ἄ]ν δ' ἐσβὰς ἐς τὸ πλοῖο[ν ....]
.... ὧν ἐσβῆι˙ ἂν δὲ οἱ κα[ρπολόγοι ....]
.... διπλ]ησίας τὰς θωιὰς ὀ[φελόντων˙ ....]
.... τὸν Θάσιον πλεο ....
12 .... σει τέλος τ-
.... ν τῆς τιμη-
.............................ὁ δὲ ξέ-
[νος? .... Πα]χείης
16 .... ΙΗΚΟΣ ...
.... ν ἀπάγει τ.
.... στω˙ ἂν αὐτ-

[23] Les *Grenouilles* ont été jouées aux Lénéennes de 405; mais la pièce a été reprise: l'attaque contre Adeimantos me semble être mieux justifiée à la deuxième représentation.

.... ων καὶ ἀστὸς κ-
[αὶ ξένος? .... α πριαμένωι
.... οτε ὅ ἐπρίατο
.... ἀπὸ στατῆρος
.... ωσάτω ον ανε
.... α καρπολόγων
.... ρες καὶ δέκα μ-
[................. ἀ]ποδώσει ενδ-
.... το κ .... ρον δώσει ὅτι
.... ον τὸ [γε]γραμμένον
vacat

On renverra pour le commentaire aux études mentionnées ci-dessus. A la ligne 16, je propose de retrouver le tribunal des Trois cents (voir **a**, ligne 8). On relève ligne 16 la mention du cap Pachéiè, qui apparaît aussi dans la loi **b** II, ligne 19. Les *karpologoi* avaient pour fonctions principales de percevoir le prélèvement public sur les récoltes, et sans doute, avant tout, sur le produit des vignobles thasiens. Par une extension naturelle de leurs attributions, les *karpologoi* veillent à ce que les denrées, et sans doute surtout le vin, qui font l'objet de ventes et de trafic par mer soient en règle avec la loi, qui doit définir les taxes (ligne 15) perçues à l'occasion de ces mouvements.

e. Mesures chiffrées (fin du Ve siècle)

Pouilloux, *Recherches*... I, 19 et 20. Ces documents donnent des indications chiffrées encore énigmatiques concernant des «mesures de vases» (ἀγγέων μέτρον) qui ont pu être déposés comme modèles dans un local proche de l'agora. Une inscription de la même série, trouvée à l'Est du passage des théores dans les fouilles, est inédite.

f. Bail pour un terrain planté (IVe siècle)

F. Salviat, *BCH*, 96 (1972), p. 364. Inscription très mutilée, mais sûrement un bail. A rapprocher du texte de Théophraste, ci-après, **3**.

- - - - - - ος
- - - εα πεντήκοṿ[τα]
- - - ν πάντα

- - - βλαστοῦ
- - - τοῖς ἐπιγνώμο[σι]
- - - τεσσερακοστ...
- - - τὰ ἐγλείποντα
- - - αθηρας παραδω-
[ἀμπ]έλων πεφυτευ-
- - - ου νεωτέρας ε
[- ἀρι]στερὰ εἰσιόντι
[- - α]σκευάσ[. τα]ι τῶι
- - - ν ὕπαρ
[- ὑπάρ]χοντα οὐκ ε
- - - μιην πλῆθος
- - - εμενευς το
- - - υρας τὰς αυ
- - - ως καὶ ἰλὺν
- - - ἐκκόπηι
- - - ἐγγύην

g. Tables de mesure dédiées par Zosimos (Ier siècle av. ou Ier siècle ap. J.-C.)

Dunant et Pouilloux, *Recherches*... II, 194 (demi-amphore et stamnos) et *Recherches*... I, 153 *(hemiecton* et *tetartonecton*).

Le premier *sékoma* présente le dispositif suivant:

Sur la face antérieure:

Ζώσιμος Ζωσίμης ἀγορανομήσας οἴνηρα
ἐκ τῶν ἰδίων Ἑρμεῖ καὶ τῆι πόλει.

Sur la face supérieure:

cavité de gauche: στάμνος (contenance: 7,68 1)
cavité de droite: ἡμιαμφόριν (contenance: 15,36 1)

Bien qu'on n'y lise pas la mention οἴνηρα, il est clair que le second *sékoma,* qui mettait à la disposition des usagers d'autres sous-multiples de l'amphore, avait la même fonction.

h. Règlement boustrophédon (avant 465)

Un texte *boustrophédon*, gravé sur une stèle de marbre trouvée dans le port, mentionne, dans la région du πρυτανήιον, un συμπόσιον manifestement un local public. Il s'agit d'un règlement de police et de voirie: la «salle de banquets» y apparaît ligne 43, vers la fin du texte (dans la partie la plus clairement lisible) comme un endroit bien connu, en limite d'un espace dont il convient de préserver la propreté. (Ce document nouveau a été publié dans la serie des *Etudes thasiennes*, vol. XIV, par H. Duchêne).

i. Dédicace d'un sanctuaire pour une association dionysiaque (Ier siècle ap. J.-C.)

Guide de Thasos, 2000, p. 172 (traduction), p. 232.

PAPYRUS

j. Papyrus de Zénon, Edgar 59012 et 59013 (mai-juin 259 av. J.-C.)

Le papyrus Edgar 59012, *Catalogue du Musée du Caire*, p. 22, donne l'état de marchandises qui ont passé la douane à Péluse, à destination d'Alexandrie; il récapitule les taxes frappant les cargaisons de deux navires commandés par Patron et Héracléidès. On trouve la mention des amphores thasiennes à la colonne I, que nous reproduisons ci-après.

ἐμ Πηλο]υσίωι τίμησις	
[...]...['Απολλωνί]ωι καὶ τοῖς λοιποῖς	
τῶν εἰσαχ̣[θέντων ἐ]ν ταῖς κυβαίαις ἐφ' ἧς Πάτρων καὶ ἐφ ἧς Ἡρακλείδη[ς]	
L κζ 'Αρτεμιοί[ου	
'Απολλωνί[ου ἐφ' ἧς Π]άτρων	
βϟ γλυ[κέως κεράμ]ια ε ἀν(ὰ) ιβ	/ ⊢ ξ
γϟ- ἡμ[ικάδια ι]α ἀν(ὰ) δ	/ ⊢ μδ
καὶ ἐ]φ' ἧς Ηρακλείδης]	
ϟ σησ̣[τοῦ κεράμιον α]	⊢ ιβ
α ὄξο̣[υς κεράμια β] ἀν̣(ὰ) γ	/ ⊢ ς
[α = γλυκέως ἡμ δ ἀν(ὰ)] δ	/ ⊢ ις
[-αϟ ἐλαίου λευκοῦ ἡμ α]	⊢ λ
[c -] στ]αμνίον α]	⊢ δ
[ὤ]ν̣ τ[ὸ] ἥμυ[συ	⊢ ϱοβ]
[τ]ούτου τὸ ἥμυ[συ ⊢ πς]	
[ἐ]φ' ἧς Πάτρω[ν]	
[λε] οἴνου Χῖ[α ο ἀν(ὰ) ιη	/ ⊢]'Ασξ
α̣ ἡμιχῖα [δ ἀν(ὰ) θ	/ ⊢ λς]

[α𐅵] Θάσια [γ ἀν(ὰ) κ / ⊢ ξ]
[καὶ] ἐφ' ἧς 'Ηρακ[λείδης]
λ ἰσχάδων [κεράμια θ ἀν(ὰ) η] / ⊢ οβ
λ𐅵 οἴνου Χῖ[α ξα] ἀν(ὰ) ιη / ⊢ 'Αϙη]
𐅵 ἡμιχῖα [β ἀν(ὰ) θ / ⊢ ιη]
β Θάσια [δ] ἀν(ὰ) κ / ⊢ π
ὧν τρίτη 'Β̣χκδ
τούτου τρίτη ωοδ[𐅵-]

Les amphores de Thasos aux lignes 16 et 24 sont des amphores de vin; le contenu est précisé, comme pour les amphores et les demi-amphores de Chio aux lignes 17 et 22. On constate que la taxe d'importation (du tiers) payée pour les Θάσια est calculée sur une valeur unitaire de 20 drachmes. Celles de Chio, plus nombreuses, sont estimées à 18 drachmes.

A la colonne IV du même document, on trouve encore une amphore thasienne; mais elle est emplie de miel (thasien), et estimée alors à 30 drachmes.

Le papyrus Edgar 59013, du même dossier, donne l'état des frais de transport vers Alexandrie des marchandises importées par Héracléidès. On voit que l'amphore de Chio est transportée pour une demi-obole l'unité, celle de Thasos pour trois-quarts d'obole. La suggestion de l'éditeur qui pense que les amphores de Thasos auraient été plus grandes que celles de Chio n'est pas pertinente: la valeur du contenu doit expliquer cette différence.

TEXTES LITTÉRAIRES[24]

Vignoble et consommation de vin

1. Archiloque (vers 660 av. J.-C.)

Fr. 7, 12, 94, 96, 300 Lasserre-Bonnard

Le vin a sa place dans l'œuvre d'Archiloque. Le poète appré-

[24] Pour les fragments qui portent ci-après les numéros **7**, **8**, **12**, **16**, **18**, **29**, le texte et la traduction sont ceux d'A. M. Desrousseaux (Athénée, *Les Deipnosophistes*, I-II, *CUF*) avec une correction minime pour la traduction de **29** et une plus importante pour celle de **7**; les extraits d'Aristophane et la traduction sont empruntés à H. Van Daele (*CUF*), numéros **9** à **11**; le passage du *Banquet* de Xénophon à F. Ollier (*CUF*), numéro **22**; pour le numéro **27**, j'ai donné la traduction Amyot; pour le texte **32**, la traduction est de L. Gernet (*CUF*) et pour le **51**, de Cl. Montdésert (*Sources chrétiennes*).

ciait le vin de Naxos (300), celui d'Ismaros, qu'il buvait «appuyé sur sa lance» (7); il trouvait dans le vin l'inspiration pour composer le dithyrambe (96). On servait le vin aux guerriers de garde, sur le bateau, aux bancs de nage, à partir de κάδοι que l'on débouchait (12).

2. HIPPOCRATE

Épidémies, I, Littré II, p. 711 et *Épidémies*, III, Littré III, p. 47.
A Thasos même, vers 410 av. J.-C.: cas de maladies après des excès de boisson.

3. CRITIAS

DIELS-KRANZ, 88 B 33 (= ATHÉNÉE 463 e): *Constitution des Lacédémoniens*

Ὁ μὲν Χῖος καὶ Θάσιος ἐκ μεγάλων κυλίκων ἐπὶ δεξιά, ὁ δ' Ἀττικὸς ἐκ μικρῶν ἐπὶ δεξιά.

Les gens de Chio el de Thasos boivent dans de grandes coupes en les faisant passer vers la droite, ceux d'Attique dans de petites coupes vers la droite...

4. THÉOPHRASTE

Des causes des plantes, II, 11
Il faut éviter de forcer les plantations pour obtenir un rendement plus fort; de là les prescriptions des baux à Thasos:

Ὅθεν καὶ Θάσιοι τὰς γεωργίας ἀπομισθοῦντες οὐ φροντίζουσι τῶν ἄλλων ἐτῶν ἀλλὰ καὶ βούλονται κακουργεῖν· ὑπὲρ δὲ τοῦ τελευταίου συγγράφονται πρὸς τὴν αὐτῶν κατάληψιν.

De là vient que les Thasiens, lorsqu'ils louent leurs terres de culture, ne se soucient pas des autres années, et vont jusqu'à vouloir une sous-exploitation; pour la dernière, ils ont des clauses en vue de la reprise ... Voir le commentaire *BCH*, 96 (1972), p. 372.

PLUTARQUE

5. *De l'exil*, 604 c
Plutarque reproche à Archiloque (fr. 17 LB) son mépris pour la terre thasienne:

Ἀλλ' [ὡς] ἡμεῖς, καθάπερ Ἀρχίλοχος, τῆς Θάσου τὰ καρποφόρα καὶ οἰνόπεδα παρορῶν διὰ τὸ τραχὺ καὶ ἀνώμαλον διέβαλε τὴν νῆσον εἰπών

ἥδε δ' ὥστ' ὄνου ῥάχις
ἕστηκεν ὕλης ἀγρίης ἐπιστεφής.

Mais nous sommes comme Archiloque; dédaignant les champs fertiles el les vignobles de Thasos, à cause de son sol rocailleux et inégal, il décriait celle île en ces termes: «elle, comme le dos d'un âne, se dressait de bois sauvages couronnée».

6. *Propos de table*, 631 a

Le médecin Athryitos, de Thasos, participe à un débat sur le problème des femmes et du vin.

Textes de la comédie ancienne

7. HERMIPPOS

Fr. 82 KOCK: ATHÉNÈE, 29 e-f
Il s'agit des vins; Dionysos parle:

Μενδαί‹ῳ θ›ῶμεν καὶ ὃν οὐροῦσιν θεοὶ αὐτοὶ
στρώμασιν ἐν μαλακοῖς, Μάγνητά τε μειλιχόδριμυν
καὶ Θάσιον, τῷ δὴ μήλων ἐπιδέδρομεν ὀδμή·
τοῦτον ἐγὼ κρίνω πολὺ πάντων εἶναι ἄριστον
τῶν ἄλλων οἴνων μετ' ἀμύμονα Χῖον ἄλυπος.
Ἔστι δέ τις οἶνος, τὸν δὴ σαπρίαν καλέουσιν,
τοῦ καὶ ἀπὸ στόματος στάμνων ὑπανοιγομενάων
ὄζει ἴων, ὄζει δὲ ῥόδων, ὄζει δ' ὑακίνθου·
ὀδμὴ θεσπεσία κατὰ πᾶν δ' ἔχει ὑψερεφὲς δῶ,
ἀμβροσία καὶ νέκταρ ὁμοῦ. Τοῦτ' ἐστὶ τὸ νέκταρ,
τούτου χρὴ παρέχειν πίνειν ἐν δαιτὶ θαλείῃ
τοῖσιν ἐμοῖσι φίλοις, τοῖς δ' ἐχθροῖς ἐκ Πεπαρήθου.

Au compte du Mendé mettons encore le fleuve de pipi que font les dieux mêmes dans leurs moelleuses couvertures, le vin piquant el doux de Magnésie et le Thasos, sur lequel court une senteur de pommes. Voilà celui que je juge de beaucoup le premier de tous les vins après l'irréprochable Chios, et sans regret. Mais il est un vin, celui qu'on dénomme saprias *(vin bléti) que s'entrouvrent les* stamnoi *qui le contiennent: de leur bouche, on sent la violette, on sent la rose, on sent l'hyacinthe; une odeur divine emplit toute la demeure aux hauts plafonds, ambroisie et nectar ensemble. C'est cela qui est le nectar, c'est de celui-là qu'il faut offrir à boire dans un abondant festin à ceux qui sont mes amis; aux ennemis, du Péparéthos.*

8. PHILYLLIOS

Fr. 24 KOCK: ATHÉNÉE, 31 a

Παρέξω Λέσβιον, Χῖον σαπρόν, ...
Θάσιον, Βίβλινον, Μενδαῖον, ὥστε μηδὲ κραιπαλᾶν.

Je fournirai du Lesbos, du Chios vieux, du Thasos, du Biblos, du Mendé, sans même le moindre mal aux cheveux.

ARISTOPHANE

9. *Lysistrata* (411 av. J.-C.), 193 sqq.

ΛΥ. 'Αλλὰ πῶς ὀμούμεθα
ἡμεῖς;
ΚΛ. 'Εγώ σοι νὴ Δί', ἢν βούλῃ, φράσω.
Θεῖσαι μέλαιναν κύλικα μεγάλην ὑπτίαν,
μηλοσφαγοῦσαι Θάσιον οἴνου σταμνίον
ὀμόσωμεν εἰς τὴν κύλικα μὴ 'πιχεῖν ὕδωρ.
ΛΑ. Φεῦ δᾶ, τὸν ὅρκον ἄφατον ὡς ἐπαινίω.
ΛΥ. Φερέτω κύλικά τις ἔνδοθεν καὶ σταμνίον.
ΚΛ. Ὦ φίλταται γυναῖκες, ‹ὁ› κεραμὼν ὅσος.
Ταύτην μὲν ἄν τις εὐθὺς ἥσθείη λαβών.
ΛΥ. Καταθεῖσα ταύτην προσλαβοῦ μοι τοῦ κάπρου.
Δέσποινα Πειθοῖ καὶ κύλιξ φιλοτησία,
τὰ σφάγια δέξαι ταῖς γυναιξὶν εὐμενής.
ΚΛ. Εὔχρων γε θαῖμα κἀποπυτίζει καλῶς.
ΛΑ. Καὶ μὰν ποτόδδει γ' ἁδὺ ναὶ τὸν Κάστορα.

LYSISTRATA. – *Allons, comment jurerons-nous?*

CLÉONICE. – *Je vais, par Zeus, te le dire, si lu veux. Posons là une grande coupe noire renversée; en fait de mouton, égorgeons un pot de vin de Thasos et jurons sur la coupe de ne point... y mêler d'eau.*

LAMPITO. – *Ah! Zeus! je ne saurais dire comme j'approuve ce serment.*

LYSISTRATA. – *Qu'on apporte une coupe de l'intérieur, et un pot.*

CLÉONICE. – *Ah! très chères femmes, voilà une poterie! Quelle taille! Cette coupe, rien qu'à la prendre, met en joie.*

LYSISTRATA. – (A celle qui vient d'apporter la coupe). *Dépose-la et saisis-moi le verrat. Souveraine Persuasion, et loi, coupe de l'amitié, agrée ce sacrifice et sois favorable aux femmes.* (Lysistrata verse).

CLÉONICE. – *Quelle belle couleur a ce sang, el comme il jaillit à souhait!*

LAMPITO. – *El quel parfum délicieux, par Castor!*

10. *L'assemblée des femmes* (392 av. J.-C.), 1118 sqq.

Πολὺ δ' ὑπερπέπαικεν αὖ
τούτων ἁπάντων τὰ Θάσι' ἀμφορείδια·
ἐν τῇ κεφαλῇ γὰρ ἐμμένει πολὺν χρόνον,
τὰ δ' ἄλλ' ἀπανθήσαντα πάντ' ἀπέπτετο·
ὥστ' ἐστὶ πολὺ βέλτιστα, πολὺ δῆτ', ὦ θεοί.
Κέρασον ἄκρατον· εὐφρανεῖ τὴν νύχθ' ὅλην
ἐκλεγμένας ὅ τι ἂν μάλιστ' ὀσμὴν ἔχῃ.

Mais bien supérieures à toutes ces essences sont les petites amphores de Thasos: car dans ma tête leur parfum demeure longtemps, tandis que tout le reste a vite fait de perdre sa fleur et de s'évaporer. Aussi elles sont de beaucoup les meilleures, oui, de beaucoup, ô dieux. Trempe du vin pur; il nous tiendra en joie toute la nuit, tandis que nous choisirons celui qui a le plus de bouquet.

11. *Ploutos* (388 av. J.-C.), 1018 sqq.

ΓΡ. Καὶ τάς γε χεῖρας παγκάλας ἔχειν μ' ἔφη, –
ΧΡ. ὁπότε προτείνοιέν γε δραχμὰς εἴκοσιν.
ΓΡ. ὄζειν τε τῆς χροιᾶς ἔφασκεν ἡδύ μου, –
ΧΡ. εἰ Θάσιον ἐνέχεις, εἰκότως γε, νὴ Δία.

LA VIEILLE. – *Et il disait que j'avais des mains de toute beauté...*

CHRÉMYLE. – (A part.) *Oui, quand elles lui tendaient «vingt drachmes».*

LA VIEILLE. – ... *et que le parfum de ma peau était suave...*

CHRÉMYLE. – (A part.) *Si tu lui versais du Thasos, naturellement, par Zeus.*

12. Fr. 317 Kock Athénée, 29 a

Ὅτι Ἀριστοφάνους τὰς δευτέρας Θεσμοφοριαζούσας Δημήτριος ὁ Τροιζήνιος Θεσμοφοριασάσας ἐπιγράφει. Ἐν ταύτῃ ὁ κωμικὸς μέμνηται Πεπαρηθίου οἴνου·

Οἶνον δὲ πίνειν οὐκ ἐάσω Πράμνιον,
οὐ Χῖον, οὐχὶ Θάσιον, οὐ Πεπαρήθιον,
οὐδ' ἄλλον ὅστις ἐπεγερεῖ τὸν ἔμβολον.

– *Que la version seconde de la comédie d'*Aristophane: Elles sont aux Thesmophories *est intitulée par Démétrios de Trézène:* Elles ont été aux Thesmophories. *Dans cette version, le Comique mentionne le vin de Péparéthos:*

Je ne le laisserai pas boire vin pramnien, ni de Chios, ni de Thasos, ni de Péparéthos, ni quelque autre qui doive lui surexciter l'éperon.

13. *Kokalos*

Fr. 484 Kock: Athénée, 478 d

ἄλλαι δ' ὑποπρεσβύτεραι γρᾶες Θασίου μέλανος μεστὸν κεραμενομέναις κοτύλαις μεγάλαις ἔγχεον ἐς σφέτερον δέμας· οὐδένα κόσμον, ἔρωτι βιαζόμεναι μέλανος οἴνου ἀκράτου.

Ce texte est corrompu; la restitution κέραμον θέμεναι κοτύλαις μεγάλαις, due à Madvig (au lieu du κεραμευομέναις des manuscrits) est assez violente. Les essais divers d'amendement et de scansion sont recensés dans Kassel-Austin, *PCG* II, 2, p. 204-205 (fr. 364). On traduira à peu près ainsi:

D'autres, déjà d'âge avancé, des vieilles, versant le pot empli de noir Thasos dans de larges coupes de terre cuite, ingurgitaient sans retenue, en proie à la passion du vin noir sans mélange.

Comédie moyenne et nouvelle

14. Épilykos

Fr. 6 Kock : Athénée, 28 d

Χῖος καὶ Θάσιος ἠθημένος.

Du Chios et du Thasos passé au filtre.

15. ANTIDOTOS

Fr. 4 KOCK: ATHÉNÈE, 28 e

Θάσιος ἔγχει — ⏑ —.
Ὃ γὰρ λαβών μου καταφάγοι τὴν καρδίαν,
ὅταν πίω τοῦτ' εὐθὺς ὑγιὴς γίνεται·
Ἀσκληπιὸς κατέβρεξε — ⏑ — ⏑ —.

«Verse le Thasos ... Qu'on me prenne et me mange le cœur, dès que j'aurai bu ça, le voilà sain; c'est l'ondée d'Asclépios».

Il faut rapprocher ce texte des lieux où le vin est recommandé pour soutenir le cœur, par exemple dans le *Corpus* hippocratique et chez Pline: «Cardiacorum morbo unicam spem in vino esse certum est» (*Hist. nat.* XXXIII, 25). Le Chio était aussi un cordial: «C. Sentius, quem praetorum vidimus, Chium vinum domum suam illatum dicebat tum primum, quum sibi cardiaco medicus dedisset» (*Hist. nat.* XIV, 17, reprenant Varron).

ANTIPHANES

16. Fr. 242 KOCK: ATHÉNÉE, 28 f

Ἔνεστιν ὄψον χρηστόν, ἐπαγωγὸν πάνυ,
οἶνός τε Θάσιος καὶ μύρον καὶ στέμματα.
«Ἐν πλησμονῇ γὰρ Κύπρις», ἐν δὲ τοῖς κακῶς
πράσσουσιν οὐκ ἔνεστιν Ἀφροδίτη βροτοῖς.

Il y a bonne chère, attrayante tout à fait, plus du vin de Thasos, des parfums et des guirlandes. «C'est dans la plénitude que vit Cypris»; chez les mortels malheureux, pas de place pour Aphrodite.

17. *Leptiniscos*

Fr. 68 KOCK: ATHÉNÉE, 641 f

Οἶνον Θάσιον πίνοις ἄν; B. εἴ τις ἐγχέοι.
A. πρὸς ἀμυγδάλας δὲ πῶς ἔχεις; B. εἰρήνικῶς.

«Boiriez-vous du vin de Thasos? – Si l'on en versait. Des amandes vous iraient? – Je ne leur ferai pas la guerre».

(Ces amandes – les vers suivants, cités par Athénée, le montrent – étaient incorporées dans du miel battu.)

18. Euboulos

Fr. 124 Kock: Athénée, 28 f

Θάσιον ἢ Χῖον λαβὼν
ἢ Λέσβιον γέροντα νεκταροσταγῆ.

Prenant du Thasos ou du Chios ou un Lesbos vieux, qui distille le nectar.

19. Alexis

L'usurier (ou *Le faussaire*), fr. 381 Kock: Athénée, 431 b

Μὴ παντελῶς αὐτῷ δίδου
ὑδαρῆ, κατανοεῖς; ἴσον ἴσῳ μίγνυ. ΤΡ. καλῶς.
Β. ἡδύ γε τὸ πῶμα. ποδαπὸς ὁ Βρόμιος, Τρύφη;
ΤΡ. Θάσιος· Β. ὅμοιον καὶ δίκαιον τοὺς ξένους
πίνειν ξενικόν, τοὺς δ' ἐγγενεῖς ἐπιχώριον.

A: Ne le lui donne pas tout à fait noyé d'eau, entends-tu? Mélange-le moitié-moitié. Tryphé*: Très bien*. B: *La boisson est agréable. D'où vient ce Bromios, Tryphé?* Tryphé: *De Thasos*. B: *Il est normal et juste que les étrangers boivent du vin étranger, les gens du pays du local*.

20. Fr. 275 Kock: Athénée, 28 e

Θασίοις καὶ Λεσβίοις οἰναρίοις
τῆς ἡμέρας τὸ λοιπὸν ὑποβρέχει μέρος,
καὶ νωγαλίζει.

Des petits vins de Thasos et de Lesbos il humecte le reste de la journée, en grignotant des amuse-gueule.

21. Ménandre

L'ivresse. Fr. 91 Kock; Koerte 264; Athénée, 146 e
Si la part faite aux dieux dans les sacrifices est maigre, les humains, eux, se servent mieux:

ὅπου γε τοῖς θεοῖς μὲν ἠγορασμένον
δραχμῶν ἄγω προβάτιον ἀγαπητὸν δέκα,

αὐλητρίδας δὲ καὶ μύρον καὶ ψαλτρίας,
Μενδαῖον, Θάσιον, ἐγχέλεις, τυρόν, μέλι
μικροῦ ταλάντου...

Lorsque pour les dieux j'amène un agneau bien-aimé acheté pour dix drachmes, pour eux ce sont joueuses de flûte, parfum, citharistes, vins de Mendé, de Thasos, anguilles, fromage el miel, presque un talent de dépense...

Consommation de luxe. Réceptions, rois, courtisanes, Épicuriens

22. XÉNOPHON

Banquet, 4, 40

Au banquet offert par le riche Callias en l'honneur du bel Autolykos et de Socrate, on verse du vin, et Socrate en prend occasion pour définir son usage raisonnable (2, 24 à 26); un peu plus tard, Antisthène ne cite son origine que pour le prendre comme exemple des produits de luxe, qui en eux-mêmes ne sauraient apporter de vraies satisfactions.

Πλείστου δ' ἄξιον κτῆμα ἐν τῷ ἐμῷ πλούτῳ λογίζομαι εἶναι ἐκεῖνο, ὅτι εἴ μού τις καὶ τὰ νῦν ὄντα παρέλοιτο, οὐδὲν οὕτως ὁρῶ φαῦλον ἔργον ὁποῖον οὐκ ἀρκοῦσαν ἂν τροφὴν ἐμοὶ παρέχοι. 41 Καὶ γὰρ ὅταν ἡδυπαθῆσαι βουληθῶ, οὐκ ἐκ τῆς ἀγορᾶς τὰ τίμια ὠνοῦμαι, πολυτελῆ γὰρ γίγνεται, ἀλλ' ἐκ τῆς ψυχῆς ταμιεύομαι. Καὶ πολὺ πλεῖον διαφέρει πρὸς ἡδονήν, ὅταν ἀναμείνας τὸ δεηθῆναι προσφέρωμαι ἢ ὅταν τινὶ τῶν τιμίων χρῶμαι, ὥσπερ καὶ νῦν τῷδε τῷ Θασίῳ οἴνῳ ἐντυχὼν οὐ διψῶν πίνω αὐτόν.

Mais voici parmi mes richesses le bien qui, à mon compte, a le plus de valeur: si l'on m'enlevait même ce que je possède actuellement, je ne vois aucun travail, si humble soit-il, qui ne puisse me procurer assez à manger. Ai-je, en effet, le désir de me régaler, je n'achète pas au marché des denrées de premier choix – cela revient trop cher –, mais c'est dans mon appétit que je les trouve. Et mon plaisir est bien plus grand lorsque j'attends pour manger ou boire d'en éprouver le besoin, que lorsque j'absorbe quelque chose de coûteux, comme par exemple maintenant ce vin de Thasos que l'on nous sert et que je bois sans avoir soif.

On notera qu'Antisthène, selon Diogène Laërce, était l'auteur d'un traité Περὶ οἴνου χρήσεως (D.L. VI, 18).

23. Théophraste

Des odeurs, 51. Athénée, 32 a

Καὶ γὰρ ὁ ἐν Θάσῳ ὁ ἐν τῷ πρυτανείῳ διδόμενος, θαυμαστός τις ὡς ἔοικε τὴν ἡδονὴν, ἠρτυμένος ἐστίν· ἐμβάλλουσι γὰρ εἰς τὸ κεράμιον σταῖς μέλιτι φυράσαντες, ὥστε τὴν μὲν ὀσμὴν ἀπ' αὐτοῦ, τὴν δὲ γλυκύτητα ἀπὸ τοῦ σταιτὸς λαμβάνειν τὸν οἶνον.

A Thasos le vin donné dans le prytanée est d'une saveur merveilleuse; c'est qu'il est préparé. On jette dans le kéramion *de la farine malaxée avec du miel, de sorte que le vin prenne l'odeur de celui-ci et la douceur de la farine.*

24. Machon de Corinthe

Chreiai. Athénée, 579 c

Πρὸς τὴν Γνάθαιναν Δίφιλος κληθείς ποτε
ἐπὶ δεῖπνον, ὡς λέγουσι, τοῖς Ἀφροδισίοις,
τιμώμενος μάλιστα τῶν ἐρωμένων
(ἥσθη δ' ὑπ' αὐτῆς ἐκτενῶς ἀγαπώμενος)
παρῆν ἔχων δύο Χῖα, Θάσια τέτταρα,
μύρον, στεφάνους, τραγήματ', ἔριφον, ταινίας,
ὄψον, μάγειρον, τὰ μετὰ ταῦτ' αὐλητρίδα.

Invité un jour chez Gnathaina pour un festin, dit-on, aux fêtes d'Aphrodite, Diphilos, qui était de ses amants le préféré (et il avait plaisir à cet amour passionné qu'elle lui témoignait), se présentait avec deux amphores de Chio, quatre de Thasos, du parfum, des couronnes, des friandises, un chevreau, des bandelettes, des mets, un cuisinier, ainsi qu'une joueuse de flûte.

Gnathaina, qui avait reçu en cadeau, d'un autre admirateur, de la neige, en fait mettre en secret – craignant le jaloux – dans le vin; et Diphilos se récrie sur la fraîcheur du cellier (λάκκος).

25. Hippolochos de Macédoine

Athénée, 129 d - 129 f

A la fin du IVe siècle, Hippolochos de Macédoine a décrit le banquet nuptial du Macédonien Karanos. Après que divers mets avaient été servis, qu'on ait bu des vins dont on ne dit pas l'origine, puis assisté à des spectacles de danse, de musique et d'acrobatie,

Ἐκλαμβάνει πάλιν ἡμᾶς θερμός τις καὶ ζωρότερος πότος, οἴνων ὄντων ἡμῖν Θασίων καὶ Μενδαίων καὶ Λεσβίων, χρυσίδων πάνυ μεγάλων ἑκάστῳ προσενεχθεισῶν.

Nous voici pris à nouveau par une boisson ardente et presque pure, les vins que l'on nous offrait étant de Thasos, de Mendé et de Lesbos; de très grandes coupes d'or étaient passées à chaque invité... Suit le poisson; on se lave les mains, on se couronne, on se parfume.

Ἡσυχίας δὲ γενομένης ἐξαλλόμενος τῆς κλίνης ὁ Πρωτέας αἰτεῖ σκύφον χοαῖον καὶ πληρώσας οἴνου Θασίου ὀλίγον τι ἐπιρράνας ὕδατος ἐξέπιεν ἐπειπών·

ὁ πλεῖστα πίνων πλεῖστα κεὐφρανθήσεται.

Le calme s'étant fait, Protéas s'élance hors de sa couche et demande un bol d'un chous *de contenance, l'emplit de Thasos avec un soupçon d'eau, et le vide en disant: «Qui boit le plus sera le plus heureux.»*

26. Épinicos

Fr. 330 Kock Athénée, 432 b-c

C'est un cycéon classique que confectionne le roi Séleucos, selon le poète comique Épinicos, qui raille l'historien Mnésiptolémos, ses prétentions et son style pompeux.

Ἐπ' ἀλφίτου πίνοντα τοῦ θέρους ποτὲ
ἰδὼν Σέλευκον ἡδέως τὸν βασιλέα
ἔγραψα καὶ παρέδειξα τοῖς πολλοῖς ὅτι
κἂν τὸ τυχὸν ᾖ πραγμάτιον ᾖ σφόδρ' εὐτελές,
σεμνὸν δύναται τοῦθ' ἡ δύναμις ἡ 'μὴ ποιεῖν·
'γέροντα Θάσιον τόν τε γῆς ἀπ' Ἀτθίδος
ἑσμὸν μελίσσης τῆς ἀκραχόλου γλυκὺν

συγκυρκανήσας ἐν σκύφῳ χυτῆς λίθου,
Δήμητρος ἀκτῇ πᾶν γεφυρώσας ὑγρόν,
κατησίμωσα πῶμα, καύματος λύσιν'.

Mnésiptolémos parle: *Un été, j'ai vu le roi Séleucos buvant son vin mêlé de farine d'orge. Aussi l'ai-je consigné par écrit et publié, car le moindre fait, fût-il fortuit ou trivial, par le pouvoir qui est le mien peut devenir auguste*. Séleucos: *Du Thasos vieux, et, issue de la terre attique, la douce pâture de l'irascible avette, je les ai fait tourbillonner de concert dans un bol de verre, jetant en pont sur le liquide le grain de Déméter: tel est le breuvage que j'ai absorbé, pour me délivrer du chaud*.

PLUTARQUE

27. *Vie de Démétrios*, 19

Πάλιν δέ ποτε πλείονας ἡμέρας ἐν πότοις γενομένου καὶ πρόφασιν λέγοντος ὡς ῥεῦμα διοχλήσειεν αὐτόν, «'Επυθόμην,» φάναι τόν 'Αντίγονον, «ἀλλὰ πότερον Θάσιον ἢ Χῖον ἦν τὸ ῥεῦμα;».

Une autre fois, il fut plusieurs jours à boire et à yvrogner sans aller voir son père (Antigone), et puis pour s'excuser envers luy il dit que c'était un rhume qui luy avait fait garder la chambre, et l'avait empêché de venir vers luy. «Je l'avais bien ouy dire, répondit Antigone; mais était-il de Thasos ou de Chio, ce rhume-là?» – et ce disait-il, pour ce qu'il croist de très bon et délicieux vin en l'une et l'autre isle.

28. *Qu'il est impossible de vivre dans le plaisir en suivant Épicure*

On y trouve deux références au vin de Thasos:

1089 c: l'auteur dénonce la vanité des efforts que font les Épicuriens pour se rappeler les plaisirs passés.

οὐδ', ἅμερ ἔσκωπτε τὸν ‹'Επίκουρον› Καρνεάδης, πράττοντας οἷον ἐξ ἐφημερίδων ἀναλέγεσθαι, ποσάκις Ἡδείᾳ καὶ Λεοντίῳ συνῆλθον ἢ ποῦ Θάσιον ἔπιον ‹ἢ› ποίας εἰκάδος ἐδείπνησαν πολυτελέστατα.

[*Il ne leur apporte*] *pas non plus* [*de plaisir*] *– et Carnéade en a raillé (Épicure) – de recenser comme à partir de mémoires quoti-*

diens le compte des occasions où ils ont couché avec Hédéia ou Léontion, des lieux où ils ont bu du Thasos, el des vingtièmes jours des mois où ils ont dîné somptueusement.

1097 d: Thème des plaisirs de luxe.

16. Ὅτι μὲν οὖν καὶ πρὸς τὰς τοῦ σώματος ἡδονὰς ἡ φύσις δεῖται χορηγίας πολυτελοῦς καὶ οὐκ ἔστιν ἐν μάζῃ καὶ φακῇ τὸ ἥδιστον, ἀλλ' ὄψα καὶ Θάσια καὶ μύρα 'καὶ πεπτὰ καὶ κροτητὰ τῆς ξουθοπτέρου πελάνῳ μελίσσης ἀφθόνως δεδευμένα' (Eur. fr. 467) ζητοῦσιν αἱ τῶν ἀπολαυστικῶν ὀρέξεις, καὶ πρός γε τούτοις εὐπρεπεῖς καὶ νέας γυναῖκας, οἷα Λεόντιον καὶ Βοίδιον καὶ Ἡδεῖα καὶ Νικίδιον ἐνέμοντο περὶ τὸν κῆπον, ἀφῶμεν.

Qu'il faille donc à notre nature, pour ce qui concerne les plaisirs du corps, des fournitures de luxe, et que le plus grand plaisir ne soit pas dans la bouillie d'orge et la lentille, mais que les désirs de jouissance réclament des plats élaborés, des vins de Thasos, du parfum, et « des mets cuisinés, des gâteaux imprégnés à foison du miel de l'abeille blonde», et encore des femmes belles et jeunes, telles que Léontion, Boidion, Hédéia, Nikidion, entretenues dans le jardin, c'est un point que nous ne traiterons pas.

Les deux passages, apparentés, reproduisent l'un et l'autre la critique de Carnéade, qui vécut de 219 à 129 av. J.-C. et dirigea la Nouvelle Académie à Athènes après 150. Carnéade, selon Diogène Laërce, n'a pas laissé d'écrits; mais ses disciples ont recueilli son enseignement. Le témoignage original peut donc être daté du IIe siècle av. J.-C. La critique pourrait viser les Épicuriens et les habitudes qu'ils ont pu avoir après la mort d'Épicure (271/270), si l'on admet que les réunions au vingtième jour de chaque mois, instituées par testament par le fondateur de la secte n'existaient pas auparavant. Pourtant, la référence à Hédéia et à Léontion, disciples directes, ne permet pas de descendre trop dans le temps.

Gastronomie

29. ARCHESTRATOS

Fr. 59 RIBBECK: ATHÉNÉE, 29 c

Εἶθ' ὁπόταν πλήρωμα Διὸς σωτῆρος ἕλησθε,
ἤδη χρὴ γεραόν, πολιὸν σφόδρα κρᾶτα φοροῦντα

οἶνον, ὑγρᾷ χαίτᾳ λευκῷ πεπυκασμένον ἄνθει
πίνειν, ἐκ Λέσβου περικύμονος ἐκγεγαῶτα.
Τόν τ' ἀπό Φοινίκης ἱερᾶς τὸν Βύβλινον αἰνῶ·
οὐ μέντοι κείνῳ γε παρεξισῶ αὐτόν. Ἐὰν γὰρ
ἐξαίφνης αὐτοῦ γεύσῃ μὴ πρόσθεν ἐθισθείς,
εὐώδης μέν σοι δόξει τοῦ Λεσβίου εἶναι
μᾶλλον· ἔχει γὰρ τοῦτο χρόνου διὰ μῆκος ἄπλατον·
πινόμενος δ' ἥσσων πολλῷ. Κεῖνος δὲ δοκήσει
οὐκ οἴνῳ σοι ὅμοιον ἔχειν γέρας, ἀμβροσίᾳ δέ.
Εἰ δέ τινες σκώπτουσιν ἀλαζονοχαυνοφλύαροι,
ὡς «ἅδιστος ἔφυ πάντων Φοινίκιος οἶνος»,
οὐ προσέχω τὸν νοῦν αὐτοῖς . . . . .
Ἐστὶ δὲ καὶ Θάσιος πίνειν γενναῖος, ἐὰν ᾖ
πολλαῖς πρεσβεύων ἑτέρου περικαλλέσιν ὥραις·
οἶδα δὲ κἀξ ἄλλων πόλεων βοτρυοσταγῆ ἔρνη
εἰπεῖν αἰνῆσαί τε καὶ οὔ με λέληθ' ὀνομῆναι·
ἀλλ' οὐθὲν τἄλλ' ἐστὶν ἁπλῶς πρὸς Λέσβιον οἶνον.
Ἀλλά τινες χαίρουσιν ἐπαινοῦντες τὰ παρ' αὐτοῖς.

Puis, quand vous prendrez la rasade en l'honneur de Zeus sauveur, tout de suite il faut boire le vin vieux, ayant tête toute chenue, dont la liquide chevelure s'adorne de blanche floraison, fils de Lesbos ceinte de flots. Le vin qui vient de Phénicie la sacrée, le Byblos, a mon estime; je n'aurai pourtant garde de l'égaler à celui-là. Car si à l'improviste tu les goûtes sans préalable accoutumance, il te paraîtra, il est vrai, d'un bouquet meilleur que le Lesbien; il l'a par longueur infinie de temps; mais à le boire, il est de beaucoup inférieur. L'autre te fera l'effet d'avoir la vieillesse pareille non à un vin, mais à l'ambroisie. Et si quelques vains parleurs vantards se moquent en disant que «De tous le meilleur naturellement est le vin de Phénicie», je ne prête pas attention à ces gens-là... Le Thasos aussi est généreux à boire, s'il est en avance sur l'autre de nombreuses très belles saisons. Je saurais aussi d'autres villes citer les ceps distillant grappes et les louer, et je n'ai pas perdu mémoire de leurs noms; mais tout le reste n'est tout simplement rien au prix du vin de Lesbos. Seulement d'aucuns se plaisent à vanter ce qu'ils ont chez eux.

Usages spéciaux. Médecine

30. (Hippocrate)

Des Maladies, III, Littré, VII, 160
Préparation rafraîchissante à donner pour les fièvres:

Θάσιον οἶνον παλαιόν, πέντε καὶ εἴκοσιν ὕδατος καὶ ἕνα οἴνου δίδου.

Prenez du vin vieux de Thasos, et donnez une partie de vin sur vingt-cinq d'eau.

31. THÉOPHRASTE

Histoire des Plantes, IX, 19. ATHÉNÉE, 31 b

Ἐν Θάσῳ δὲ αὐτοί τινα ποιοῦσιν οἶνον ὑπνωτικόν· ἕτερος δὲ ἀγρυπνεῖν ποιεῖ τοὺς πίνοντας.

A Thasos les gens du pays font eux-mêmes un vin soporifique, et un autre qui tient éveillés ceux qui boivent.

Voir ci-après les renseignements donnés par Pline, **38**.

Voies du commerce

32. (DÉMOSTHÈNE)

XXXV, *Contre Lacritos*, 35 (entre 355 et 340 av. J.-C.)

Il s'agit d'établir la mauvaise foi d'armateurs qui auraient dû, selon leur contrat de fret, acheter en Chalcidique du vin de Mendé pour le vendre dans le Pont, et ramener enfin à Athènes d'autres marchandises: or ils prétendent ne pouvoir s'acquitter, ayant perdu dans le Pont un chargement d'amphores de Cos.

Ἡ μὲν ἀναίδεια τοιαύτη τῶν ἀνθρώπων τούτων· ἐστίν. Ὑμεῖς δέ, ὦ ἄνδρες δικασταί, ἐνθυμεῖσθε πρὸς ὑμᾶς αὐτούς, εἴ τινας πώποτ' ἴστε ἢ ἠκούσατε οἶνον Ἀθήναζε ἐκ τοῦ Πόντου κατ' ἐμπορίαν εἰσαγαγόντας, ἄλλως τε καὶ Κῷον. Πᾶν γὰρ δήπου τοὐναντίον εἰς τὸν Πόντον οἶνος εἰσάγεται ἐκ τῶν τόπων τῶν περὶ ἡμᾶς, ἐκ Πεπαρήθου καὶ Κῶ καὶ Θάσιος καὶ Μενδαῖος καὶ ἐξ ἄλλων [τινῶν] πόλεων παντοδαπός· ἐκ δὲ τοῦ Πόντου ἕτερά ἐστιν ἃ εἰσάγεται δεῦρο.

Vous voyez l'impudence de ces gens. Quant à vous, juges, demandez-vous s'il est jamais venu à votre connaissance ou à vos oreilles qu'on ait transporté du vin du Pont à Athènes pour en faire commerce, surtout du vin de Cos. Toul au contraire, on transporte dans le Pont du vin de nos parages, de Péparéthos, de Cos, du vin de Thasos et de Mendé et de bien d'autres villes; du Pont, c'est de tout autres produits qu'on importe.

Ce texte est souvent cité par les historiens de l'économie; il est évoqué et commenté par Ziebarth, *Beiträge zur Geschichte des Seraubs und Seehandels im alten Griechenland*, 1929, p. 133, nº 68.

33. STRABON (= THÉOPOMPE)

Géographie, VII, 317

Erreurs de Théopompe:

Καὶ ἄλλα δ' οὐ πιστὰ λέγει, τό τε συντετρῆσθαι τὰ πελάγη ἀπὸ τοῦ εὑρίσκεσθαι κέραμόν τε Χῖον καὶ Θάσιον ἐν τῷ Νάρωνι, καὶ τὸ ἄμφω κατοπτεύεσθαι τὰ πελάγη ἀπό τινος ὄρους.

On trouve encore chez lui d'autres choses auxquelles on ne peut accorder créance: d'abord, que les mers sont reliées par un canal souterrain, à *cause de la trouvaille dans les eaux du Narôn d'amphores de Chio et de Thasos; et aussi que l'on peut voir l'une et l'autre mer du sommet d'une certaine montagne.*

Nous sommes ici en présence d'une tradition ancienne, comparable à celle qui est reprise dans le texte **34**. On rencontre encore ici et là l'allusion au sommet montagneux d'où l'on découvre à la fois le Pont et la mer orientale; et ce dernier thème existait aussi chez Polybe (à propos de l'Hémos, selon STRABON, VII, 313).

34. (ARISTOTE)

De mirab. auscultationibus, 104 (839 b) (recueil établi au IIᵉ siècle av. J.-C.)

Λέγεται δέ μεταξὺ τῆς Μεντορικῆς καὶ τῆς Ἰστριανῆς ὄρος τι εἶναι τὸ καλούμενον Δέλφιον, ἔχον λόφον ὑψηλόν· ἐπὶ τοῦτον τὸν λόφον ὅταν ἀναβαίνωσιν οἱ Μέντορες οἱ ἐπὶ τοῦ Ἀδρίου οἰκοῦντες, ἀποθεωροῦσιν, ὡς ἔοικε, τὰ εἰς τὸν Πόντον εἰσπλέοντα πλοῖα· εἶναι δὲ καί τινα τόπον ἐν τοῖς ἀνὰ μέσον διαστήμασιν, εἰς ὃν ἀγορᾶς κοινῆς γινομένης πωλεῖσθαι παρὰ μὲν τῶν ἐκ τοῦ Πόντου ἐμπόρων ἀναβαινόντων τὰ Λέσβια καὶ Χῖα καὶ Θάσια, παρὰ δὲ τῶν ἐκ τοῦ Ἀδρίου τοὺς Κερκυραϊκοὺς ἀμφορεῖς.

On raconte qu'entre la Mentorique et l'Istrie se dresse une montagne appelée Delphion, très élevée; de son sommet les Mentores, qui vivent sur les bords de l'Adriatique, portent leur regard, paraît-il, jusqu'au Pont-Euxin, où ils peuvent voir entrer les navires.

Il y a aussi entre leur territoire et le Pont un endroit où se tient un marché public, où les marchands venus du Pont vendent des amphores de Lesbos, de Chio et de Thasos, et ceux venus de l'Adriatique les amphores de Corcyre.

La comédie latine: Plaute

La plus ancienne allusion latine au vin de Thasos se trouve chez Plaute (vers 206 av. J.-C.):

35. *Poenulus*, vers 699

A Collybiscus qui lui déclare vouloir faire la fête et bombance, Lycos le *leno* propose un joli nid de plaisir:

> Ubi tu Leucadio, Lesbio, Thasio, Chio
> Vetustate vino edentulo aetatem inriges.

Ces vins «si vieux qu'ils ont perdu leurs dents» et dont la fourniture contribue à justifier la demande d'une forte somme sont tous grecs; et il se peut que Plaute se réfère tout simplement à sa source grecque; mais il lui était facile de la modifier ou de supprimer le détail s'il avait dû ne pas être entendu de son public.

Un vers d'un comique anonyme associe le Thasos au Falerne: voir ci-après, **37**.

Pline l'Ancien: histoire des vins

Pline présente ainsi, après l'histoire des vins d'Italie, celle des vins grecs:

36. *Histoire naturelle*, XIV, 73

Nunc simili modo transmarina dicemus. In summa gloria post Homerica illa de quibus supra diximus fuere Thasium Chiumque, ex Chio quod Ariusium vocant. His addidit Lesbium Erasistrati maximi medici auctoritas, circiter CCCCL anno urbis Romae (304 av. J.-C.).

La chronologie proposée et la place accordée au Thasos dans la hiérarchie des vins à l'époque classique correspondent à ce que nous apprennent par ailleurs les fragments des comiques grecs.

La vogue des vins grecs – et du Thasos en particulier se serait prolongée en Italie, selon Pline, jusqu'à la fin du IIe siècle av. J.-C., les vins de Campanie l'emportant déjà à cette époque:

37. *Histoire naturelle*, XIV, 95

Sic quoque postea diu transmarina in auctoritate fuerunt et ad avos nostros, quin et Falerno jam reperto, sicut apparet ex illo comici versu:

Quinque Thasi vini depromam, bina Falerni.

Pharmacopée. Usages spéciaux chez Pline

Dans un chapitre qui traite des propriétés particulières de certains vins, Pline évoque à deux reprises des spécialités thasiennes:

38. *Histoire naturelle*, XIV, 117

Thasos duo genera vini diversa facere proditur, quo somnus concilietur, alterum vero quo fugetur. Apud eosdem vitis *theriaca* vocatur, cujus et vinum et uva contra serpentium ictus medetur; *libanodes* turis odore, ex qua diis prolibant; e diverso *aspendios* damnata aris; ferunt eam nec ab alite ulla attingi.

On retrouve ici l'indication déjà fournie par Théophraste (**31**), sur le vin qui fait dormir[25] , et celui qui réveille. Les autres renseignements lui sont-ils également empruntés? Pline revient ailleurs sur le raisin *thériaque* qui semble bien être d'invention thasienne: «Uva theriace, de qua suo loco diximus, contra serpentium ictus estur» (*Hist. nat.*, XXIII, 14; voir également, sur le vin antidote contre les venins, *ibid.*, XXIII, 43). Les *Géoponiques* traitent à plusieurs reprises des propriétés de l'espèce thériaque (II, 47; IV, 8; X, 51). On y trouve aussi la manière de parfumer le vin à l'encens (VII, 20).

39. *Histoire naturelle*, XIV, 110

Pline rapporte qu'il est possible de donner au vin des vertus spéciales en cultivant près des ceps certaines plantes. Ainsi, selon Caton, se fait le vin d'hellébore et le vin de scammonée aux propriétés abortives:

Sic et elleborum seritur in Thaso aut cucumis silvester aut scammonia, quod vinum *phthorium* vocatur, quoniam abortus facit.

Sur le «concombre sauvage» (*élatérion*), voir *Hist. nat.*, XX, 4:

[25] Fabrication d'un vin soporifique à l'aneth: voir *Géoponiques*, 8, 3 et 8, 12.

«Tradunt hoc succo radicibus vitium, non attingi uvas ab avibus»[26]. Selon Phainias d'Érésos cité par Athénée, I, 29 f, les gens de Mendé arrosent les grappes sur la vigne avec le suc du concombre sauvage pour rendre le vin «moelleux»:

Φησὶ δὲ Φαινίας ὁ Ἐρέσιος Μενδαίους τοὺς βότρυς ἐπὶ τῇ ἀμπέλῳ ῥαίνειν τῷ ἐλατηρίῳ· διὸ γίνεσθαι τὸν οἶνον μαλακόν.

Le vinaigre thasien lui-même avait des vertus curatives:

40. *Histoire naturelle*, XXXIV, 114

Hieracium vocatur collyrium, quod ita maxime constat: temperatur autem, id Hammoniaci unciis quattuor, aeruginis Cypriae duabus, atramenti sutorii, quod chalcantum vocant, totidem: misyos vero una, croci sex. Haec omnia trita aceto Thasio colliguntur in pilulas, excellentis remedii, contra initia glaucomatum et suffusionum, contra caligines, et scabritias, et albugines, ac genarum vitia.

Cépages thasiens: Virgile, Columelle, Pline

Les cépages thasiens ont été acclimatés en Italie, selon Virgile:

41. *Géorgiques*, II, vers 91-92 (37 av. J.-C.)

Sunt Thasiae vites, sunt et Mareotides albae
Pinguibus hae terris habiles, levioribus illae.

Columelle déplore le faible rendement des cépages grecs et des thasiens en particulier:

42. *De Re Rustica*, III, 24

Nam quae Graeculae vites sunt, ut Maraeoticae, Thasiae, Psithiae, Sophortiae, sicut habent probabilem gustum, ita nostris regionibus et raritate uvarum et acinorum exiguitate minus fluunt.

Pline conteste l'information donnée par Virgile:

---

[26] Voir également Dioscoride, V, 67: γίνεται δὲ καὶ φθόριος ἐμβρύων οἶνος· φυτευομένοις γὰρ ταῖς ἀμπέλοις συμφυτεύεται ἐλλέβορος ἢ σίκυος ἄγριος ἢ σκαμμωνία, ὧν ἀναλαμβάνει ἡ σταφυλὴ τὴν δύναμιν· καὶ ὁ ἐξ αὐτῆς οἶνος γίνεται φθόριος. Pour le vin à l'hellébore, cf. encore Dioscoride, IV, 162 et V, 72; et pour le vin à la scammonée, V, 73.

43. *Histoire naturelle*, XIV, 39

Dixit Vergilius Thasias et Mareotidas et Lageas complurisque externas, quae non reperiuntur in Italia.

Pline admet cependant, un peu plus haut dans le même chapitre, où il exalte les qualités des vignes italiques, l'adaptation d'une «petite espèce grecque de Chio ou de Thasos»:

44. *Histoire naturelle*, XIV, 25

Et hactenus potissima nobilitas datur peculiaribus atque vernaculis Italiae; ceterae advenere. E Chio Thasove Graecula non inferior Aminaeis bonitate, praetenera acino et uva tam parva ut nisi pinguissimo solo colere non prosit.

(On préférera le texte ainsi établi à celui qui est parfois coupé ainsi: «Ceterae advenere e Chio Thasove; Graecula... »)

Il existait d'autre part un raisin «thasien» en Égypte:

45. *Histoire naturelle*, XIV, 117

Thasiam uvam Aegyptus vocat apud se praedulcem quae solvit alvum...

Ce raisin «thasien» d'Égypte entrait dans la composition du vin sébennytique:

46. *Histoire naturelle*, XIV, 9, 2

Ab his dignatio est... Sebennytico. In Aegypto hoc nascitur tribus generibus uvarum ibi nobilissimis, Thasio, Aethalo, Peuce.

Témoignages postérieurs au Ier siècle ap. J.-C

47. Apulée

Apologie, XXIV (157/8 ap. J-C)

Apulée parle de ses origines mêlées:

Holitori et cauponi merito est concessum holus et vinum ex nobilitate soli commendare, vinum Thasium, holus Phliasium; quippe illa terrae alumna multum ad meliorem saporem juverit et regio fecunda et caelum pluvium et ventus clemens et sol apricus et solum sucidum.

De tels enracinements dans un terroir ne sauraient au contraire distinguer une âme humaine, étrangère de passage dans un corps; tel sage peut être Scythe, tel imbécile Athénien.

«Allusion plutôt littéraire» juge A.-M. Bon[27], qui estime qu'il n'y a «rien à tirer» du témoignage pour l'histoire du commerce. Il est de fait peu vraisemblable que les «légumes de Phlionte» – si réellement ils furent célèbres, ce dont on peut douter – aient été connus des juges d'Apulée à Sabratha: que dire dès lors du vin de Thasos, qui leur est associé? Il y a dans cet exemple peut-être une citation, presque sûrement un trait de cette «eloquentia Graeca» qu'Apulée se vante plus loin, dans l'*Apologie*, de posséder parfaitement.

48. (LUCIEN)

Amours, 27
Mérites de la convivialité:

Ὅθεν εὑρέθη τράπεζα κοινή· καὶ φιλίας μεσῖτιν ἑστίαν παραθέμενοι γαστρὶ τὴν ὀφειλομένην ἀπομετροῦμεν ἀπόλαυσιν, οὐ μόνοι τὸν Θάσιον, εἰ τύχοι, πίνοντες οἶνον οὐδὲ καθ' αὑτοὺς τῶν πολυτελῶν πιμπλάμενοι σιτίων.

C'est pour cela que fût institué le repas en commun; et quand nous avons devant nous la table médiatrice de l'amitié, nous accordons à notre ventre la jouissance qui lui est due, sans être seuls pour boire, par exemple, le vin de Thasos, et sans nous isoler pour nous goinfrer de nourritures de luxe.

ÉLIEN

49. *Histoires variées*, XII, 31

Φέρε οἴνων Ἑλληνικῶν διὰ σπουδῆς ἰόντων ἐν τοῖς πάλαι ὀνόματα καταλέξω ὑμῖν. Πράμνειόν τινα ἐκάλουν, ἱερὸς δὲ ἦν ἄρα οὗτος τῆς Δήμητρος· καὶ Χῖος οἶνος ἐκ τῆς νήσου, καὶ Θάσιος ἄλλος, καὶ Λέσβιος.

Je vais vous dresser la liste des vins grecs autrefois en estime. On en nommait un pramnien, qui était consacré à Déméter; il y avait un Chio, venant de l'île, et un thasien, et un lesbien...

---

[27] BON, BON, *Les timbres...*, p. 43.

50. *Lettres rustiques*, 8

Ὀπώρα Δερκύλλῳ.

Σὺ μὲν εἴτε σπουδάζεις ἐς τὸ ὄνομα τὸ ἐμὸν εἴτε παίζεις οἶσθα δήπου αὐτός, ἐγὼ δὲ οἷς πέμπεις οὐκ ἀξιῶ πρός με ὡραΐζεσθαι. Καλὰ γάρ σου τὰ δῶρα ἀκρόδρυα δυοῖν ὀβολοῖν καὶ ὑβριστὴς οἶνος διὰ νεότητα· πίοι δ' ἂν ἡ Φρυγία αὐτόν· ἐγὼ δὲ Λέσβιον πίνω καὶ Θάσιον καὶ ἀργυρίου δέομαι.

Opôra à Derkyllos

Que tu t'attaches sérieusement à mon nom ou que tu joues, c'est ton affaire; pour moi, je n'estime pas que ce que tu m'envoies soit à mon avantage: les beaux cadeaux, des fruits pour deux oboles, et un vin jeune et brutal! La Phrygienne en boirait; moi, je bois du Lesbos, du Thasos, et il me faut de l'argent.

51. Clément d'Alexandrie

Le Pédagogue, II, 30

Οὐ πολυπραγμονητέον τοίνυν τὸν οἶνον τὸν Χῖον, ἂν ἀπῇ, οὐδὲ τὸν Ἀριούσιον ὅταν μὴ παρῇ. Δίψα γὰρ ἐνδείας τινός ἐστι πάθος καὶ τὸ κατάλληλον ἐπιζητεῖ βοήθημα πρὸς ἀναπλήρωσιν, οὐ τετυφωμένον ποτόν. Πλαδώσης δὲ ἐρέξεως δι' ἀκρασίαν αἱ διαπόντιοι οἰνηγίαι, παραφρονούσης καὶ πρὸ τῆς μέθης περὶ τὰς ἐπιθυμίας τῆς ψυχῆς. Θάσιός τε γὰρ ὁ εὐώδης καὶ ὁ εὔπνους Λέσβιος καὶ Κρής τις γλυκὺς καὶ Συρακούσσιος ἡδὺς καὶ Μενδήσιός τις Αἰγύπτιος καὶ ὁ νησιώτης Νάξιος καὶ ἀνθοσμίας τις ἄλλος τῆς Ἰταλῶν γῆς, πολλὰ ταῦτα ὀνόματα.

On ne doit donc pas se tracasser pour du vin de Chios, s'il fait défaut, ni pour celui d'Ariousia, s'il n'y en a pas. La soif est l'impression d'un certain manque, et elle fait rechercher le moyen approprié pour le combler, qui n'est pas une boisson capiteuse. C'est une envie gâtée par l'intempérance qui fait transporter les vins à travers les mers: c'est le signe d'une âme qui est, dès avant l'ivresse, déréglée dans ses désirs, Il y a le Thasos, qui a du parfum, el le Lesbos, de l'arôme; un Crétois, qui est doux, et un Syracusain agréable, et un Mendès d'Égypte, et un Naxos insulaire, et encore tel autre qui a du bouquet et vient du sol italien: les appellations ne manquent pas.

On doit voir dans ce passage un témoignage sur la diffusion du vin thasien à l'époque où fut écrit *Le Pédagogue*. Clément se réfère visiblement à une échelle de valeur des vins fins grecs qui devait être celle des lecteurs qu'il entend convertir à sa morale. Et il n'est pas vraisemblable qu'il fasse appel ici à une culture livresque mise au service de sa rhétorique et non à l'expérience de l'aristocratie alexandrine de son temps.

52. *Géoponiques*, VIII, 23

Recette de fabrication du vin thasien, d'après Florentinus:

Θασίου οἴνου ποίησις. Φλωρεντίνου.

1 Τὰς ἀκμαζούσας σταφυλὰς ἡλιάζομεν, διατιθέντες ἐπὶ βότρυν [δύο] ἡμέρας ε', τῇ δὲ ϛ' μέσον ἡμέρας ἀνελόμενοι αὐτὰς ἐνθέρμους καταβάπτομεν εἰς γλεῦκος καὶ θάλασσαν ἑψημένην ἐφ' ἡμισείᾳ, καὶ ἀνελόμενοι ἐπιτιθέμεθα εἰς τὴν ληνὸν νύκτα καὶ ἡμέραν μίαν· καὶ συμπατήσαντες ἀναλαμβάνομεν εἰς ἀγγεῖα. 2 Ὅταν δὲ ἀναζέσῃ καὶ ἀποκαθαρθῇ, παραχέομεν ἑψήματος εἰκοστόπεμπτον μέρος· μετὰ δὲ ἰσημερίαν ἐαρινὴν ἀποτρυγίζομεν εἰς ἀγγεῖα σύμμετρα.

On expose au soleil les raisins mûrs, en les disposant grappe par grappe (?)... pendant cinq journées; au milieu du sixième jour on les ramasse, et on les plonge tout chauds dans un mélange de moût et, pour moitié, d'eau de mer bouillie; puis on les en retire et on les met dans le pressoir une nuit et un jour; on foule; on recueille le jus dans des vases. Après fermentation et débourbage, on ajoute un vingt-cinquième de moût cuit; passé l'équinoxe de printemps, on soutire dans des vases adaptés.

La recette est celle de ces vins «de liqueur» dont le vieil ouvrage de J. Guyot donne la définition générale: «Il suffit, pour obtenir de tout raisin un vin de liqueur, de faire évaporer l'eau de son jus jusqu'à ce ... qu'il puisse arriver par une fermentation plus ou moins lente à contenir environ 20 pour cent d'esprit ou 15, 16 et 18 degrés en esprit, et le surplus en sucre non réduit» (*Culture de la vigne et vinification*[2], 1861, p. 337). La méthode est ici la concentration naturelle du sucre par dessication partielle, à l'air libre, du fruit récolté très mûr. L'addition de moût fait intervenir un autre moyen de concentration, moins noble, par chauffage; il n'est utilisé que pour un faible appoint. L'originalité de la recette tient surtout au bain de moût et de saumure donné au sixième jour. Un effet immédiat du sel qui se fixe sur la peau des grains est d'accélérer leur déshydratation; un autre effet est l'élimination de certaines bactéries et levures, et cette sélection oriente et régule le processus de fermentation alcoolique.

Il est certain que les autres grands crus grecs anciens – Maronée, Chio, Lesbos – étaient aussi des vins de liqueur. Le nom de *saprias* donné au Ve siècle av. J.-C. à la variété la plus fine du vin de Chio (ci-dessus, **7**; cf. **8**) doit s'expliquer par l'attente prolongée des raisins flétris. De tels vins, forts en alcool, riches en sucre, ont une fermentation ralentie, une maturation longue; ils sont d'excellente conservation, et ne craignent ni la chaleur, ni le voyage: comme nos Madère et nos Porto, ils y gagnent plutôt.

Lexiques; scholies

53. *La souda*

SUIDAS, p. 685 Adler = scholie à Aristophane, *Ploutos*, 1022

Θάσιος οἶνος˙ καὶ παροιμία˙ εἰ Θάσιον ἐνέχεις˙ ἐπειδὴ ἐν Θάσῳ ᾤκει Στάφυλος ὁ ἐρώμενος Διονύσου˙ διαφέρει δὲ ὁ Θάσιος οἶνος.

Vin de Thasos. Proverbe: si tu verses du Thasos. Parce qu'habitait à Thasos Staphylos l'amant de Dionysos. Le vin de Thasos est supérieur.

54. *Etymologicum magnum*

ΘΑΣΟΣ: Πόλις˙ ἀπὸ τοῦ δάσος˙ ὅτι κάρπιμος ἐστιν ἡ γῆ. Καὶ τὸν Κικόνιον οἶνον, ὃν καὶ Ὅμηρος συνίστησιν ἥδιστον εἶναι, τοῦτον οἱ Ἕλληνες Θάσιον ὠνόμασαν, διὰ τὸ ἐπικεῖσθαι τῇ νήσῳ Θάσῳ.

Thasos: cité; vient de dasos *parce que la terre est féconde. Et le vin des Cicones, dont Homère montre l'excellence, est celui que les Grecs ont appelé thasien, parce qu'il est près de l'île de Thasos.*

* * *

ETAT FONCIER ET ART VITICOLE

Plutarque reproche à Archiloque d'avoir déprécié Thasos en la décrivant comme «l'échine d'un âne», couronnée de végétation sauvage, alors qu'elle porte «des champs fertiles et des vignobles» (**5**). Nous ne savons que peu de choses sur les vignes thasiennes – sans doute plantées pour la plupart après la colonisation du VIIe siècle. Nous n'avons que de faibles lueurs sur l'organisation des tenures foncières. Au Ve siècle cependant, un document remarquable (**c**): Adeimantos, du dème de Skambonidai, en vertu sans doute d'un droit qu'il devait à sa qualité d'Athénien – sans que l'on puisse savoir toutefois comment il avait acquis cette propriété[28] – possédait à Thasos un et probablement deux domaines, confisqués après qu'il eut été accusé d'avoir parodié les Mystères: le premier, doté d'un esclave régisseur, pouvait couvrir dix hectares environ; le second, au lieu dit *Chytrinoi*, trente hectares, si l'on veut bien suivre le raisonnement proposé plus haut à partir du nombre des *pithoi* inventoriés: ce sont des superficies considérables pour des exploitations antiques, et surtout pour des vignobles. Mais cette situation est visiblement liée au statut particulier de Thasos, dans la sujétion étroite d'Athènes entre 463 et 411. Au IVe siècle, un bail fragmentaire, contrat de longue durée, concerne un terrain planté, avec une clause pour assurer le maintien en l'état des plantations, en prévoyant le remplacement des sujets morts (**f**). Et Théophraste, dans son traité *Sur les causes des plantes*, évoque comme une pratique courante à Thasos les baux agricoles, avec des clauses originales, refusant au locataire la possibilité de pousser au rendement, et empêchant le «forçage» (**4**).

Quant aux soins donnés à la vigne, aux techniques mises en œuvre par les viticulteurs thasiens, nous ne pouvons que deviner. En l'absence de maladies cryptogamiques, principal fléau moderne, il s'agit uniquement du choix des plants, de taille, de façons à donner aux sols, et d'engrais. L'ἰλύς qui apparaît dans le bail (**f**) doit être employée à ce dernier usage. Et nous savons, par Théophraste encore, que les Thasiens étaient d'excellents arboriculteurs, greffant et sélectionnant avec succès l'amandier[29]. Leur pratique est soutenue par une véritable science agronomique: Columelle et Varron n'ont-ils pas cité, parmi les plus grands de leurs devanciers, et les plus célèbres, les noms des Thasiens Anaxipolis et Euagon[30]?

---

[28] Sur les moyens dont pouvaient disposer les Athéniens pour acquérir à titre personnel des terres dans les cités de l'empire, voir Gauthier, dans *Problèmes de la terre en Grèce ancienne*..., p. 173 sqq.

[29] Théophraste, *Sur les causes des plantes*, I, 9, 1: les Thasiens pratiquaient sur l'amandier la greffe en écusson (ἐνοφθαλμισμός).

UN VIN DE LIQUEUR

Le deuxième domaine d'Adeimantos possède, avec ses *pithoi* nécessaires à la vinification et au stockage provisoire du vin, un équipement qui comprend une table de foulage (ληνός) et une cuve pour recueillir la coulée de vendange (πύελος) (**c**). Ainsi, la vendange, parfois vendue sur pied, dès le mois de Plyntérion (juin) (**b** I)[31], était-elle foulée sur place. Le moût (γλεύκος) pouvait être utilisé tel quel (**b** I); mais la plus grande part était recueillie dans les *pithoi* où se faisait le vin. La recette, très raffinée, de fabrication du Thasos nous est transmise dans les *Géoponiques*: cet almanach agricole est du Xe siècle; mais le procédé doit être traditionnel (**52**). Nous savons par Pline que les cépages thasiens portaient un raisin très doux (*praedulcis*) (**45**) au point d'être laxatif, et ce raisin devait être cueilli à maturité parfaite: dans *l'Économique* Xénophon enseigne comme une pratique banale, observable par tous, la vendange sélective et progressive des grappes[32]. A Thasos, celles-ci sont exposées au soleil cinq jours durant: elles flétrissent et se déshydratent. Relevées chaudes, on les rince dans un mélange à parts égales de moût et de saumure, et elles attendent encore vingt quatre heures sur l'aire du «pressoir» le foulage, qui se fait aux pieds[33]. On ajoute enfin au jus du moût réduit au feu, ce qui augmente encore, comme dans notre chaptalisation, la teneur en sucre; on obtient ainsi, après fermentation, un produit aussi fortement alcoolisé que le permet la vinification naturelle – un vin à 18 degrés environ – avec, si l'on veut, un excès de sucre qui donne la douceur. C'est de la même manière que nous faisons les vins de paille ou de liqueur, en laissant attendre les grappes coupées, ou que la «pourriture noble» concentre le sucre dans le raisin du Sauternais, cueilli parfois, comme au Château-Yquem, presque grain à grain. La technique de fabrication est

---

[30] VARRON, *Res rusticae*, I, 1, 8; COLUMELLE, *De re rustica*, I, 1, 8.

[31] Sur le calendrier de Thasos, voir *BCH*, 82 (1958), p. 216-219; et en dernier lieu M. WÖRLE, *Chiron*, 13 (1983), p. 352 sqq. Il faut ajouter à Thasos, en fin d'année, le mois de Badromion (Cf. WÖRLE, *op. cit.*, p. 355, pour ce mois à Paros, et *BCH*, 83 [1959], p. 195, pour la fête à Thasos, dont la lecture est maintenant assurée). Je pense aujourd'hui que Plyntérion doit être le huitième mois de l'année.

[32] XÉNOPHON, *Économique*, XIX, 8.

[33] Sur le traitement du raisin, voir le rappel des problèmes par PH. BRUNEAU et PH. FRAISSE, *BCH*, 108 (1984), p. 720 à 722, et surtout D. A. AMYX, *Hesperia*, 27 (1958), p. 243: le foulage aux pieds est la règle à l'époque ancienne; l'usage de la presse mécanique est de date relativement récente (voir la documentation iconographique réunie par AMYX, *loc. laud.*, p. 244-245). Il faut ajouter que le «vin de presse» n'est jamais un vin de qualité.

du reste celle que Tournefort dit être courante à la fin du XVIIe siècle dans l'archipel grec[34]: partout on foule après avoir «laissé sécher» les raisins pendant deux ou trois jours; à Chio, «pendant huit jours au soleil». Tournefort signale plus particulièrement à Chio les vignes du village de Mesta, non loin du sanctuaire d'Apollon Phanaios: on y expose aujourd'hui encore, avant foulage, le raisin sur des aires découvertes, et sur le parvis dallé des chapelles. Le vin de Thasos cuvait et reposait ensuite dans les *pithoi* jusqu'au printemps: la fête des Anthestéria, fête des fleurs, attestée au IVe siècle, mais sûrement comprise dans le calendrier thasien dès l'époque archaïque, correspond comme partout en Ionie à la première dégustation du vin nouveau, à l'ouverture des *pithoi*[35].

On notera l'intervention dans la recette des *Géoponiques* de saumure marine dans le liquide où l'on baigne au passage les grappes: le sel est un agent conservateur, un élément aussi qui relève le goût. Il n'est pourtant pas question d'ajouter au moût de l'eau de mer. La réglementation thasienne dès le Ve siècle av. J.-C. condamne sévèrement le mouillage (παράχυσις ὕδατος) (**b** II): il s'agit d'abord de réprimer la fraude des commerçants revendeurs, parfois enclins aux profits illicites – on dit que les soldats de Lysandre avaient ainsi acheté du vin «aqueux» qu'il devenait inutile de couper dans le cratère[36] – mais la même interdiction devait contribuer à maintenir la qualité du vin en évitant les pratiques qui, dès la fabrication, pouvaient la réduire à l'avantage de la quantité. Le Thasos était à l'origine, et a dû rester, un de ces vins de tradition ancienne que Dioscoride et Galien qualifient d'ἀθάλασσοι – exempts d'eau de mer[37].

Conditionnement

Le vin peut être vendu dans les *pithoi* (ἐν πίθοις) (**b** I); la vente conclue, en ce cas, on n'«estampille» pas les pithoi comme on l'a parfois dit: l'acheteur scelle en imprimant son sceau personnel le couvercle des vases dont le contenu agréé lui appartient désormais avant même qu'il ne l'enlève. De toute façon, dans l'année qui suit la récolte, après l'échéance du mois d'Anthestérion, le vin doit être soutiré. Ce transvasement s'opère dans le chai du domaine. Les

[34] J. Pitton de Tournefort, *Voyage d'un botaniste*, lettre 4, p. 154 de la réédition des éditions Maspero (Paris 1982): vin de l'Archipel; et lettre 9, p. 303: vin de Scio.
[35] Fête des Anthestéria à Thasos: voir *BCH*, 82 (1958), p. 227.
[36] L'anecdote est reprise chez Athénée, 421.
[37] Dioscoride, V, 6, 11; Galien, X, 832-833 et XIV, 134.

fours à amphores que l'on a rencontrés ces dernières années en divers points de l'île avaient évidemment pour fonction essentielle de répondre directement à ce besoin de récipients: leur rapport avec des chais pourra sans doute être éclairé par la poursuite des prospections. La phase du conditionnement est importante: le vase neuf doit être poissé convenablement; empli, il doit être hermétiquement bouché. Le passage du vin dans les amphores s'accompagne de traitements: c'est à ce moment-là qu'un vin tel que celui que l'on offrait au prytanée de Thasos était additionné du mélange de farine de froment et de miel qui devait lui donner douceur et parfum (**23**). Le texte de Théophraste est très clair: cette opération n'a pas lieu au moment de la consommation; elle a été faite dans le κεράμιον.

Vases et mesures

Un intérêt non négligeable du recensement des sources écrites est de permettre de dresser le bilan du vocabulaire concernant les vases qui servaient à la préparation, à la conservation et au transport des vins thasiens. Le terme de κάδος, employé par Archiloque au VIIe siècle pour désigner les récipients bouchés d'où l'on versera le vin aux hommes de garde à bord d'un bateau (**1**) – terme qui persiste ensuite pour désigner, en rapport avec le vin de Chio surtout, et jusque dans les sources latines, un vase de volume moyen[38] – ne se retrouve pas dans les autres documents concernant Thasos. Les textes épigraphiques (**b** I et **c**) nomment les πίθοι, sains ou fêlés (σαθροί), avec leurs couvercles (ἐπιθέματα); le *pseudopithos* et la *pithacné* (**b** II) sont évidemment d'assez grande taille; mais ils ne sont plus à demeure dans le chai, comme les *pithoi*[39], et doivent déjà permettre le transport; ils ont, manifestement, des capacités supérieures à l'amphore. Pour cette dernière, les inscriptions thasiennes du Ve siècle (**a** et **b** II) permettent d'affirmer avec une entière assurance que le mot ἀμφορεύς désigne une mesure – et il en va de même dans un calendrier de culte de Milet, antérieur à 500 av. J.-C., où un sous-multiple est *l'hecté*[40] – en même temps que le récipient

[38] Sur le *kados*, voir D. A. Amyx, *Hesperia*, 27 (1958), p. 186-190. Ci-après, p. 120.

[39] Sur les *pithoi*, voir *ibid.*, p. 168-170. Il s'agit de «large non portable jars» pour Grace.

[40] F. Sokolowski, *Lois sacrées de l'Asie Mineure*, 41, ligne 9 (ἀμφορεὺς οἴνο) et lignes 10-11 (ἕκτη οἴνο).

normalisé qui contenait cette mesure. Il y a de très fortes chances, dans ces conditions, pour que l'amphore soit à Thasos un vase un peu au-dessus de vingt litres, module qui répond à un type standard thasien[41] . Le mot de κεράμιον désigne par excellence ce type; de même, celui de Θάσιον. Il existe des modules inférieurs, moitié ou quart: les demi-modules, au pied effilé[42], sont majoritaires dans les fouilles des fours du IVe et du IIIe siècle. L'article législatif qui, à la fin du Ve siècle (**b** II, l. 13 et 16), interdit d'utiliser pour la vente au détail les vases les plus grands (amphore, *pithacné*, *pseudopithos*), laisse supposer une circulation plus forte, à Thasos même, de ces vases de capacité faible. La table de mesure *Recherches*... II 194 (**g**) pour les vins, dédiée sur l'agora par l'agoranome Zôsimos, présente des cavités qui correspondent, au Ier siècle ap. J.-C., au *stamnos*[43] et à la demi-amphore – avec des capacités en apparence trop fortes (7,68 l et 15,36 l) pour qu'elles puissent rester dans la tradition ancienne[44] (même si l'on tient compte du fait que le le récipient étalonné était un bronze mobile encastré), mais le vocabulaire doit être traditionnel. Les mots de *stamnion* et *amphoreidion* employés par Aristophane (**9** et **10**) peuvent évoquer de manière plus imprécise ces vases de contenance inférieure à l'amphore. Il est clair en tout cas que la table de mesure *Recherches*... I 153, dédiée par Zôsimos encore (**g**), atteste à l'époque romaine l'usage persistant des divisions de l'*hecté* archaïque (le sixième de l'amphore): ἡμίεκτον, τεραρτόνεκτον (1/12e et 1/24e d'amphore). Quant au détail des problèmes métrologiques, la recherche est encore à pousser. Des difficultés constantes ont dû exister, en particulier au Ve siècle av. J.-C. pour la conversion en mesures attiques des mesures thasiennes: les textes *Recherches*... I 19 et 20 (**e**), qui donnent à la fin du Ve siècle des séries de nombres correspondant à des «mesures de vases»

[41] Sur les contenances des «amphores» de Thasos, voir *Études thasiennes* IV, p. 17 et p. 21. D. A. AMYX, *Hesperia*, 27 (1958), p. 194. Dans la seconde moitié du Ve siècle, une augmentation passagère de volume correspondrait à l'adoption des «standards» attiques: voir H. B. MATTINGLY, *JHS*, 101 (1981), p. 85-86, avec les références aux observations de Brašinskij et aux recherches de Mabel Lang.

[42] Il s'agit du type «effilé» de BON, BON, *Les timbres*..., p. 17, I b; capacité de l'exemplaire Th. 1403, 9,92 litres.

[43] Sur le *stamnos*, voir D. A. AMYX, *Hesperia*, 27 (1958) p. 191-193, avec la référence au *sékoma* de Thasos.

[44] On ne peut guère échapper à l'hypothèse d'un changement dans la définition du volume de l'amphore. On se trouverait alors dans une situation comparable à celle que l'on découvre à Marseille, où G. Bertucchi propose d'expliquer le passage, au Ier siècle av. J.-C., d'un standard de 20 litres environ à un standard de 30 litres, par l'influence ou la pression de Rome: voir *BAN*, XVI (1983), p. 11.

(ἀγγέων μέτρον) demeurent énigmatiques: l'hypothèse de M. Lang, qui voit dans le premier de ces textes des dimensions linéaires de *pithoi* est à écarter[45]. Une nouvelle inscription de même série, gravée comme les précédentes sur un carreau de marbre, et trouvée dans la région à l'Est du passage des théores, doit être publiée: elle confirme le caractère systématique du contrôle, sa complexité, et suggère l'existence d'un bureau spécial affecté à ces problèmes.

Couleur et qualités

Le médecin Mnésithéos d'Athènes, au IIIe siècle av. J.-C., distinguait trois couleurs de vin: le noir (μέλας), le blanc (λευκός) et le paillet (κιρρός), avec des qualités diverses[46]. Mais la grande variété des vins grecs apparaît dès la fin du Ve siècle dans les prescriptions et les analyses des Hippocratiques: on se reportera surtout au traité *Du Régime*[47] qui a l'avantage d'être contemporain, à peu près, d'Aristophane et de la Comédie ancienne. L'auteur distingue d'abord l'aspect de la robe: vins rouges et vins blancs. Parmi eux, trois degrés du sec au doux: αὐστηροί, μαλακοί, γλυκεῖς. Il y a aussi les vins qui ont du bouquet (ὄζοντες) et ceux qui ne sentent rien (ἄοδμοι); les vins légers (λεπτοί) et les vins épais (παχεῖς); les vins forts et les plus faibles (ἀσθενέστεροι). On distingue les vins jeunes (νέοι), proches du moût, laxatifs et nourrissants, des autres; et on compare les qualités des vins à âge égal (τῆς αὐτῆς ἡλικίας). Le plus apprécié est le vin noir, fort, odorant, vieilli.

Le Thasos correspond à cet idéal: il se présente comme. un vin rouge-noir (μέλας); il a cependant la couleur du sang dans *Lysistrata* (**9**); et Archiloque au VIIe siècle évoquait un vin rouge (ἐρυθρός); mais s'agissait-il déjà du Thasos? On ne boit pratiquement jamais le Thasos sans mélange, sinon par scandale (**13**); le coupage par moitié lui laisse toute sa force (**15**), et pour les malades, on peut aller jusqu'à lui ajouter vingt-cinq fois son volume d'eau (**30**). Il restera toujours renommé pour son parfum, qui enchante les compagnes de Lysistrata (**9**); il avait un bouquet spécial, défini par Hermippos comme une odeur de pomme (**7**). Comme le Chio, on le

[45] M. Lang, *BCH*, 76 (1952), p. 18-31. Sans donte s'agit-il simplement de chiffres donnant à partir d'une unité petite, dont la définition nous échappe, la contenance de vases étalons. Bon, Bon, *Les timbres...*, p. 37, n'envisage aucune hypothèse. Brašinskij et Mattingly suivent la théorie de M. Lang: voir *JHS*, 101 (1981), p. 86.

[46] Athénée, 32 d.

[47] (Hippocrate), *Du régime*, II, 52.

filtre avant de le consommer (**14**). On peut, pour le servir, le rafraîchir à la neige (**24**); on peut y mêler du miel et de la farine d'orge grillé, selon la vieille recette homérique du cycéon: le roi Séleucos le boit ainsi préparé (**26**). On le déguste volontiers en grignotant des friandises (**20**), par exemple avec du miel battu aux amandes (**17**).

Comme les autres vins forts, le Thasos, dès le IVe siècle, était apprécié comme tonique du coeur[48]: dans un fragment d'Antidotos, il est l'«ondée d'Asclépios» (**15**). Pour répondre à la demande médicale, les vignerons thasiens s'efforcent d'obtenir, en utilisant en particulier l'hellébore, le concombre sauvage (*élatérium*) et la scammonée, des produits particuliers, aux vertus médicamenteuses[49]: antivenimeux, soporifique ou excitant, abortif (**31**, **38**, **39**). Le vinaigre de Thasos aura lui-même un emploi thérapeutique, en ophtalmologie (**40**). Certains vins thasiens, à odeur d'encens (**38**), répondent à des besoins religieux.

Un vin de garde

Dans la IXe *Olympique*, Pindare loue le vin vieux[50], et les Anciens en ont toujours prisé la noblesse. Du Ve siècle av. J.-C. au IIIe siècle ap. J.-C., le Thasos est consommé vieux. Opora la courtisane, dans les *Lettres rustiques* d'Élien, demande des vins vieux de Lesbos et de Thasos et refuse celui que lui a offert Derkyllos, un vin jeune et agressif, ὑβριστὴς διὰ νεότητα (**50**). Archestratos estime que les qualités du Thasos tiennent au vieillissement (**29**). Et Plaute, à propos du Thasos notamment, parle de vins si vieux qu'ils ont «perdu leurs dents» (**35**) – on sait qu'au contraire le vin nouveau «mord»[51]. Le vin vieux passait pour avoir tous les avantages pour le goût et pour la santé; et tous les grands crus d'ancienne tradition, Maronée, Chio, Lesbos, vin de Phénicie, et ceux qui suivent ce modèle, s'améliorent avec l'âge. Eubule associe le Thasos au Chio et au Lesbos vieux, avec des qualificatifs communs: γέρων, νεκταροσταγής (**18**). La métaphore qui assimile la vie du vin à celle de l'homme est assez souvent reprise[52]; les vins vieux ont «tête chenue» comme le dit Archestratos à propos du Lesbos (**29**): avec le temps, ils se couronnent en effet d'une efflorescence noble (*flos vini*

---

48 Voir l'index de l'édition Littré d'Hippocrate, *s.v. vin* (X, p. 842-843).

49 Voir *ibid.*, s.v. *hellébore, élatérion, scammonée* (p. 628-630; 572-673; 785) pour l'usage de ces plantes.

50 Pindare, *Ol.*, IX, vers 73-74.

51 Alexis, fr. 278 Kock: Athénée, 36 f.

chez Pline[53]) qui se compare tout naturellement à la chevelure du vieillard. On retrouve l'image dans le *Dyscolos* de Ménandre où, pour la fête finale on boit du vin «déjà blanc» (πολιὸς ἤδη)[54]. Nos Xérès mûrissent ainsi, sous «fleur».

Il est manifeste que le séjour de vieillissement se fait dans les vases de la catégorie de l'amphore. Et ceux-ci sont conservés dans le cellier de l'acheteur en attendant d'être ouverts: par exemple, nous le voyons dans le *Banquet* de Xénophon, dans la maison de Callias au Pirée (**22**). C'est l'idéal de la fortune dans le *Ploutos* d'Aristophane: avoir chez soi des amphores de vin noir, bouqueté (μέλας, ἀνθοσμίας)[55]. Ce qui suppose des moyens d'achat, un choix, un local de garde adapté (le texte de Machon de Corinthe (**24**) qui raconte la visite de Diphilos à Gnathaina fait allusion à un λάκκος frais qui est proprement une cave[56]) et une gestion de la réserve. Bien qu'il ne nous soit pas parvenu sur ce point de témoignage explicite avant l'époque romaine, où la mention consulaire donne l'âge des vins, il est assez clair que le timbrage des amphores donnait à l'amateur, avec l'origine du vin, le renseignement indispensable qu'apporte pour nous le millésime, indiquant l'âge, et signalant aussi telle ou telle vendange, une «grande» ou une moins bonne année. En ce qui concerne les récipients thasiens, nous sommes bien assurés maintenant qu'ils portaient le nom de magistrats annuels: ceux-ci remplissaient une mission de contrôle, mais leurs noms donnent aussi la référence chronologique indispensable.

Consommation

On buvait du Thasos à Thasos même. Archiloque y puisait peut-être déjà l'inspiration pour ses dithyrambes (**1**); à la fin du Ve siècle, plusieurs des patients d'Hippocrate sont tombés malades après boire, ἐκ πότου (**2**). On détaillait le vin sur l'agora, en mesures petites (**g**); on le vendait, dans des cabarets aussi sans doute, au cotyle, dans les règles que fixe la loi (**b** II, l. 13). Mais le vin était encore d'un usage collectif et parfois public: la coutume de la cité, selon Critias, était de faire passer dans les banquets de grandes cou-

[52] Voir par exemple Alexis encore, fr. 45 Kock: Athénée, 36 c.

[53] Pline, *Histoire naturelle*, XIV, 136.

[54] Ménandre, *Dyscolos*, vers 946.

[55] Aristophane, *Ploutos*, vers 807.

[56] On trouve un λάκκος de même destination, en rapport avec un débit de boisson, chez Aristophane, *Assemblée des femmes*, vers 154.

pes vers la droite – comme à Chio (**3**). Il existait dans la ville, dès la première moitié du Ve siècle, un local qui portait le nom de συμπόσιον, où l'on devait tenir des réunions communes et officielles: un texte épigraphique, gravé *boustrophédon* l'atteste (**h**). Ce *symposion* était voisin du prytanée où, en l'honneur des hôtes de la cité, on ouvrait les *kéramia* d'un vin de prestige dont Théophraste vante l'exceptionnelle saveur (**23**). A l'époque romaine, des clubs dionysiaques regroupant les fidèles de Dionysos placent leurs réunions mystiques sous le signe du vin: une dédicace au «prince des Ménades», évoque un sanctuaire en plein air, la grotte de la nativité divine, une fontaine pour l'eau du cratère et un *oikos* pour les beuveries communes (**i**).

Hors de Thasos, le vin thasîen est une denrée de luxe. Tous les auteurs le soulignent, de Xénophon (**22**) à Lucien (**48**). L'Athénien Callias, l'un des plus riches des Grecs, dont la famille exploite l'argent du Laurion, en verse à ses hôtes (**22**). C'est plus tard le vin des rois: Démétrios le Poliorcète (**26**) ; Séleucos (**27**); on boit le Thasos, accompagné de Mendé et de Lesbos, dans des coupes d'or aux noces de Karanos en Macédoine (**25**). Vin de fête chez Aristophane, il est servi au IVe siècle chez les grandes courtisanes, comme la célèbre Gnathaina, amie du poète Diphilos (**24**); il est souhaité longtemps comme cadeau par les plus petites, comme l'Opôra des *Lettres rustiques* d'Élien (**50**). Il est proposé par les marchands de plaisir – ainsi le *leno* du *Paenulus* de Plaute – à leur clientèle (**35**). Il figure enfin dans les raffinements du jardin d'Épicure (**28**). En haut de la gamme des plaisirs offerts, symbole de vie dispendieuse, son usage pose un problème moral et philosophique à Antisthène, précurseur des Cyniques, comme à Carnéade, critique de l'épicurisme.

Le prix du Thasos

En pratique nous n'avons que très peu de renseignements sur le prix réel du vin de Thasos. Le document le plus important est mutilé: la vente de 590 amphores et 3 *chous* d'un vin qui est très certainement du vin thasien non encore exporté sur la stèle VI des Hermocopides (**c**) a fourni une somme en drachmes dont le chiffre n'est que partiellement conservé. On a le choix, comme l'a montré Pritchett, entre 380, 1280, 2180, 5280, 6180, etc., les chiffres les plus hauts semblant préférables. Nous ne disposons, en fait, que des indications du papyrus de Zénon 59012 qui, en 259 av. J.-C., montre que le Θάσιον de vin, rendu à Péluse, était estimé à 20 drachmes, tandis que le Χῖον est à 18 drachmes et l'*hémichion* à 9 drachmes (**j**). C'est un prix élevé; et il faut bien observer que la même cherté relative affecte les autres denrées (miel, huile) de ces cargaisons. W. Pritchett a rappelé les éléments de notre savoir concernant le prix des vins grecs, avec les références aux sources et aux travaux de Frank, Johnson, Heichelheim, Larsen, Kent[57]. D. A. Amyx a ajouté quelques remarques sur le prix du vin de Chio au Ve siècle av. J.-C., avec l'hypothèse de 14 drachmes pour une «amphore» de 22 litres en moyenne[58]. En fait, les points de comparaison sont rares et dispersés; des variations peuvent intervenir en fonction du milieu, de l'époque; et il y a une grande difficulté, que les progrès de l'étude amphorologique réduiront sans doute, à évaluer les volumes dans des mesures communes. Rappelons que le vin attique se vendait selon le *Contre Phainippos* (328/327 d'après Gernet) à 12 drachmes le métrète[59]; que d'après le *Contre Lacritos* le *kéramion* de Mendé pouvait être estimé – dans des conditions qu'il est malaisé d'apprécier – à deux drachmes pour le support d'un prêt; qu'à Délos enfin, entre 190 et 180 av. J.-C. le compte des Posideia note que 12 «amphores» de vin de Cnide ont été acquises pour 52 drachmes, 35 «amphores» de Cos pour 115 drachmes 5 oboles[60]. Il est évident, en estimation grossière, que les meilleurs vins au-dessous des grands crus ne dépassaient guère 5 ou 6 drachmes pour 20 litres – le Thasos ou le Chio valant d'ordinaire quatre ou cinq fois plus (encore s'agit-il de vins non vieillis). Au-delà d'un certain seuil du reste le vin devient comme un symbole de richesse, de statut social, nous en avons l'expérience; il devait en être de même dans l'Athènes du Ve siècle, et dans tous les milieux raffinés des siècles suivants. On buvait à Athènes du vin courant à une obole le cotyle (*tricotylos oinos*) mais Plutarque rapporte aussi qu'à la même époque, celle de Socrate, le métrète de Chio était payé cent drachmes[61]. Hyperbole, ou réalité de la «consommation ostentatoire»?

---

[57] W. Pritchett, *Hesperia*, 25 (1956), p. 201-203, avec les références.

[58] D. A. Amyx, *Hesperia*, 27 (1958), p. 276.

[59] *Contre Phainippos*, 20.

[60] Compte des Posideia à Délos: *ID* 440, 1. 60-68.

[61] Plutarque, *De tranquillitate animi*, 470 F. Voir le commentaire de W. Pritchett, *Hesperia*, 25 (1956), p. 201.

Règlements et fiscalité

L'économie du vin, et surtout du vin de prix, peut être la source de grands profits. Elle est en même temps génératrice de réglementation, de contrôles, d'interventions étatiques, parfois de protectionnisme, et aussi de fiscalité. L'épigraphie thasienne en témoigne: non seulement l'épigraphie des timbres sur amphores, que l'on n'a pas fini d'interroger, et les documents liés aux vérifications des mesures, mais aussi des textes législatifs, de date haute.

Nous savons par Hérodote qu'à la fin du VIe siècle et au début du Ve siècle les Thasiens, riches de leurs mines et de leurs métaux précieux, ne payaient pas d'impôt sur les fruits de la terre[62]. Mais la situation est très différente à la fin du Ve siècle. Un texte, par malheur mutilé (**d**), évoque l'intervention des *karpologoi*, magistrats qui percevaient la part de la cité sur les récoltes – c'est-à-dire avant tout le produit des vignobles – qui devaient faire l'objet d'une déclaration sous serment (ligne 1). Les responsabilités des *karpologoi* touchent aussi au transport maritime (mention d'un bateau de charge, ligne 8, et du cap Pachéiè, ligne 15); aux achats et ventes (l. 21 et 22); la taxe dont il est question dans la dernière partie (τέλος, ligne 12) concerne ce commerce, et sans doute encore principalement le vin.

Il est dommage que soient perdues les prescriptions de la loi *boustrophédon*, datant de la période où Thasos est encore indépendante, dans le premier tiers du Ve siècle, avant le siège de Cimon et la sujétion à Athènes (**a**). Après plusieurs articles, disparus, subsistent seulement les dispositions répressives, avec amende et confiscation du vin et du vinaigre. Mais deux autres textes que l'on date de la fin du Ve siècle nous sont parvenus en meilleur état.

Vente sur souches et en jarres

La loi sur la vente *IG* XII *Suppl.*, 347 I, intégralement conservée, est, en dépit de sa concision, claire et révélatrice (**b**). Du point de vue général, il faut remarquer, comme on l'a fait, mais avec plus d'insistance, que les deux articles présentés, lignes 1-2 et 5-6, distinguant la vente sur pied et en *pithoi*, correspondent très précisément à deux paragraphes successifs du *De agricultura* de Caton:

---

[62] Hérodote, VI, 46-47.

Hac lege vinum pendens venire oportet...[63]; *vinum in doliis hoc modo venire oportet*[64]. La rencontre n'est pas fortuite: les règles de vente dont le *De agricultura* donne la formule sont du plus ancien droit latin; et il est possible qu'elles s'inspirent d'un droit grec antérieur. Il est vraisemblable en tout cas que cette parenté des règles applicables aux obligations contractuelles concernant le vin résulte d'une parenté, sinon d'une identité des conditions économiques et sociales. Vente sur souches ou en jarres de chai: ce sont, dans l'antiquité, les deux manières de tirer profit d'une vendange. Et par l'étude de ces deux modes de vente, à partir du texte de Caton, s'ouvre légitimement, dans le livre ancien de R. Billiard, écrit bien avant que les lois thasiennes ne reviennent au jour, mais toujours estimable, le chapitre consacré au commerce du vin[65]. Un tel système d'échanges se justifie dans le milieu italien par la spécialisation de deux classes, les *agricolae* ou *coloni* d'une part, les *mercatores* d'autre part, que Caton oppose dans l'introduction de son traité. De la même manière, on doit estimer qu'il existait à Thasos, dès le Ve siècle, une classe de viticulteurs, propriétaires ou tenanciers, dont les exploitations sont équipées pour l'élaboration et le traitement du vin, et une classe de trafiquants (ἔμποροι) disposant eux-mêmes de capitaux ou soutenus par des banques, adonnés au commerce surtout maritime[66]. Une telle structure sociale se rencontrait à Héraclée du Pont par exemple, autre cité portuaire et vinicole, si l'on en juge par un passage de l'*Économique* du pseudo-Aristote[67].

Quant au fond, G. Daux a estimé que ce premier article de la loi, qui fixe des limites à l'achat sur pied (pas avant le Ier de Plyntérion, lorsque les grappes sont déjà formées) veut défendre les intérêts du vendeur contre les spéculations de l'acquéreur. Mantsoufas, Gofas, ont apporté des nuances, rappelant que la vente de la récolte pen-

---

[63] *De agricultura*, 147.

[64] *Ibid.*, 148.

[65] BILLIARD, *La vigne...*, p. 182-183.

[66] L'hypothèse est forcément schématique – de même que l'opposition, reprise ici, suivant Caton, entre *agricolae* et *mercatores* – et il ne faut pas l'admettre sans nuances. Sur les *naucléroi* et les *emporoi* à la période qui nous intéresse, voir F.M. HEICHELHEIM, *An Ancient Economic History*, Leiden 1958-1970, p. 54 sqq. et note 25. État récent des questions pour les cités grecques à l'époque impériale, mais avec une vue générale sur la problématique: H.W. PLEKET, *Praktika* du 8e Congrès international d'Épigraphie grecque et latine de 1982, I, Athènes 1984, p. 134-143.

[67] (ARISTOTE), *Économique* II, 8: les *emporoi* servent clairement d'intermédiaires entre les producteurs et l'état.

dante était banale dans l'antiquité et qu'elle passait pour utile. Et nous ignorons dans le cas présent comment les risques étaient partagés. Il reste que l'acheteur est frappé, en cas d'infraction, d'une amende égale au montant de son achat, tandis que le vendeur n'est pas pénalisé. L'*emporos* se trouve donc moins bien traité, et sans doute ce choix est-il délibéré: on protège les γεωϱγοί. Ceci tendrait à faire supposer que leur groupe, plus vulnérable, était aussi plus «populaire» au sens où Aristote utilise l'adjectif dans la *Politique* pour définir les couches moyennes de la Cité[68].

Risque et vente parfaite

Le deuxième article est plus technique: il s'agit de limiter les litiges qui proviennent de la nature instable du vin sujet à l'«aigreur» ou à la «moisissure» – *acor* et *mucor* selon Caton, de la fragilité relative des *pilhoi* et des délais d'enlèvement. Le moment où se réalise l'acquisition de la propriété, qui entraîne le passage du risque d'altération à l'acquéreur, doit être bien précisé. Caton s'en préoccupe, et le *Digeste: Necessario sciendum est, quando perfecla sit emptio: tunc enim sciemus, cujus periculum sit: nam perfecta emptio periculum ad emptorem respicit*[69]. L'ὠνὴ κυϱία – expression que l'on trouve aussi chez Théophraste[70] – est l'équivalent exact de l'*emptio perfecta* du droit romain; et la définition du moment où est réalisée cette vente «parfaite» par le moment où les *pithoi* sont mis sous scellés par l'acheteur correspond à l'une des doctrines sur la vente admises par les juristes romains. Mais cette doctrine, suivie par Trebatius, n'était pas la plus courante: le moment de la *traditio* était défini pour la plupart, par Caton déjà, et par M. Antistius Labeo par exemple, préteur sous Auguste, et le propre disciple de Trebatius, par celui de la simple *degustatio*[71]; parfois encore la mesure du liquide, ou la remise des clés d'un dépôt. L'essai au goût était, chez les Grecs eux-mêmes, lié à la vente: un passage du *Cyclope*

---

[68] Aristote, *Politique*, IV, 4, 10.

[69] *Digeste*, XVIII, 6, 8 (de Zulueta, *The Roman Law...*, p. 115).

[70] Théophraste, fr. 97 Wimmer. Voir sur cette question F. Pringsheim, *The Greek Law of Sale*, Weimar 1950, p. 139 et 351; sur l'*emptio perfecta*, de Zulueta, *The Roman Law...*, références à l'index, p. 259.

[71] Voir de Zulueta, *op. cit.*, index p. 259, les références *s.v. degustatio* et *emptio ad gustum*.

d'Euripide le suggère nettement[72]. Malgré l'expression très resserrée de l'article de loi thasien, nous pouvons être certains que les mêmes problèmes qui se sont posés dans le droit de Rome, alors que naissait et croissait le commerce italique du vin, avaient été envisagés et résolus avec clarté dès le Ve siècle av. J.-C. par les juristes thasiens ou par leurs modèles proches.

Protectionnisme

Dans la deuxième loi (*IG* XII *Suppl.*, 347 II) les premiers articles nous échappent. L'intervention des commissaires au continent, dans les clauses répressives de celui qui est partiellement conservé après la lacune du début, est cependant significative: il s'agissait, là au moins, de la *pérée* thasienne. L'article qui suit concerne également le commerce hors de l'île: aux navires de commerce thasiens, il est interdit d'introduire du vin étranger dans la zone comprise entre l'Athos et le cap Pachéié (à l'Est de l'embouchure de l'Èbre) (fig. 1)[73].

La visée est protectionniste. Il arrive en effet naturellement qu'un état producteur gêne ou prohibe l'importation et le transit de vin concurrent: des restrictions comparables, et plus dures, étaient en vigueur à Marseille du XIIIe au XVIIe siècle; on citera l'historien Ruffi[74]: *Comme le principal revenu des habitants consiste en la récolte du vin, il est très étroitement défendu de porter des raisins et du vin étranger dans Marseille soit par mer et par terre, et le statut... ordonne que l'infracteur perde le vin, qui doit être épandu et les raisins foulés aux pieds, et d'ailleurs qu'il soit condamné à une peine pécuniaire suivant la qualité; car si c'est un capitaine de vaisseau, il paiera l'amende de cinquante livres réales, et le vaisseau... sera brûlé; si c'est un capitaine de galère, il paiera vingt livres, outre la perte de la galère, qui sera pareillement brûlée; si c'est un patron de barque à deux avirons dix livres, et cinq si elle n'est que d'un aviron; que si le vin a été porté par terre, le bétail sera confisqué, et le contrevenant condamné à l'amende de cinq livres; que s'il a lui-même porté le vin il ne paiera que vingt sols d'amende, et en cas qu'il n'ait rien de vaillant il souffrira le fouet; ce statut veut*

---

[72] Euripide, *Cyclope*, vers 150: γεῦμα τὴν ὠνὴν καλεῖ.

[73] Cette identification de la Pachéié avec le cap Paxi n'a jamais été contestée depuis qu'elle a été proposée par J. Pouilloux; elle est admise par Bon, Bon, *Les timbres...*, p. 37.

[74] M.A. de Ruffi, *Histoire de la ville de Marseille*, II, Marseille 1696, p. 280.

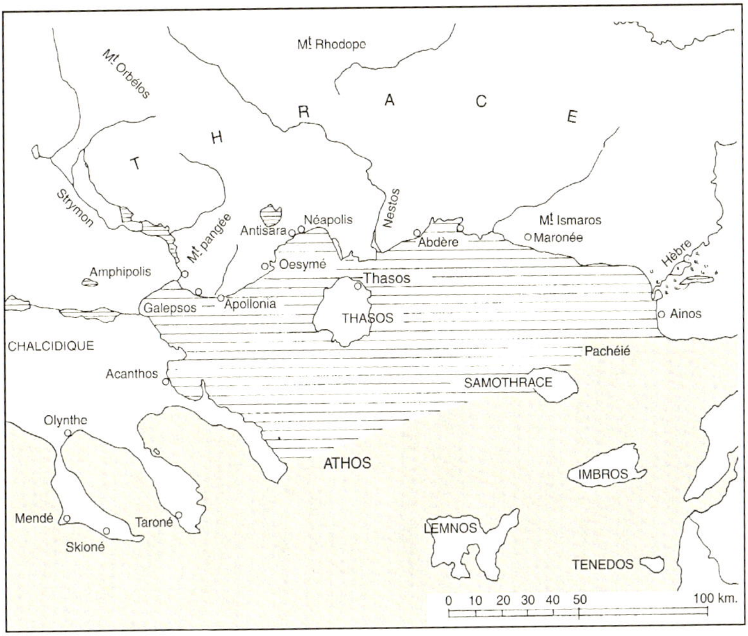

Fig. 1. Secteur de contrôle maritime de Thasos tel qu'il est défini dans le texte *IG XII Suppl.*, 347 II (b) (zone hachurée).

aussi que l'amende soit appliquée la moitié au profit de la ville, et l'autre moitié au dénonciateur.

La loi thasienne, d'esprit semblable, constitue pourtant dans le monde grec un document exceptionnel. Mais était-elle vraiment isolée? Il faut au moins attirer l'attention sur un fragment d'Alexis le comique, cité par Athénée à propos du vin de Lesbos: *Ce Bromios est bon. Il fait que l'on exemplera de taxe sur le Lesbos ceux qui importent le vin chez nous, mais qui sera pris à en expédier dans une autre cité, ne fût-ce qu'un cyathe, j'inscris ses biens au compte des dieux*[75]. Le passage n'est plaisant que si la situation normale était la taxation, et il tient pour naturelle la contrainte d'État.

Le protectionnisme thasien a du reste recours à un moyen d'agressivité modérée, à la mesure sans doute de la force de la cité.

[75] ALEXIS, fr. 276 KOCK: ATHÉNÉE, 28 e-f.

Son effet est limité: les vaisseaux des autres cités ne sont pas touchés (dans cet article au moins); l'interdiction ne s'applique qu'au seul pavillon thasien. L'armement des navires «ronds» est en principe affaire privée – et l'on trouve le regret d'une flotte de commerce publique dans les *Revenus* de Xénophon[76] – mais chaque état peut soumettre ses nationaux à des réquisitions: ainsi, dans le *Contre Lacritos*, est citée la loi qui oblige les vaisseaux athéniens à ne charger du grain qu'à destination d'Athènes[77]. La prescription est ici négative, mais de même tendance. Pour être efficace, elle suppose des navires de commerce thasiens de qualité et en nombre. Mais l'ambition thasienne est accusée surtout par la définition d'une ample zone de contrainte, correspondant à peu près à la mer de Thrace, avec un très long secteur côtier, et une distance en ligne droite entre les deux points extrêmes de plus de 140 kilomètres (cf. fig. 1). On rappellera, dans le même esprit, l'interdiction faite par Athènes, très peu d'années après Salamine, aux bannis de l'ostracisme, de s'installer dans un espace pareillement limité par deux caps, le Geraistos et le Skyllaion (pointe de l'Argolide et Sud de l'Eubée)[78]. Ce sont, pour Athènes comme pour Thasos, excédant largement le voisinage côtier du domaine de souveraineté territoriale, des secteurs de surveillance maritime. Des patrouilles y étaient organisées, et les transports soumis à des visites (mais aussi protégés): ce qui suppose, dans le cas de Thasos, une certaine autonomie politique, et des moyens de police propres, c'est-à-dire des vaisseaux «longs». Il me semble que Thasos n'a pu se trouver dans cette situation d'initiative tant qu'elle restait sujette strictement d'Athènes, et la loi se daterait ainsi plutôt entre 411 et 407[79]. Le règlement des *karpologoi* où apparaît aussi le nom de la Pachéié dans un contexte qui oppose Thasiens (ou produits thasiens) et étrangers (ou produits étrangers), et qui suggère, pour raison de taxes, de semblables contrôles maritimes, devrait être de date très voisine.

---

[76] Xénophon, *Revenus*, 3.

[77] *Contre Lacritos*, 51.

[78] Aristote, *Constitution d'Athènes*, XXVI, 8; les ostracisés doivent résider ἐκτὸς Γεραιστοῦ καὶ Σκυλλαίου.

[79] Thasos, dont le régime démocratique. est détruit par le stratège athénien Diotréphès à la fin de l'hiver 412-411, est alors gouvernée par une oligarchie, relève ses remparts, et reconstitue une flotte de guerre (Thucydide, VIII, 64). La cité ne se révolte contre Athènes que dans le courant de 410 av. J.-C. Voir les *Praktika* du 8e Congrès international d'Épigraphie grecque et latine de 1982, I, Athènes 1984, p. 243-250,

Un point peut paraître obscur. Qu'advenait-il des «vins étrangers» produits dans les régions côtières bordant en mer de Thrace la zone ainsi définie? Par exemple, le vin d'Acanthos, ou celui de Maronée? Il semble bien que ceux-là aussi ne devaient pas être embarqués sur les bateaux thasiens. Le vin de la pérée de Thasos, en revanche, devait bénéficier de franchises: c'était peut-être l'objet de l'une des prescriptions initiales perdues.

Vente au détail

Le deuxième article conservé de la loi est au premier abord énigmatique. Défense est faite pour «la vente au cotyle» d'utiliser l'amphore, la *pithacné*, le *pseudopithos*. L'essai d'explication du premier éditeur donne prise à la critique; et la discussion doit être reprise. Il faut écarter avec fermeté l'hypothèse qui rendrait obligatoire le recours aux *pithoi*. En fait, les vases qui peuvent être autorisés pour la «vente au cotyle» sont ceux dont la capacité est inférieure à l'amphore: demi-amphore et autres divisions, le *stamnos* par exemple, si l'on peut croire qu'il existait dès Ve siècle, ou des vases plus petits encore. Et que faut-il entendre par le verbe κοτυλίζειν? Vendre en versant au cotyle, sans doute, pour le consommateur modeste, dans les tavernes et les débits de boisson, que nous connaissons par Aristophane et les comiques, ou sur l'agora; mais aussi, dans une acception plus large, vendre d'une manière qui s'oppose à celle de la vente en gros: κοτυλίζειν s'oppose dans l'*Économique* du pseudo-Aristote à ἀθρόα... πεπρᾶσθαι, alors même qu'il s'agit de cargaison de navires[80]. Les règles doivent être ici et là différentes. La «vente au cotyle» exige la précision dans le compte d'unités petites: la fraude, dont se plaignent les chalands, et dont les comiques se font l'écho, porte sur les volumes; et c'est peut-être pour éviter ces litiges que l'on écarte ici les plus grands vases: s'ils sont vendus à la pièce (on peut toujours, les jurisconsultes romains en rappelleront des exemples, vendre le vin par amphores entières, dont la contenance est approximativement connue) ou avec des unités de capacités plus grandes, l'estimation comporte une marge d'erreur plus large, qui ne doit pas être tolérée dans la καπηλεία. Il faut citer ici un passage du livre V de l'*Éthique à Nicomaque* (1135 a); Aristote,

[80] (Aristote), *Économique*, II, 8 (1347 b).

instaurant une comparaison avec les règles de droit non naturelles, variables avec la convention et l'utilité, oppose – c'est l'interprétation des meilleurs exégètes – les mesures unitaires plus grandes, spécifiques de l'achat (en gros) et les petites, pour la vente (au détail): οὐ πανταχοῦ ἴσα τὰ οἰνηρὰ καὶ σιτηρὰ μέτρα, ἀλλ' οὗ μὲν ὠνοῦνται, μείζω, οὗ δὲ πωλοῦσιν, ἐλάττω. *Les mesures en usage pour le vin ou le blé ne sont pas partout égales: elles sont plus grandes sur le marché en gros, plus petites dans la vente au détail* (traduction R. A. Gauthier). Quant au reste, du trafic de gros au comptoir, changent les tarifs, les modes de paiement – et surtout, la fiscalité. Pour toutes ces raisons il est utile de fixer les limites au-delà desquelles on passe d'un type de commerce à l'autre. On retiendra donc de cet article la volonté claire de distinguer deux niveaux de transactions, où les pratiques sont différentes; et là encore nous retrouvons l'engagement de deux groupes sociaux – négociants, petits vendeurs – aux fonctions et aux statuts hiérarchisés.

On remarquera enfin l'assimilation, par deux fois, dans le texte *IG* XII *Suppl.*, 347 II, des sanctions prises à celles qui – dans une autre loi, ou dans un article précédent, qui nous manque – répriment le mouillage du vin[81]. Cette assimilation est indiquée pour l'infraction concernant la vente «au cotyle», mais aussi pour celle qui interdit le transport du vin étranger dans la zone maritime contrôlée. Il est évident que les pénalités de référence étaient assez lourdes, qu'elles ne visaient pas un délit considéré comme mineur, et que la loi ou l'article perdu ainsi rappelé prohibait le mouillage à tous les stades de la commercialisation: la cité tenait à défendre à tout moment la qualité et le renom de son vin.

Éléments d'une histoire

La production et le commerce de vin subissent des fluctuations constantes. Xénophon le note dans les *Revenus*, 4: *Quand le blé et le vin sont en abondance, le prix de ces denrées baisse et la culture ne rapporte plus rien; aussi beaucoup abandonnent le travail de la terre et se retournent vers le commerce de gros et de détail et vers l'usure*[82]. La loi qui s'efforce de protéger les viticulteurs en régle-

---

[81] Sur le mouillage des vins chez les Anciens, voir Billiard, *La vigne...*, p. 512 et 513.

[82] Xénophon, *Revenus*, 4, trad. Chambry.

mentant la vente de la récolte sur pied fait apparaître les problèmes liés à la spéculation et à l'irrégularité des profits. Sans doute, les débouchés du Thasos sont-ils ceux d'un vin fin – et Xénophon lui-même établit la distinction entre les producteurs de vin courant et ceux qui font du vin de qualité[83] – mais même un cru qui a conquis une excellente image de marque peut souffrir d'une concurrence insupportable, perdre sa clientèle, connaître des aléas liés à des changements politiques ou sociaux. Le Thasos, comme les autres vins, a une histoire, on ne l'a guère dit encore; et cette histoire doit être incluse dans celle de l'ensemble de l'économie grecque et de l'évolution globale des marchés. Les progrès de l'étude du matériel amphorique stimulent la recherche; et pour ce qui concerne les sources écrites, on a l'avantage d'une circonstance favorable dans les témoignages que nous pouvons recenser, un vin – le Thasos en particulier – est rarement mentionné seul; il est rapproché, le plus souvent, d'autres vins. transporté avec eux, consommé, comparé avec eux.

On s'est contenté jusqu'ici du témoignage sommaire de Pline sur la succession des grands crus après Homère (**36**), ou du renvoi à la compilation d'Athénée, sans considération d'époque. Nous avons les éléments d'une appréciation plus nuancée. Il y a une permanence relative des crus; et les Anciens eux-mêmes ont très tôt lié la qualité des vins aux vertus prépondérantes du terroir. L'auteur hippocratique du IVe livre du traité *Des Maladies*, à la fin du Ve siècle av. J.-C., énonce ainsi le principe géologique qui régit encore nos classements français: *Deux terroirs fort voisins diffèrenl par la bonté des vins (ἡδυοινίην), alors que le soleil y suffit également; c'est que l'un possède en son sol l'humeur qui rend le vin bon, l'autre non*[84]. Ce point reconnu, on savait aussi qu'il y a une histoire des vins, que les vignobles s'étendent ou régressent, que les modèles, les techniques changent, et que la hiérarchie évolue.

Le goût d'Athènes et la hiérarchie des vins

C'est dans la deuxième moitié du Ve siècle av. J.-C. que le Thasos apparaît, d'après les textes, comme un grand cru. L'affichage à Thasos sur l'agora, avant 465, d'une loi *boustrophédon* sur le vin et le vinaigre (**a**) suggère que le vin était déjà l'objet d'un commerce

---

[83] *Ibid.*, V. Cette opposition est déjà dans l'*Odyssée*, IX, vers 357-360.

[84] (Hippocrate), *Des Maladies*, IV, 34, 4. R. Joly, dans l'édition de la *CUF* (1970) traduit à tort ἡδύς par «doux» Pour Empédocle (Diels-Kranz, A 71; Bollack, 570) ce sont les terroirs, non les cépages, qui font la variété des vins. Voir ci-après, p. 116-117.

actif. Les sources littéraires sont plus récentes. Toutes proviennent de la seule Athènes, mais il ne faut pas en tirer argument pour réduire leur valeur.

Athènes était alors à la fois productrice – du vin que regrette Trygée, dans la *Paix* d'Aristophane, l'οἶνος ἀττικός de la stèle VI des Hermocopides[85] – et, riche et peuplée, adonnée au commerce maritime, importatrice et consommatrice de vin «étranger». Il apparaît donc légitime, au moins pour le milieu égéen – l'empire d'Athènes d'accepter le témoignage des auteurs de la Comédie ancienne, qui définissent une aristocratie étroite des crus, parmi lesquels le Thasos occupe une place éminente. Si l'on se réfère au texte d'Hermippos, cité ci-dessus (**7**), qui nous offre la chance d'un bilan comparatif, par la bouche d'un personnage aussi compétent que le dieu Dionysos lui-même, on observe que les vins les plus en renom à Athènes sont, vers 330 av. J.-C., avec le Thasos, le Chio et le Mendé, puis le Magnésie, et le Péparéthos. Strattis ajoute le Skiathos[86], Philyllios le Lesbos et le «biblinos» (**8**), Aristophane le «pramnien»[87].

En fait, ce dernier – le vin «pramnien» – n'est pas vraiment un cru situé. Il est déjà connu par l'*Iliade*[88], et par l'*Odyssée*[89], où il entre dans le cycéon que prépare Circé. Mais il est revendiqué, au IVe siècle, par les gens d'Icaros comme un produit de leur île: Éparchidès et Sémos de Délos témoignent, du moins en apparence, en leur faveur[90]. Il peut arriver qu'on lui attribue pourtant une autre origine: la côte asiatique (Smyrne) ou Lesbos[91]. Dans les *Cavaliers* d'Aristophane, au début de la pièce, lorsque l'un des deux serviteurs quitte la scène pour dérober, sans trop de peine, le *chous* de vin «pramnien» qui doit leur éclaircir les idées[92], il s'agit plutôt d'un vin local. L'adjectif renverrait donc – comme pour nos «muscats» ou nos «gamay» – à un cépage, et les observations de Didyme, citées par Athénée,

---

[85] Stèle VI, 1. 64 sqq. Ce vin n'était, pas exporté: voir M. I. FINLEY, *L'économie antique*, Paris 1973, p. 179.

[86] STRATTIS, fr. 61 KOCK: ATHÉNÉE, 30 f.

[87] ARISTOPHANE, *Cavaliers*, vers 105, et fr. 579 KOCK: ATHÉNÉE, 30 c.

[88] *Iliade*, XI, 635.

[89] *Odyssée*, X, 235.

[90] Voir ATHÉNÉE 30 c et d. Sur le vin «pramnien» et son rapport à Icaros, voir A. J. PAPALAS, «Pramnian wine and the wine of Icaria», *Platon* 34/35 (1982-83) p. 49-54, avec les références aux textes.

[91] Lesbos: EPHIPPOS, fr. 28-29 KOCK: ATHÉNÉE, 28 f; Smyrne: PLINE, *Histoire naturelle*, XIV, 55.

[92] *Cavaliers*, vers 107.

iraient en ce sens[93]. Le vin désigné comme «biblinos» est un cas identique: il rafraîchit Hésiode dans l'été des *Travaux et les Jours*[94]; on le rencontrera plus tard en Sicile; mais une tradition cohérente le rattache à la Thrace, plus précisément à la région des monts «biblins», entre le Pangée et la mer, un peu à l'Ouest de Néapolis (l'actuelle Cavalla), dans le secteur situé entre le site antique d'Antisara et celui d'Oesymé[95]. Dans l'énumération de Philyllios, le «biblinos», cité entre le Thasos et le Mendé, à sa place géographique, est sûrement ce vin, produit de la pérée thasienne. Bien qu'il ait sa personnalité propre, nous aurions pu ajouter les témoignages le concernant à ceux qui concernent le Thasos lui-même: ils incitent à réfléchir sur le développement continental du vignoble thasien et – par la référence phénicienne irrécusable – sur la complexité de ses origines.

Le Nord-Ouest de l'Égée est une zone de production privilégiée. Dans les Sporades, le vin noir de Skiathos est loué par Strattis; et l'île de Péparèthos, εὔβοτρυς pour Sophocle[96], donne un vin qui déplaît à Hermippos (**7**) – il le souhaite à ses ennemis – mais que cite, sans dépréciation, comme excitant à l'amour, Aristophane (**12**). C'est dans la même région qu'il faut placer le Magnésie d'Hermippos: il s'agit sans doute de la Magnésie thessalienne, au vin de saveur originale, à la fois «doux et piquant» (μειλιχόδριμυς)[97].Le Mendé, en Chalcidique, est beaucoup plus important. Cité par Philyllios (**8**), il est très apprécie par Hermippos: un grand cru, remarquable par sa couleur («le pipi des dieux»); Cratinos, ce franc buveur, qui mourut d'émotion, dit Aristophane, à voir briser un *pithos* de vin, évoque avec sensibilité le Mendé blanc, qui doit prendre de la force en vieillissant[98]. On remarquera certes que le Mendé n'apparaît pas chez Aristophane. Mais on l'exporte, nous le savons par les trouvailles d'amphores, à Athènes et aussi – les rencontres d'amphores le montrent, dès le ve siècle, avant même le texte du *Contre*

---

[93] Athénée, 30 e.

[94] Hésiode, *Travaux*..., vers 589 sqq.

[95] Voir chez Athénée, 31 a-b, les principales traditions concernant le vin «biblin», avec les références à Achaios, Épicharme, Armenidas, Hippias de Rhégion, On ajoutera Euripide, *Ion*, vers 1195 et Théocrite, *Idylle*, XIV, 4. Sur la localisation, voir P. Collart, *Philippes et la Macédoine orientale à l'époque chrétienne et byzantine*, Paris 1945, p. 89 et note 2; B. Hemmerdinger, *REG*, 79 (1966), p. 703. La seule mise au point d'ensemble est l'article assez confus de la *RE*, *s.v.* βίβλινος οἶνος, col. 404-405

[96] *Philoctète*, vers 549. Voir aussi, sur le Péparéthos, Pline, *Histoire Naturelle*, XIV, 76.

[97] Il faut pourtant noter que cet adjectif est une restitution de Desrousseaux (Athénée, *Les Deipnosophistes*, tome I, *CUF*, p. 70).

[98] Cratinos, fr. 183 Kock: Athénée, 29 d.

Lacritos – vers le Pont. La loi qui interdit aux vaisseaux de Thasos de transporter du vin étranger entre Athos et Pachéiè doit au moins gêner le transit vers les détroits de tous les vins de l'Égée du Nord-Ouest; mais c'est surtout ce vin de Chalcidique, exporté à partir des ports de Mendé et de Skioné, qui est visé, comme un concurrent proche et redoutable.

(Le schéma de la figure 2 illustre cette rivalité et fait apparaître sa persistance dans la région nord-pontique.)

Thasos et Chio

Le plus grand est le Chio. «Irréprochable» selon Hermippos, et pour lui le premier des crus, devant le Thasos (**7**). Il est en même temps, sans nul doute, un modèle et un rival pour les viticulteurs et les négociants thasiens, qui en savaient le goût: on a découvert à Thasos des amphores de Chio d'époque archaïque et du Ve siècle dans les fouilles de l'habitat urbain, «au champ Héraclis» et au quartier du Silène[99]. Cité insulaire et maritime, aristocratique, bien gérée, jalouse de sa puissance commerciale, Chio se glorifiait, au témoignage de Diodore et de Théopompe[100], et déjà d'Ion de Chio[101] et de Critiasl[102], d'être la patrie d'Oinopion, fils de Dionysos, de qui les Chiotes auraient appris les premiers à planter et soigner la vigne. Et leur terre aurait été la première à produire le vin noir. Le Chio était ainsi un parent direct du Maronée, vin homérique, dont Ulysse enivre le Cyclope, et que le consul Mucianus, au dire de Pline, appréciait encore[103]: un vin noir, bouqueté, qui épaissit avec l'âge. La fondation de Maronée par les gens de Chio est au plus tard contemporaine de celle de Thasos par les Pariens, au début du VIIe siècle, et l'on a pu légitimement penser que l'intérêt porté par Chio à ces vignes de l'Ismaros est intervenu parmi les raisons qui les poussaient à installer des colons sur la côte de Thrace[104]. Archiloque buvait, à cette époque même, le vin de l'Ismaros «appuyé sur sa lance» (**1**): et l'on sait que les Chiotes furent en querelle avec les Pariens à

[99] Amphore du Ve siècle, avec un *thêta* sur un col «globulaire», au quartier du Silène: voir Y. Grandjean, *Recherches sur l'habitat thasien à l'époque grecque*, Athènes-Paris 1988.

[100] Théopompe: Athénée, 26 b-c.

[101] Plutarque, *Vie de Thésée* (Oinopion est dit là fils de Thésée).

[102] Critias, fr. B 24 Diels-Kranz: Athénée, 28 b.

[103] Pline, *Histoire naturelle*, XIV, 510.

[104] C.A. Roebuck, *Ionian Trade and Colonization*, New York 1959, p. 106.

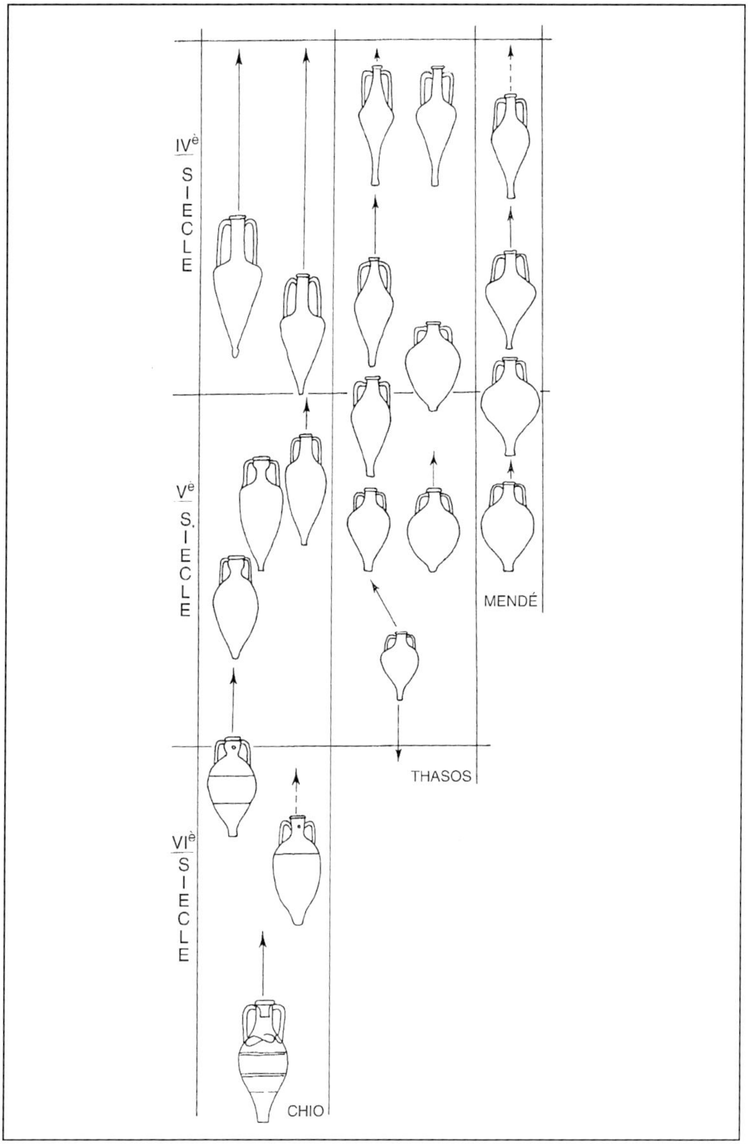

Fig. 2. Chronologie de diffusion et types amphoriques de Chio, Thasos, Mendé dans la région nord-pontique jusqu'à 300 av. J.-C. (d'après *Arkheoloja SSSR*, *Antyčnye Gosudarstva Severnogo Pričernomoryia*, Moscou 1984, p. 255.

propos de Strymé. Voisinage, ambitions rivales, mais solidarité d'une même civilisation vinicole: le rituel des banquets était à Chio et à Thasos le même (**3**); et comme les Chiotes se réclamaient d'Oinopion, les Thasiens revendiquèrent le patronage mythique de Staphylos (**53**). Quant aux vins, le Chio et le Thasos se ressemblent, et attirent les mêmes clients. Il apparaît bien, du reste, si l'on se réfère, plus tard, à Pline (**44**), que les cépages thasiens, peu productifs, comparables aux aminéens d'Occident, ne différaient guère de ceux de Chio. Ces qualités communes expliquent une diffusion longtemps comparable et, dès le Ve siècle, une consommation associée dans les banquets d'Athènes. La renommée du Chio est grande au Ve siècle: le poète Ion de Chio aurait fait cadeau à chaque Athénien d'un *kéramion* de vin de Chio pour fêter sa victoire aux concours tragiques d'Athènes[105], et l'on trouve des amphores de Chio (vides?) parmi les biens des Hermocopides, vendus en 414[106]; selon Plutarque, Socrate disputait du vin de Chio et de sa cherté[107]. Mais si le Chio est préféré par Hermippos – surtout le *saprias*, égalé au nectar divin – la lecture, de *Lysistrata* à *Ploutos*, d'Aristophane donne bien l'impression que le Thasos reste le favori de ses personnages et de son public (cf. fig. 2).

Cette prééminence du Thasos tient peut-être en partie aux circonstances politiques. Tandis que Chio reste indépendante dans l'empire d'Athènes, Thasos, réduite par Cimon en 463, est tributaire; les Athéniens y participent donc directement à la mise en valeur du vignoble, à la diffusion et à la consommation de ses produits; nous le voyons par la stèle VI des Hermocopides; un haut personnage comme Adeimantos, ami d'Alcibiade, banni avec lui, mais stratège ensuite, possède en 414 à Thasos un ou deux domaines, et le vin du chai est vendu directement à Athènes par les polètes (**c**).

Concurrents nouveaux. Même prestige

Au IVe siècle av. J.-C., le nombre des crus augmente, et leur hiérarchie se diversifie. Un exemple apparaît significatif de l'accroissement des échanges et des expériences: Théophraste, dans son traité *Des odeurs*, évoque avec éloge le mélange du vin d'Héraclée du Pont et de celui d'Érythrées, qui se corrigent mutuellement, le premier étant dur et odorant, le deuxième moelleux, mais sans par-

[105] Athénée, 3 f.
[106] Voir D. A. Amyx, *Hesperia*, 27 (1958), p. 176.
[107] *De tranquillitate animi*, 470 F.

fum[108]. Certaines cités s'efforcent d'obtenir des produits de qualité: alors surtout Icaros, dont le vin est vanté par Amphis le comique[109], revendique comme sien le «pramnien». Parmi les nouveaux, l'Acanthos, issu d'un vignoble visité par Théophraste[110], loué aussi dans une pièce d'Amphis[111]. Dans le Corpus hippocratique, les traités *Des Maladies*, *De l'excision du fœtus* et *Des affections internes*, où le vin entre souvent dans les régimes, préconisent, avec le Thasos vieux (**30**), le Chio[112], et surtout, en de nombreuses occasions, le Mendé blanc, qui peut être sec ou moelleux[113], mais aussi le Cos noir, αὐστηρός[114], qui apparaît ici pour la première fois. Dans le plaidoyer *Contre Lacritos* (**32**), dans l'énumération des vins qui étaient ordinairement exportés vers le Pont-Euxin sur les vaisseaux armés par des marchands athéniens, il est question encore, en même temps que du Thasos, du Péparéthos, et surtout du Mendé, du vin de Cos; et l'on trouve effectivement du Cos, mais 80 amphores seulement, au lieu des 3000 amphores de Mendé prévues, dans la cargaison litigieuse. Cette énumération, qui reflète le point de vue particulier du plaideur, ignore le Chio, dont la faveur se maintient pourtant; elle ne mentionne pas non plus le Lesbos, dont la réputation augmente. Au VIIe siècle déjà vin du poète Alcée, le Lesbos est cité au Ve siècle par Phillylios (**8**), et l'on sait par le pseudo-Andocide et par Plutarque qu'en 416, aux concours olympiques où l'écurie d'Alcibiade triompha à la course des quadriges, dans la fête qui fut donnée, les gens de Lesbos fournirent le vin[115]. Mais le Lesbos devient un grand cru, au IVe siècle surtout, rival direct du Thasos et du Chio. Les références abondent chez les comiques, Éphippos[116], Cléarque[117], Alexis[118], et il est surtout très prisé par Archestratos de Géla, le poète gastronome, contemporain d'Alexandre (**29**): il convient

[108] Théophraste, *Des odeurs*, 52 (Wimmer, p. 373).

[109] Amphis, fr. 36 Kock: Athénée, 30 c.

[110] Théophraste, *Sur les causes des plantes*, III, 15, 5: les gens d'Acanthos taillaient la vigne à quatre bourgeons. Vendanges à Acanthos en 424 av. J.-C.: Thucydide, IV, 84 et 88. Voir ci-après, p. 89-91.

[111] Amphis, fr. 36 Kock: Athénée, 30 e.

[112] Chio: *De l'excision du fœtus*, Littré, VIII, 517.

[113] Mendé: *Affections internes*, Littré, VII, 201, 207, 209, 213, 229.

[114] Cos: *Affections internes*, Littré, VII, 232 et 237.

[115] Plutarque, *Vie d'Alcibiade*, 11; (Andocide), IV, 30. On retrouve la même tradition rapportée par Satyros, chez Athénée, 534 d.

[116] Ephippos, fr. 28-29 Kock: Athénée, 28 e.

[117] Cléarque, fr. 5 Kock, 5 *PCG*: Athénée, 28 e.

[118] Alexis, fr. 274 et 275 Kock: Athénée, 28 e. Le Lesbos apparaît aussi chez Antiphanès, fr. 82 Kock: Athénée, 471 c; chez Euboulos, fr. 124 Kock: Athénée, 28 f; et au IIIe siècle chez Baton, fr. 3 Kock, 3 *PCG*: Athénée, 279 c.

donc d'accorder pleine confiance à Pline qui veut que l'illustration du Lesbos soit plus tardive que celle du Chio et du Thasos, et qui date sa grande vogue de la fin du IVe siècle (**36**). Peut-être trouve-t-on dans les nombreuses références qui plus tard, chez Galien, concernent le Lesbos[119], en partie l'écho des prescriptions d'Érasistratos, le médecin qui, selon Pline, aurait fait alors la fortune des vins de l'île.

Le IVe siècle vit du reste, en raison de l'usage médical des vins, qui peut jouer un rôle dans leur diffusion, un effort pour développer des produits spéciaux faisant effet de drogues: quant au Thasos, le témoignage de Théophraste, direct (**31**) ou repris par Pline (**38**, **39**), montre comment les vignerons de l'île, en utilisant diverses plantes, ont tenté de répondre à cette demande. Il est notable que le recours à l'*élatérion* (concombre sauvage) ait été aussi, selon Phainias d'Érésos, une pratique de leurs rivaux de Mendé[120]. Rien de tel, en revanche, pour le Chio, ou pour le Lesbos; et il ne s'agit pas, à mon sens, d'une lacune documentaire fortuite. J'y verrais l'indice d'une volonté particulière d'innovation.

Au IIIe siècle, les documents littéraires qui concernent l'histoire des vins sont plus rares, mais suffisants pour montrer que le Thasos garde son prestige. Il est cité dans l'œuvre de Plaute, avec le Lesbos et le Chio (**35**), mais aussi le vin de Leucade, un cru de la Grèce occidentale, que connaissait déjà Euboulos[121]; et c'est l'époque où se développent les vignobles d'Égypte et de Rhodes, répondant à des besoins nouveaux et à l'avènement de nouvelles puissances commerciales. Les archives de Zénon, au milieu du siècle, attestent que le Thasos est encore très prisé, avec le Chio (**j**), mais les quantités importées à Alexandrie sont faibles; et d'autres crus les rejoignent sur ce marché: avec les vins traditionnels de Lesbos, de Maronée, de Mendé, on trouve ceux de Leucade et de Cnide, de Syrie, de Sicile[122].

Vins salés et anciens. Éclipse du Thasos

Ce mouvement, cette ouverture à des vins d'appellations nouvelles se poursuivent ensuite; en contraste, le manque de références

---

[119] Galien, VI, 275-276, 334, 803; X, 832-833; XI, 52, 604; XIII, 405, 659; XIV, 28.

[120] Athénée, 29 f.

[121] Vin de Leucade: Euboulos, fr. 131 Kock: Athénée, 29 a.

[122] Voir les références dans Ziebarth, *Beiträge zur Geschichte*..., p. 74.

au Thasos dans les sources écrites à partir du IIe siècle est frappant. La dernière est celle d'un comique anonyme (auquel renvoie Pline) qui mentionne en même temps le Falerne (**37**) – puis il disparaît. Il est bien clair qu'il n'est ainsi oublié que parce qu'il se retire des marchés: la marque est en déclin. Nous disposons d'un texte fort utile pour l'histoire des vins méditerranéens à ce moment, l'excursus, d'auteur inconnu, repris dans les *Deipnosophistes* d'Athénée, 32 b, qui mérite d'être étudié en lui-même avec attention: ce passage dresse un bilan qui concerne la fin de l'âge hellénistique. Les vins italiques en effet y sont déjà présents, mais réduits à trois: le Falerne, l'Albain, l'Hadrianum; ce qui nous reporte – ainsi que l'établit de manière fort convaincante la recherche d'A. Tchernia – au début de la période de développement des crus d'Italie[123]. Dans le texte des *Deipnosophistes*, une place plus importante est attribuée au vin de Corfou et des îles ioniennes, Zacynthe et Leucade, et au vin de Cnide, mais surtout aux vins du Dodécanèse et de la Doride asiatique, produits à Cos, Myndos, Halicarnasse, Rhodes. Ces derniers sont tous des vins salés, additionnés d'eau de mer. Une telle technique a quelques antécédents dans la pratique ancienne: au IVe siècle av. J.-C. déjà, Phainias d'Érésos donne une recette d'*anthosmias* où intervient l'eau de mer, pour un cinquantième[124]. Mais la proportion est désormais plus forte, ce qui change le goût, stabilise le vin, et, en même temps, fait abonder la vendange. Ce produit nouveau, peut-être une invention des gens de Cos[125], est diffusé au point de devenir un modèle pour l'Occident: «Neptune nous a versé de l'eau de mer comme si nous étions des vins grecs...» dit un des personnages de Plaute dans le *Rudens*[126]; et la recette de vin grec donnée par Caton comporte l'adjonction d'eau de mer. On critique ou défend le procédé – fraude d'esclave à l'origine? invention cautionnée par Dionysos lui-même, et que symbolisent les voyages marins du dieu[127]? Son succès gêne sans nul doute les vins qui illustrent le modèle traditionnel – les ἀθάλασσοι, les grands crus à l'ancienne, à haut degré alcoolique; on voit pourtant qu'ils persistent; mais ils se réduisent, dans cette notice d'Athénée, au Lesbos et au Chio – ce dernier il est vrai avec l'indication d'une qualité supérieure, de plusieurs variétés – sec, doux, demi-sec. Mais le Thasos est omis.

De la même façon, au Ier siècle av. J.-C., lorsque Varron évoque

---

[123] Tchernia, *Le vin...*, chapitre II.
[124] Athénée, 32 a.
[125] C'est l'hypothèse faite par Jardé, *DA*, *s.v. vinum*, p. 920.
[126] *Rudens*, vers 588.
[127] Athénée, 26 b.

les vins grecs dont la concurrence est dangereuse pour les vins d'Italie, il ne cite que le Chio et le Cos[128]; c'est le Chio que les *Ménippées* dénoncent dans «les amphores des riches»[129]. Lorsque Diodore montre après la conquête de la Grèce les Romains en proie au goût du luxe, le Chio est seul cité pour l'attrait qu'il exerce sur le vainqueur[130]; et César en distribue à ses triomphes[131]. Horace à son tour, dans des poèmes où l'on relève des allusions à tous les crus nobles du temps d'Auguste, vante les coupes de Lesbos et les *cadi* de vin de Chio[132]: il est significatif que le nom du Thasos n'apparaisse pas dans son œuvre pas plus qu'il n'apparaît dans celle des élégiaques latins[133]. Il est ignoré encore par Galien et par Dioscoride. Cet oubli absolu – si l'on excepte la compilation de Pline, à visée historique, et la référence aux transports de cépages thasiens chez Columelle (**42**) et chez Virgile (**41**) – s'étend du IIe siècle av. J.-C. jusqu'au IIe Siècle après J.-C. Encore, lorsque Apulée (**47**), Lucien (**48**), ou Élien (**49**), évoquent ensuite le Thasos, pourrait-on être tenté de le mettre au compte d'une érudition antiquisante; mais Clément d'Alexandrie prend, pour l'enseignement de sa morale, des exemples nécessairement contemporains (**51**): le vin de Thasos a retrouvé alors une réputation qu'il conserve aux temps byzantins, de manière durable: par là s'explique qu'au Xe siècle encore soit donnée dans le recueil des *Géoponiques* la recette de sa fabrication (**52**).

On pourra s'interroger sur les raisons de cette longue éclipse (manque de vitalité de la cité? raisons conjoncturelles précises? déplacement de la richesse et des axes du commerce, la crise affectant aussi tous les crus anciens du Nord-Ouest de l'Égée?) il suffit dans un premier temps qu'elle soit établie comme un fait. Or sa réalité n'est pas seulement imposée par la lecture de nos sources: les données archéologiques en témoignent aussi, et on le découvre mieux tandis que s'approfondit et s'affine la recherche sur la production et la diffusion des amphores aux timbres thasiens. Il n'est pas nécessaire d'y insister; après l'expansion, dès le Ve siècle, et le succès des IVe et IIIe siècles, avec une exportation vers Athènes, mais aussi la Thrace, la Macédoine, et surtout la mer Noire (ce qui répond à plu-

---

[128] *Res Rusticae*, II, 3: navibus vindimiam condimus ex insula Coa et Chia.

[129] *Ménippées*, 104 (102 Cèbe), *Les Endymions*. Voir aussi l'allusion au vin de Chio dans le *De lingua latina*, 9, 67.

[130] Diodore, 37, 3, 3.

[131] Pline, *Histoire naturelle*, XIV, 96.

[132] Vin de Chio chez Horace: *Satires*, I, 10, 24; II, 3, 115; II, 8, 15; *Épodes*, 9, 34; vin de Lesbos: *Odes*, I, 17, 21; *Épodes*, 9, 34.

[133] Tibulle mentionne le Chio (II, 1, 28), Properce le Lesbos, *Élégies*, I, 14, 2 et IV, 8, 38.

sieurs de nos textes), ces amphores se font rares. Les fours eux-mêmes, maintenant fouillés à Thasos, ont été actifs du début du IVe siècle à la haute époque hellénistique. La chronologie des éponymes, assez précise maintenant pour la période qui va de la fin du Ve siècle jusqu'à 250-200 av. J.-C., se brouille ensuite, de manière significative, les documents se faisant moins abondants, jusqu'à ce que le timbrage tombe en désuétude. Toutes les observations sur le matériel amphorique convergent donc et s'accordent pour vérifier ce que nous apprennent les sources écrites sur la période de faveur du vin thasien.

De la vigne à l'oilivier

La destinée du vignoble de Thasos, passée la période antique, est obscure. On peut apprécier encore à la lecture du testament que Jean, dignitaire byzantin, rédigea en faveur du monastère athonite du Pantocrator, la place qu'occupaient au XIVe siècle les vignes sur le site qui avait été celui de la ville, et dans ses abords immédiats[134]. Plus tard seulement, elles se réduisirent peu à peu. Bakalopoulos estime que leur remplacement par l'olivier se poursuivit à Thasos de façon continue depuis la fin du Moyen Âge jusqu'à la fin du XVIIIe siècle[135]. Au XIXe siècle, G. Perrot remarque d'abord que *le vin de Thasos, provenant de vignes cultivées sans soin et comme au hasard, puis fabriqué grossièrement, ne se garde plus et n'a plus de valeur*. Puis il tempère sa déception: ce vin *qui provient d'un gros raisin assez clair... est d'un goût franc; il ne porte pas à la tête et n'a pas cette chaleur, bientôt irritante, de la plupart des vins grecs: il rappelle plutôt certains bons vins ordinaires de France. Les habitants savent le faire assez bien pour pouvoir le garder sans y mettre de résine*[136]. Les regrets de Perrot sont partagés par tous les voyageurs modernes. L. de Launay note simplement: *Le vin, qui avait sa place dans les banquets de Rome, n'est plus guère qu'un souvenir*[137]. Aujourd'hui l'île ne produit plus que pour la consommation locale: les statistiques de 1961 font état d'une surface de 282 hectares occupée

[134] Testament du grand primicier Jean, l'un des fondateurs du Pantocrator: *Byzantina Chronika*, X, 1903, Par.: Actes du Pantocrator, édités par L. Petit, p. 10-15. L'acte est daté du 1er août 1384.

[135] *Études thasiennes*, I, p. 30.

[136] G. Perrot, *Mémoire sur l'île de Thasos*, Paris 1865, p. 55 et p. 66.

[137] L. de Launey, *Chez les Grecs de Turquie*, Paris 1892, p. 127.

[138] Données du Service statistique de Grèce, citées par D. Lazaridis dans *Thasos and its Peraia*, Athènes 1971, p. 80 note 17 et p. 60.

par les vignes, dont 30 dans le voisinage immédiat de la capitale Liménas[138].

* * *

La diffusion antique du vin de Thasos est remarquable, si l'on considère l'étroitesse relative du terroir. Les mêmes statistiques de 1961 indiquent pour l'ensemble de l'île 95,46 km² cultivables[139]. Encore faut-il déduire, pour la période ancienne, les espaces réservés aux céréales indispensables (Thasos produisait un orge renommé) et aux vergers, les Thasiens s'étant fait une spécialité, signalée par Théophraste, de l'amandier[140]. On doit donc supposer que dans l'antiquité une grande part des terres que couvrent maintenant les olivettes (618700 arbres en 1961)[141] portaient des vignes. Pour alimenter un commerce d'exportation, il fallait que la culture de la vigne fût de beaucoup prédominante.

Dans ces conditions mêmes, le Thasos devait être un vin rare, vendu cher, ne s'imposant sur les marchés que par sa qualité et l'engagement collectif des Thasiens. La qualité était le fruit du travail et de l'expérience des viticulteurs. Il s'y joignait un effort public de contrôle, qui se manifeste par le timbrage des amphores, la réglementation des ventes, la répression du mouillage, des mesures protectionnistes. Mais sont en cause aussi toutes les fibres du tissu social: main-d'œuvre, servile ou non; notables, propriétaires ou locataires des fonds, banquiers, négociants animateurs du commerce maritime, armateurs ; un port fréquenté; la stimulation d'une consommation locale importante, dans un état rural mais tôt urbanisé, riche par ailleurs du métal précieux de ses mines; la religion dionysiaque enfin, avec ses fêtes, l'idéologie même, les mythes, la mystique du vin: tous facteurs qui contribuaient à ce que la cité vive et diffuse la «civilisation de la vigne».

---

[139] *Ibid.*, p. 11.

[140] Amandes à Thasos: (Hippocrate), *Des maladies*, III, Littré, VII, p. 133; Théophraste, *Sur les causes des plantes*, I, 9, 1; Athénée, 54 b (Diphilos de Siphnos); Macrobe, *Saturnales*, II, 14; *Géoponiques*, X, 57 et 76, 6.

[141] Lazaridis, *op. cit.*, p. 80.

ADDENDUM 2010

Depuis la première publication des pages qu'on vient de lire, des progrès ont été poursuivis dans l'étude des amphores thasiennes, et surtout des timbres: on se reportera à la bibliographie donnée par Y. Garlan, *BCH*, 128-129 (2004-2005), p. 269, en attendant la publication des communications présentées au Colloque «Analyse et exploitation des timbres amphoriques grecs», Athènes, février 2010.

D'autre part, la recension des textes qui est fournie ci-avant peut être complétée par deux références, signalées par A. Tchernia et B. Holtzmann:

46 bis. DION de Pruse, dit CHRYSOSTOME, 66ème discours (*Sur la réputation*), Ier siècle-début in IIème.

Ceux qui cherchent la notoriété sont insatiables d'honneurs; et pourtant seul un poisson suffit au gourmet, un seul mignon à l'amoureux, et à l'ivrogne un seul Θάσιον.

τὸν οἰνόφλυγα εν Θάσιαν κατέπλησε, καὶ πιὼν Ἐνδυμίωνος ἥδιον καθεύδει.

Celui qui s'adonne au vin, un seul pot de Thasos suffit à le combler, et quand il l'a bu il dort d'un sommeil plus agréable qu'Endymion...

47 bis. PHILOSTRATE, *Héroïkos*, 11, 9, fin du IIème siècle, milieu du IIIème.

En Chersonèse de Thrace un vigneron heureux et prospère recoit dans son vignoble, planté de cépages thasiens, vrai paradis, un étranger, venu par mer de Phénicie, débarqué à Eléonte. Il lui explique ses rapports avec le héros tutélaire Protésilas, auquel il rend un culte.

Οὔπω, ξένε, σιτουμένῳ ἐνέτυχον οὐδε πίνοντα ἔγνων καὶ τοι σπένδω γε αὐτῷ κατὰ ἑσπέραν ἀπὸ τουτωνὶ τῶν Θασίων ἀμπέλων, ἃς φυτεύει αὔτος.

Non, étranger, je ne l'ai pas encore trouvé en train de prendre un repas, ni vu boire, et pourtant le soir je lui offre des libations du vin qui vient de ces vignes thasiennes, qu'il a lui même plantées...

Rappelons que Philostrate était de Lemnos: son dialogue a valeur de témoignage proche.

Fig. 3. Acanthos et son terroir: vue aérienne oblique de l'isthme de l'Athos, prise du Nord-Ouest. Au premier plan, à gauche, Iérissos.

II

VIGNES ET VINS ANCIENS DE MARONÉE À MENDÉ*

François Salviat

L'occasion a été donnée, dans le cadre du colloque international d'Athènes sur les amphores grecques, de faire le point des sources littéraires et épigraphiques concernant le vin de Thasos[1]. La méthode a été approuvée: un inventaire analytique des textes, plus abondant et plus critique que l'énumération sommaire des références ordinairement reprises, doit conduire pour l'histoire de la viticulture et du vin antiques à des conclusions plus développées et plus utiles; et il est particulièrement intéressant aujourd'hui de confronter les données écrites avec une documentation archéologique renouvelée – amphores et vases de transport, massivement recueillis, progressivement mieux classés, et fours de cuisson de ces vases; explorations rurales méthodiques, qui éclairent notre connaissance des terroirs. Je voudrais mettre au service de tous un essai de recueil des sources concernant les vignes et le vin de la côte de Thrace helléni-

* Article publié dans un recourd *En mémoire de D. Lazaridis*, Thessalonique 1950, p. 457-476.

[1] *Recherches sur les amphores grecques, BCH* Supplément XIII, Paris 1986, ed. par J.Y. Empereur et Y. Garlan (Colloque d'Athènes de 1984); titre abrégé ci-après: *Amphores grecques*. Article reproduit in ci-sessus p. 1-68 avec complément p. 69. Aux sources littéiraires récentes, on ajoutera Philostrate, *Heroïkos*, p. 143 de l'édition Keyser: mention de cépages thasiens (communication B. Hottemann).

sée, dans la zone géographique qui nous retient ici, de l'Ebre à la Chalcidique[2]. Il s'agit essentiellement des vins de Maronée à Mendé, en passant par les monts «Biblins» (au-dessus d'Antisara et d'Oisymé, l'homérique Aisymé[3]), Amphipolis et Acanthos. Cette recherche s'appuie sur les travaux de Dimitrios Lazaridis[4]; elle est offerte au souvenir vivant d'une très ancienne amitié.

Le vin de Thrace

La Thrace en général était réputée pour son vin. C'est l'opinion que rappelle Athénée, dans sa discussion sur le vin «biblin»:

1. Athénée, 31 a

Ἐπιεικῶς δὲ ἡ Θρᾴκη ἐθαυμάζετο ὡς ἡδύοινος, καὶ συνόλως τὰ ἀπὸ πλησίον αὐτῆς χωρία.

On estimait assez la Thrace pour la bonté de ses vins, ainsi qu'en général les territoires à partir de son voisinage.

Cette estime remontait à l'époque homérique.

2. *Iliade*, IX, 71-72.

Le chant débute par un conseil nocturne; Nestor, s'adressant à Agamemnon, lui demande d'offrir un repas aux Anciens; il a ce qu'il faut pour recevoir

πλεῖαί τοι οἴνου κλισίαι, τὸν νῆες Ἀχαιῶν
ἠμάτιαι Θρῄκηθεν ἐπ' εὐρέα πόντον ἄγουσι·

Tes baraques sont pleines de vin; les vaisseaux des Achéens, chaque jour, sur la vaste mer, t'en apportent de Thrace.

Athénée, 31 a, et les commentateurs d'Homère (P. Mazon) rapprochent ce passage d'*Iliade*, VII, 467, où il est question de vin également importé par mer, venu de Lemnos, et obtenu pour les chefs à titre de don, pour les autres en échange de métaux, de peaux, de

---

[2] Les traductions sont celles de la Collection des Universités de France, lorsqu'elles existent; sinon, sauf autre indication, les miennes.

[3] *Iliade*, VIII, 304.

[4] Série *Ancient, Greek Cities*, publiée par le Centre Doxiadis: *Maronée et Orthagoria, Thasos et sa pérée, Amphipolis et Argilos*, en particulier, avec toute la documentation cartographique et topographique.

boeufs, d'esclaves. Un tel commerce pouvait en effet concerner aussi bien Lemnos que la Thrace et les deux passages s'éclairent mutuellement. Ces témoignages sont les plus anciens sur le trafic maritime du vin, avec navigation hauturière (ἐπ' εὐρέα πόντον) et régulière de bateaux de ravitaillement qui sont vraisemblablement des bateaux de charge – non des vaisseaux longs. Ils révèlent aussi l'abondance et la qualité de la production des vins en Thrace au VIIIe siècle av. J.-.C. et sont à rapprocher des passages de l'*Odyssée*, cités ci-après, qui concernent le vin des Cicones et de l'Ismaros: c'est vraisemblablement ce vin-là qu'Agamemnon faisait venir devant Troie.

Un texte du Ve siècle nous renseigne dans le même sens:

3. PINDARE, *Péan*, II, *Pour les Abdéritains*, 24-26
La ville d'Abdère parle:

> ... ναίω
> Θ[ϱ]ηΐϊκίαν γ[αῖ]αν ἀμπελό[εσ]σαν τε καί
> εὔκαϱπον.

J'habite la terre de Thrace aux beaux vignobles et aux belles moissons.

Le passage est cité le plus souvent à propos d'Abdère elle-même, productrice de vin, et dont on identifie maintenant les amphores[5]. Il a cependant à l'évidence une portée géographique plus large: avec les céréales, le vin est une ressource première de la Thrace.

Bien des lieux littéraires concernant la consommation de vin par les Thraces pourraient être évoqués (on peut citer en particulier le passage de l'*Anabase* de Xénophon VII, 2,23 décrivant les toasts portés dans des cornes à la cour de Seuthès); mais ils pouvaient boire, à l'époque classique, en partie au moins, du vin importé. Marginales par rapport au domaine qui nous intéresse ici, puisqu'elles concernent la Thrace d'Asie, mais significatives, sont les observations directes faites en Bithynie par Xénophon dans la région de Calpé, à mi-chemin entre Héraclée et Byzance; le pays porte des vignes nombreuses, productrices de bon vin (ἀμπέλους πολλὰς καὶ ἡδυοίνους, *Anabase*, VI, 4,6). Les vignes de Bithynie sont encore largement citées, beaucoup plus tard, mais d'après des sources assez

[5] Voir la communication de C. PERISTERI-OTATZI dans *Amphores grecques*, p. 491. Grappe de raisin les monnaies: *ibid*., p. 492, fig. 1.

anciennes, dans la compilation des *Géoponiques*: une variété locale de cépage, aux grosses grappes, aux grains ronds, rosés à maturité, fournit un vin de qualité et en abondance (*Géoponiques*, V, 17, d'après Florentinus): c'est la vigne λευκοθρακία.

Vin de l'Ismaros et de Maronée

Le vin de l'Ismaros est le plus ancien des grands crus grecs. Il est connu par l'Odyssée – donc dès le VIIIe siècle – et Archiloque en buvait aussi au début du VIIe siècle.

1. *Odyssée*, IX, 164-165

Chez les Phéaciens, Ulysse raconte, après le départ de Troie, son passage chez les Cicones: on pille, on «boit du vin» (vers 45). Un peu plus bas, le conteur rappelle que l'on a rempli là des amphores – en puisant dans les *pithoi* où il était conservé – de vin rouge.

πολλὸν γὰρ ἐν ἀμφιφορεῦσι ἕκαστοι
ἠφύσαμεν Κικόνων ἱερὸν πτολίεθρον ἑλόντες.

Chacun avait fait son plein dans les amphores, quand nous avions quitté la ville des Cicones avec son sanctuaire.

Plus avant encore, Ulysse débarque avec l'outre de vin qui enivrera le Cyclope. C'est le vin que lui avait donné Maron, fils d'Evanthos, prêtre d'Apollon qui protège l'Ismaros. Ulysse l'avait épargné, «lui, sa femme et son fils»; il a reçu en échange divers cadeaux et douze amphores (vers 204 sqq.).

... αὐτὰρ ἔπειτα
οἶνον ἐν ἀμφιφορεῦσι δυώδεκα πᾶσιν ἀφύσσας
ἡδύν, ἀκηράσιον, θεῖον ποτόν˙ οὐδέ τις αὐτὸν
ἠείδη δμώων οὐδ' ἀμφιπόλων ἐνὶ οἴκῳ,
ἀλλ' αὐτὸς ἄλοχός τε φίλη ταμίη τε μί' οἴη˙
τὸν δ' ὅτε πίνοιεν μελιηδέα οἶνον ἐρυθρόν
ἕν δέπας ἐμπλήσας ὕδατος ἀνὰ εἴκοσι μέτρα
χεῦ'˙ ὀδμὴ δ' ἡδεῖα ἀπὸ κρητῆρος ὀδώδει,
θεσπεσίη˙ τότ ἄν οὔ τοι ἀποσχέσθαι φίλον ἦεν.

(Et Maron) *me donnait enfin un lot de douze amphores de ce vin de liqueur; sans une goutte d'eau, c'était boisson de dieu, dont personne au logis, ni servants ni servantes, ne savait la cachette, hors son épouse et lui et la seule intendante. Pour boire ce vin rouge, aussi doux que le miel, il fallait n'en verser qu'une coupe remplie dans vingt mesures d'eau, et du cratère, alors, l'odeur montait si douce que c'en était divin* (trad. V. Bérard, amendée).

Ce vin, rouge et doux, très odorant, est ensuite décrit comme noir (μέλας, vers 346), couleur de feu (αἴθοψ, vers 360). Le Cyclope lui-même en fait l'éloge. La terre des Cyclopes produit bien du vin,

ἀλλὰ τόδ' ἀμβροσίης καὶ νέκταρός ἐστιν ἀπορρώξ.

Mais ça, c'est un extrait de nectar, d'ambroisie! (vers 359). Trois coupes de vin pur suffisent à enivrer Polyphème.

2. ARCHILOQUE, fragment 7 Lasserre - Bonnard

Ἐν δορὶ μέν ‹μοι› μᾶζα μεμαγμένη, ἐν δορὶ δ' οἶνος
Ἰσμαρικός· πίνω δ' ἐν δορὶ κεκλιμένος.

3. EURIPIDE, *Le Cyclope*, 411-415

Dans ce drame satyrique, le vin, apporté par Ulysse, qui le tient de Maron, «fils de dieu», tient évidemment une grande place. C'est un vin doux, γλυκύς (vers 560), et «à boire, on a deux fois ce qui coule de l'outre» (vers 147); il est parfumé (vers 254) et lorsque le Silène le goûte, pur, il lui va «jusqu'au bout des ongles» (vers 159). Il a donc les mêmes qualités que le vin homérique. Mais Euripide les exalte plus vivement encore que le poète de l'*Odyssée*. Voici comment Ulysse, qui vient de rapporter au coryphée les malheurs subis dans l'antre, évoque l'«idée divine» qu'il a eue de faire boire Polyphème.

ἐμπλήσας σκύφος
Μάρωνος αὐτῷ τοῦδε προσφέρω πιεῖν,
λέγων τάδ'· Ὦ τοῦ ποντίου θεοῦ Κύκλωψ,
σκέψαι τόδ' οἷον Ἑλλὰς ἀμπέλων ἄπο
θεῖον κομίζει πῶμα, Διονύσου γάνος.

J'emplis la coupe de cette liqueur de Maron, et la lui tends à boire en disant: «O fils du dieu marin, Cyclope, regarde ce que la Grèce tire de la vigne, ce breuvage divin où rit Dionysos».

4. *Papyrus de Zénon*, Musée du Caire, Edgar 59033. Voir ci-après, p. 133

En janvier 257 av. J.-C., on peut prendre en pépinière à Alexandrie, dans le domaine d'Apollonios, dont Zénon était l'intendant, au moins dix variétés de vigne, dont celle de Maronée.

...καὶ ἀμπέλου καπνείου Κιλικίας, Μενδαίου,
Εὐδαμιδείου, Μαρωνείου, κολοκυν[θίνης], Φοινίσσης, καπνείου
'Αλεξανδρείου, βουμάστου, ..ερμύλου, δριμίος.

(La ponctuation de l'édition originale a été ci-dessus modifiée: les variétés qualifiées par l'adjectif κάπνειος sont des vignes au raisin gris, de Cilicie d'abord, puis d'Alexandrie, et il ne faut pas placer de virgule après l'épithète).

5. Properce, *Elégies*, II, 33, 31-32

> Tuque o Eurytion vino Centaure peristi
> nec non Ismario tu, Polypheme, mero.

Et toi, centaure Eurytion, c'est le vin qui t'a perdu; et c'est la liqueur de l'Ismare qui te perdit aussi, Polyphème.

6. Tibulle, IV, 1, 57 *(Pan. Messallae)*

> Cessit et Aetnaeae Neptunius incola rupis
> victa Maroneo foedatus lumina Baccho.

Il triompha aussi du fils de Neptune, habitant la roche de l'Etna, à qui il creva l'oeil tandis qu'il était assoupi par le vin de Maron.

7. Pline l'Ancien, *Histoire naturelle*, XIV, 6, 1

Vino antiquissimo claritas Maroneo in Thraciae maritima parte genito, ut auctor est Homerus. Neque enim fabulosa aut de origine ejus varie prodita consectamur, praeterquam Aristaeum primum omnium in eadern gente mel miscuisse vino, suavitate praecipua utriusque naturae sponte provenientis, Maroneum vicies tanto addito aquae miscendum Homerus prodidit. Durat etiamnum vis in eadem terra generi rigorque indomitus, quippe cum Mucianus ter consul ex iis qui nuperrime prodidere sextarios singulos octonis aquae misceri compererit praesens in eo tractu, esse autem colore nigrum, odoratum, vetustate pinguescere.

Le vin le plus anciennement célèbre est, au témoignage d'Homère, celui de Maronée, sur la côte thrace. Je ne m'arrête pas aux fables et aux diverses traditions touchant son origine, sinon pour rappeler qu'Aristée, Thrace lui aussi, fut le premier à mêler le miel au vin, deux produits naturels d'un goût excellent. Homère rapporte qu'on devait mêler au Maronée vingt fois sa quantité d'eau. De nos jours encore, en ce même terroir, ce cru a gardé sa vigueur et sa force indomptable, puisque Mucianus, trois fois consul, l'un des auteurs les plus récents, a constaté lui-même sur place qu'à un setier de vin on en mêle huit d'eau, qu'il est noir, et qu'en vieillissant il épaissit.

C. Mucianus Crassus fut consul en 67, 70 et 72.

8. Achille Tatius, II, 2 voir ci-après, p. 118

C'est la fête de Dionysos Protrygaios, que les Tyriens disent être leur dieu propre; ils affirment avoir chez eux la plus ancienne vigne, mère des vignobles grecs.

> ...οἶνον οὐκ εἶναί πω παρ' ἀνθρώποις, οὐ τὸν μέλανα, τὸν ἀνθοσμίαν, οὐ τὸν τῆς Βιβλίας ἀμπέλου, οὐ τὸν Μάρωνος τὸν Θρᾴκιον, οὐ τὸν Χῖον τὸν ἔκλευκον, οὐ τὸν 'Ικάρου τὸν νησιώτην, ἀλλὰ τούτους μὲν ἅπαντας ἀποίκους εἶναι Τυρίων ἀμπέλων· τὴν δὲ πρώτην παρ' αὐτοῖς φῦναι τῶν οἴνων μητέρα.

Il n'y avait autrefois point de vin chez les hommes; ni le noir, l'anthosmias, ni celui de la vigne biblia, ni le thrace de Maron, ni le vin de Chio qui est blanc, ni le vin insulaire d'Icaros: tous sont des colons, issus des vignes de Tyr: et c'est chez les Tyriens que fut planté le plant original, la mère des vins.

Bien que le roman date du IIe siècle ap. J.-C., la revendication tyrienne mérite attention, et peut être révélatrice d'une vérité historique. On notera que le cépage principal d'Icaros est le *pramnien*, cépage homérique; et l'on reviendra sur ce texte à propos du vin biblin.

9. Nonnos, *Dionysiaca*: le vin de Maronée apparaît en XI, 518; XV, 63; XVII, 22; XIX, 312

10. Pollux, *Onomasticon*, VI, 16, mentionne le Maronée, Μαρωνείτης, mais aussi l'᾽Ισμαρικός

11 *L'Etymologicum Magnum*, *s.v.* Θάσος, assimile le vin des Cicones à celui de Thasos. Voir ci-dessus, p. 38

12. VIRGILE, *Géorgiques*, II, 37-39, cite comme un modèle d'adaptation de la vigne à un terroir l'exemple de l'Ismaros

... juvat Ismara Baccho
conserere...

... il y a plaisir à planter Bacchus sur l'Ismaros.

Cette revue des textes est sans doute encore incomplète; elle ne tient pas compte de tous les passages anciens concernant Maron et son mythe (voir les références *RE* XIV, col. 1911, *s.v.*). Le texte de Diodore de Sicile I, 20, 24, pourrait être ajouté: il évoque les «plantations» du terroir de Maronée, dont Maron était le gardien; mais il peut concerner, avec la vigne, l'olivier et le figuier.

Le vin de l'Ismaros, vin des Cicones, puis de Maronée, colonie grecque, est donc un vin ancien, de grande réputation à l'époque où se fixe le poème de *l'Odyssée* **1**. Noir, rouge ou feu, très parfumé; un vin doux, avec un fort excès de sucre, et la teneur en alcool la plus élevée possible: c'est un vin «de liqueur» (au sens où l'on entendait cette expression au XIXe siècle) qui supporte un mélange à forte proportion d'eau, et qui, pur, enivre vite. Comme le vin d'Ithaque conservé dans le palais d'Ulysse (*Odyssée*, I, 340) il est élevé en *pithoi*, et mis en amphores pour le voyage par mer. Selon Pline, il épaissit en vieillissant **7**. Cet épaississement, connu des Anciens pour d'autres crus, n'affecte pas aujourd'hui nos Bordeaux ou nos Bourgognes; mais c' est un caractère qui permet de rapprocher le Maronée des vins «de liqueur» moderne. On rappellera, plus particulièrement, le Commanderie de Chypre, produisant un «concentré tellement épais qu'il peut être gratté au couteau sur les bords de la cuve» (A. Lichine[6]). Des vins liquoreux comparables sont aujourd'hui certains Xérès, l'élite des vins du Rhin, le Tokay de Hongrie, les Sauternes, le Château-Chalon (vin jaune du Jura).

L'importance commerciale du vin de Maronée a-t-elle décru après l'époque archaïque haute? La vigne arborescente, chargée de grappes, reste en tout cas aux Ve et IVe siècles av. J.-C. un symbole privilégié au revers des monnaies de la cité; et le cépage maronéen est acclimaté en Egypte, dans le delta, au milieu du IIIe siècle **4.** Le vin reste connu et garde ses qualités exemplaires jusqu'au Ier siècle ap. J.-C. au moins. Et le Maronée, vin du Cyclope, vin de Maron, conserve une aura mythique **3, 5, 6, 9**. Il fut certainement le modèle

[6] A. LICHINE, *Encyclopédie des vins et alcools*, Paris 1972, p. 288.

des grands crus qui lui succédèrent. Tout d'abord le Chio, le meilleur des vins antiques, à l'époque ancienne un vin «noir», un proche parent: il est vraisemblable au demeurant que la prise de possession de l'Ismaros par les gens de Chio et la fondation de Maronée dans la première moitié du VIIe siècle avaient pour enjeu principal le vin; et les mythographes se sont employés à resserrer les liens entre Maron et Oinopion, premier roi légendaire de Chio, fils de Dionysos. Mais aussi le Thasos, que l'*Etymologicum Magnum* rapproche du «vin des Cicones», et le Lesbos, loué à l'occasion par Cléarque (sans doute Cléarque de Soles) cité par Athénée, 28 e, pour avoir été «fait par Maron lui-même».

L'origine de la vigne de Maronée, d'implantation antérieure à la colonisation grecque, pourrait être phénicienne: le texte d'Achille Tatius **8,** qui suggère une exportation tyrienne du cépage, sollicite au moins la réflexion, d'autant que le vin *biblin* d'Oesymé, cité en même temps que le thrace de Maronée, est sûrement, comme nous allons le voir, le produit d'une vigne amenée d'Orient.

Le vin biblin et la region d'Oisymé

Cultivée avec grand succès à Thasos, la vigne l'était aussi dans la pérée thasienne. Le vin le plus célèbre de la région côtière proche de l'île – et le seul, à vrai dire, à être réputé, entre Maronée et Acanthos – fut le vin dit βίβλινος produit par les vignobles proches du comptoir thasien d'Oisymé à l'Ouest de Néapolis (Cavalla)[7]. L'ethnique des Oisyméens est porté sur des timbres amphoriques dont le type reproduit le type thasien, rares encore, mais présents, découverts sur place ou à Thasos[8]. Fertile, bien exposé, le terroir connaît aujourd'hui une renaissance viticole.

Le sujet a été controversé. Si le plupart des auteurs ajoutent foi aux témoignages anciens qui désignent cette région comme celle des monts «biblins», il n'a pas été clairement compris pourquoi elle a mérité ce nom. La seule mise au point d'ensemble est un article assez confus de la *Real Encyclopaedie*, *s.v.* βίβλινος οἶνος, col. 404-405 (Olek). Le problème peut être parfaitement élucidé, si l'on reprend la liste, assez longue, des textes concernant le vin «biblin».

[7] Voir sur Oisymé et Antisara les mises au point de H. Koukouli-Chryssanthaki, dans *Cavala et sa région* (en grec), *Praktika du Colloque de 1977*, Thessalonique 1980, p. 314-318. Hypothèse de liens avec le monde mycénien, p. 418.

[8] Pour Thasos, information de M. Debidour.

Le vin d'Hésiode

1. Hésiode, *Les Travaux et les Jours*, 588-596

Le poète évoque les jours de l'été:

Ἀλλὰ τότ' ἤδη
εἴη πετραίη τε σκιὴ καὶ βίβλινος οἶνος,
μάζα τ' ἀμολγαίη γάλα τ' αἰγῶν σβεννυμενάων,
καὶ βοὸς ὑλοφάγοιο κρέας μή πω τετοκυίης
πρωτογόνων τ' ἐρίφων· ἐπὶ δ' αἴθοπα πινέμεν οἶνον,
ἐν σκιῇ ἑζόμενον, κεκορημένον ἦτορ ἐδωδῆς,
ἀντίον ἀκραέος Ζεφύρου τρέψαντα πρόσωπα·
κρήνης τ' αἰενάου καὶ ἀπορρύτου ἥ τ' ἀθόλωτος
τρὶς ὕδατος προχέειν, τὸ δὲ τέτρατον ἱέμεν οἴνου.

Alors puissé-je avoir l'ombre d'une roche, du vin biblin, une galette bien gonflée et du lait de chèvres qui ne nourrissent plus, avec la chair d'une génisse, qui a pris sa pâture au bois et n'a-pas encore vêlé on d'agneaux d'une première portée. Et là-dessus, puissé-je, pour boire le vin couleur de feu, m'étendre à l'ombre, le coeur satisfait de mon festin, le visage tourné face au souffle vif du Zéphyr, et, puisant à une source intarissable et courante, que rien n'a troublée, verser pour trois parts d'eau une part de vin.

Ce passage est à mettre en rapport avec celui qui concerne les vendanges (vers 609-614).

Εὖτ' ἂν δ' Ὠρίων καὶ Σείριος ἐς μέσον ἔλθῃ
οὐρανόν, Ἀρκτοῦρον δὲ ἴδῃ ῥοδοδάκτυλος Ἠώς,
ὦ Πέρση, τότε πάντας ἀποδρέπεν οἴκαδε βότρυς·
δεῖξαι δ' ἠελίῳ δέκα τ' ἤματα καὶ δέκα νύκτας,
πέντε δὲ συσκιάσαι, ἕκτῳ δ' εἰς ἄγγε' ἀφύσσαι
δῶρα Διωνύσου πολυγηθέος.

Et quand Orion et Sirius auront atteint le milieu du ciel, et qu' Aurore aux doigts de rose pourra voir Arcture, alors, Persès, coupe et rapporte chez toi toutes tes grappes. Expose-les au soleil dix jours et dix nuits, mets-les à l'ombre pendant cinq. Le sixième jour, puise et mets dans tes vases les dons de Dionysos riche en joie.

Les vases sont les *pithoi* où fermentera le moût; on «puise» à partir de l'*hypolénion*, où coule le jus du raisin foulé aux pieds. Les raisins sont vendangés tard, et «passerillés».

Vin et vigne de Phénicie

2. ARCHESTRATOS, Fr. 59 RIBBECK, ATHÉNÉE, 29 b (voir ci-après, p. 123)

Le poète gastronome (vers 330 av. J.-C.) compare au Lesbos le vin *byblinos*:

> Τόν τ' ἀνὸ Φοινίκης ἱερᾶς τὸν Βύβλινον αἰνῶ·
> οὐ μέντοι κείνῳ γε παρεξισῶ αὐτόν. Ἐὰν γὰρ
> ἐξαίφνης αὐτοῦ γεύσῃ μὴ πρόσθεν ἐθισθείς,
> εὐώδης μέν σοι δόξει τοῦ Λεσβίου εἶναι
> μᾶλλον· ἔχει γὰρ τοῦτο χρόνου διὰ μῆκος ἄπλατον·
> πινόμενος δ' ἥσσων πολλῷ.

Le vin byblinos qui vient de Phénicie la sacrée a mon estime; je n'aurai garde toutefois de l'égaler à celui-là. Car à l'attaque, et si tu le goûtes pour la première fois, il te paraîtra, il est vrai, d'un bouquet meilleur que le Lesbien: il l'a par longueur infinie de temps; mais en bouche, il est de beaucoup inférieur.

On peut suivre ici B. Hemmerdinger: «Sans contestation possible, il s'agit bien là de vin de Phénicie» (*REG*, 1966, p. 703). Un vin parfumé, dont l'attaque est flatteuse; un vin de garde longuement vieilli.

3. ACHILLE TATIUS, II, 2

Voir ce texte, déjà à propos du Maronée, ci-dessus, **8**.

Tragédie ancienne

4. EURIPIDE, *Ion*, 1194-1195

A Delphes, au banquet offert aux Delphiens, on mélange le vin à l'eau dans des cratères d'or.

> Σιγὴ δ' ὑπῆλθεν. Ἐκ δ' ἐπίμπλαμεν δρόσου
> κρατῆρας ἱεροὺς Βυβλίνου τε πώματος.

Le silence se fit. De nouveau, nous emplîmes les cratères sacrés d'eau, et de vin byblinos.

5. ACHAIOS, Fr. 736 NAUCK: ATHÉNÉE, 31 a

> Ἐδεξιοῦτο Βιβλίνου μέθη σ' ἐκπώματι.

L'ivresse portait ta santé avec une coupe de vin biblin.

Vin biblin de Thrace et monts Biblins

6. Epicharme, Fr. 174 Kaibel: Athénée, 31 a (v. aussi *Etym. Magn.*, 197, 33 ci-après **12** et Hésychius **15**)

> Ἐπίχαρμος δὲ ἀπό τινων ὀρῶν Βιβλίνων φησὶν αὐτὸν ὠνομάσθαι.

Epicharme dit que le nom (du vin biblin) lui vient de certains monts Biblins.

7. Philyllios, Fr. 24 Kock: Athénée, 31 a

Voir ci-après, dans la liste concernant le Mendé, **2.** Le vin *biblinos* est cité dans l'énumération des crus entre le Thasos et le Mendé, ce qui ne permet pas de douter de son origine.

8. Arménidas, *FHG* IV, 339: Athénée, 31 a

Ἀρμενίδας δὲ τῆς Θρᾴκης φησὶν εἶναι χώραν τὴν Βιβλίαν ἣν αὖθις Τισάρην καί Οἰσύμην προσαγορευθῆναι.

Arménidas dit que la région Biblia est une région de Thrace, qui a été appelée ensuite Tisaré (=Antisara) et Oisymé.

9. Stéphane de Byzance

s.v. Βιβλίνη. χώρα Θρᾴκης. ἀπὸ ταύτης ὁ Βίβλινος οἶνος.

Bibliné: région de Thrace; le vin biblinos en provient.

Vin de Sicile

La référence à Epicharme **6** concerne déjà ce vin de Sicile – plus précisément syracusain – produit par un cépage venu des monts Biblins de Thrace.

10. Hippys de Rhégion: Athénée, 31 b

Ἵππυς δ' ὁ Ῥηγῖνος τὴν εἰλεὸν καλουμένην ἄμπελον βιβλίαν φησὶ καλεῖσθαι, ἣν Πόλλιν τὸν Ἀργεῖον, ὃς ἐβασίλευσε Συρακουσίων, πρῶτον εἰς Συρακούσας κομίσαι ἐξ Ἰταλίας. Εἴη ἂν οὖν ὁ παρὰ Σικελιώταις γλυκὺς καλούμενος Πόλλιος ὁ Βίβλινος οἶνος.

Hippys de Rhégion dit que la vigne dite eiléos était appelée biblia et que Pollis d'Argos, celui qui régna sur les Syracusains, l'avait le premier apportée d'Italie à Syracuse. Ce serait donc le vin doux nommé par les Siciliens pollios qui serait le vin biblin.

Ce texte d'Athénée sur la vigne *eiléos* ou *biblia* et le vin *pollios* de Syracuse pose des problèmes, qui doivent être envisagés en tenant compte des références à Epicharme (ci-dessus, **6**) et de celles où intervient le «roi» POLLIS (*Etym. Magn.*, cité ci-après, **13**, et POLLUX VI, 16, avec renvoi à ARISTOTE, fr. 585 R). On peut se reporter à la discussion de la question par Dunbabin, *The Western Greeks*, p. 93-94. Retenons seulement que Pollis a importé en Sicile à une époque haute la vigne *biblia*, vraisemblablement de Thrace (Dunbabin soupçonne que l'origine italique suggérée par Hippys résulterait d'un «orgueil local»; mais l'Italie n'a-t-elle pu servir de relais?). On en tirait un vin doux.

11. THÉOCRITE, *Idylles*, XIV, 4 (L'amour de Kynisca)

Pour une fête à la campagne, Aischinès a ouvert du biblinos (vers 14).

ἀνῷξα δὲ Βίβλινον αὐτοῖς,
εὐώδη τετόρων ἐτέων σχεδὸν ὡς ἀπὸ λανῶ.

J'avais débouché pour mes gens du biblinos, parfumé, à quatre ans, presque comme au sortir du pressoir.

On verse des santés en buvant ce vin pur (ἄκρατον, vers 18). PH. E. LEGRAND (*Théocrite*, *CUF*, p. 107) considère que le lieu de la scène est inconnu et même que l'on ne saurait tirer un «repère» de «la mention du Βίβλινος οἶνος». C'est au contraire un indice décisif, et il faut faire confiance au scholiaste qui place l'action en Sicile.

Lexicographie; vin de Naxos et divers

12. *Etymologicum Magnum,* 197, 32

Il est utile de citer en entier cet article, riche en renseignements.

ΒΙΒΛΙΝΟΣ ΟΙΝΟΣ: Οἷον,
Ὕδωρ δὲ πίνει, τὸν δὲ Βίβλινον στυγεῖ.
Ἀπὸ Βιβλίνης οὕτω καλουμένης Θρακίας ἀμπέλου· ἥτις, διὰ τὸ εὔφορος εἶναι, ἐν Ἑλλάδι μετετέθη, καὶ ἐν Σικελίᾳ, ὑπὸ Πόλλιδος τοῦ Σικυωνίου τυράννου· ἔνθεν αὐτὴν τινὲς καὶ ΠΟΛΛΙΟΝ καλοῦσιν.

Ἐπίχαρμος δὲ, ἀπὸ Βιβλίνων ὀρῶν τῆς Θρᾴκης, ἔνθα φύεται, λελέχθαι αὐτὴν οἴεται· Σῆμος δὲ ἐν τῇ ἕκτῃ τῆς Δηλιάδος ἐν Νάξῳ φησὶ ποταμὸν Βιβλίνην· ἀφ' οὗ καλοῦσιν οἶνον Βίβλινον, διὰ τὰς πεφυκυίας ἀμπέλους. Διὰ δὲ τοῦ μ γράφουσι τὸν ποταμὸν, Βιμβλίνην· καὶ τὸν Νάξιον οἶνον διὰ τοῦ μ, Βίμβλινον. Ἔστιν οὖν ὁ Βίβλινος εἶδος οἴνου καὶ γένος ἀμπέλου ἐν Θρᾴκῃ· καὶ ὁ παλαιὸς οἶνος.

Vin biblinos: Comme dans le passage:
Il boit de l'eau, il déteste le biblin.
Tire son nom de la vigne thrace appelée bibliné; celle-ci, pour sa fécondité, a été transportée en Grèce, et en Sicile, par Pollis tyran de Sicyone; de là vient que certains l'appellent aussi pollios. Epicharme pense qu'elle tire son nom de montagnes de Thrace, où elle est plantée. Sèmos, dans le septième livre de sa Déliade, dit qu'il existe à Naxos une rivière Bibliné; de là un vin tire son nom, à cause des vignes qui y sont plantées. Avec un M, on écrit le nom de la rivière Bimbliné, et le vin de Naxos avec M Bimblinos. Le Biblinos est donc une espèce de vin, et un cépage de vigne en Thrace; c'est aussi le vin ancien.

L'historien hellénistique Sèmos de Délos est une source assez fiable, pour que l'on ne puisse douter de l'existence de vin «biblin», et d'un hydronyme apparenté, à Naxos. Le vers cité en tête de la notice est d'auteur inconnu.

13. Hésychius n'apporte qu'une notice abrégée

Βίμβλινος· εἶδος οἴνου. καὶ γένος ἀμπέλου ἐν Θρᾴκῃ· καὶ ὁ παλαιὸς οἶνος. Ἐπίχαρμος δὲ ἀπ' ὀρῶν Βιμβλίνων· ἔστι δὲ Θρᾴκης.

Bimblinos: une espèce de vin, et un cépage de vigne en Thrace, et le vin ancien. Epicharme dit que c'est d'après des monts Biblins, en Thrace.

14. Tables d'Héraclée de Lucanée, *IG*, XIV, 645 (Buck, *Greek Dialects*, n° 79)

On trouve dans le texte des tables d'Héraclée deux endroits qui paraissent faire allusion à des toponymes (1, 58: πὰρ τὰν Βυβλίαν; 1, 93: πὰρ τὰν Βυβλίναν μασχάλαν) en rapport avec la vigne *byblia* ou *byblina*.

Le rapprochement de ces *testimonia* sur le vin et la vigne biblins (quelles que soient les graphies, *bibl-, bybl-, bimbl-,* et les suffixations) conduit à des conclusions assez nettes.

Ni le fragment d'Achaios **5** ni l'*Ion* d'Euripide **4**, qui montrent la notoriété et le caractère précieux du vin biblin, ne nous renseignent sur son origine. Chez Hésiode, chez Théocrite au contraire, il s'agit chaque fois d'un proche terroir. Le poète paysan de Béotie ne saurait boire aux champs un vin importé; et l'allusion, dans l'idylle, à l'odeur du pressoir, nous maintient dans la campagne syracusaine. Nous savons aussi qu'il y avait à Naxos, dans les Cyclades – une île dont le vin, ancien, est déjà connu d'Archiloque (fr. 300 L.B.) – vignes et vin biblins. Il faut donc admettre que le vin biblin est issu d'un cépage noble, que l'on transportait (comme nos Malvoisie, Pinot ou Cabernet Sauvignon), et qui s'acclimatait en des lieux divers: le fait était clair pour les ampélographes antiques.

Nous savons pourtant que le cépage biblin de Sicile était venu de Thrace (à l'initiative du tyran Pollis, et peut-être avec une étape italienne, cf. **14**). Un faisceau de témoignages nous oriente vers une zone privilégiée d'implantation, la région qui s'étend en arrière des sites côtiers d'Oisymé et d'Antisara, les contreforts du Symbolon, à l'Ouest de Cavalla (Néapolis), Arménidas la désigne sous le nom de *Biblia* **8**; Etienne de Byzance comme *Bibliné* **9**: la tradition remonte au moins au poète comique Epicharme de Syracuse qui évoquait, dès la fin du VIe siècle, ces monts «Biblins» comme origine de l'espèce installée dans son pays **6**. Ces indications sont confirmées par l'ordre même suivi dans l'énumération des crus chez le poète Phillyllios, qui situe le vin «biblin» entre le Thasos et le Mendé **7**, illustrant la célébrité du vin produit dans ce secteur, et montrant qu'à l'époque classique déjà cette contrée de Thrace était pour les Grecs la source par excellence du «biblin»: ce qu'expriment précisément certaines notices lexicographiques.

Cependant (même si les notes en question s'arrêtent là), l'origine première du cépage biblin est plus lointaine. Même s'il n'a pas compris qu'il s'agissait dans les *Travaux* d'un vin produit à Ascra, au pied de l'Hélicon, B. Hemmerdinger ajustement souligné que l'adjectif *byblinos*, chez Hésiode, ne pouvait que renvoyer à la cité de Byblos[9]. Et lorsqu'Archestratos le gastronome déguste un vin biblin «de la sainte Phénicie» **2**, il faut le prendre à la lettre: il revient à la source; et l'on peut préférer en effet un «bourguignon» ou un «tokay» authentiques, un pinot de Champagne à un Pinot du Cap ou de Californie.

Comme le revendiquaient à bon droit les Tyriens, dans la tradition, si remarquable, rapportée par Achille Tatius **3**, d'après un *lo-*

[9] *REG*, 79 (1966), p. 703.

gos des fêtes du Dionysos «Vendangeur» (*Protrygaios*) de Tyr, le vin «biblin» est issu à l'origine d'une vigne phénicienne de Byblos; et les vignobles grecs «biblins» en sont les fils. Ce cépage, en Phénicie même, fournit encore au IVe siècle av. J.-C. un vin qui est apprécié à l'égal des meilleurs crus grecs. Mais dès le VIIIe siècle, le plant fut exporté en Béotie (pays lié à la Phénicie par la légende cadméenne) où le cultive Hésiode; mais aussi en Thrace, où il accompagne les Phéniciens eux-mêmes. Nous savons en effet – il est inutile de rappeler ici tout le débat, et de reprendre toutes les données documentaires – que ceux-ci, les Tyriens surtout, ont fréquenté de bonne heure, en quête de métaux précieux, Thasos, où ils exploitaient les mines d'or d'Ainyra et propageaient le culte de Melkart, et la région pangéenne. La vigne thrace de l'âge homérique – et peut-être aussi les techniques de vinification, de conditionnement du vin qui permettent son commerce maritime – ont des chances d'être, chez les Cicones déjà, un legs phénicien. L'importance de cette colonisation végétale fut telle dans la région des monts «Biblins» que la culture dominante entraîna le toponyme.

Que ce soit en Phénicie, en Thrace, en Béotie ou en Sicile, le cépage «biblin» permet l'élaboration d'un vin particulier. Hésiode préconise des vendanges tardives, à pleine maturité, et l'exposition au soleil, pour concentrer encore le sucre des raisins, foulés quinze jours seulement après la récolte **1**. C'est le procédé le plus noble pour obtenir du vin «de liqueur»; le «passerillage» est connu pour le vin de Thasos[10], pour le Cos, et d'une façon générale pour les vins de cru que les Latins considéraient comme de type grec. Cette exposition au soleil, qui fait naître dans les grains intacts encore les arômes les plus subtils, est pratiquée depuis des siècles pour les vins de Xérès, où les raisins déposés sur des nattes d'alfa attendent sur une aire spéciale, l'«almijar». Il est ici poussé à l'extrême, ce qui abaisse beaucoup le rendement en volume. Tel cépage, on le sait, est adapté à tel vin (ainsi le Sémillon au Sauternes) et l'on peut conclure de l'adoption d'un type de vigne à celle d'un mode de fabrication: c'est dire que les prescriptions d'Hésiode valent aussi, à l'essentiel, pour les vins «biblins» du Symbolon ou le «pollios» de Syracuse. La recette donne un vin couleur de feu (Hésiode **1**), un vin doux, avec excès de sucre (γλυκύς, **10**), un vin qui vieillit, parfumé encore à quatre ans, comme au sortir du pressoir (Théocrite **11**). Il est assez fort

[10] Voir le texte des *Géoponiques* cité *Amphores grecques*, p. 172, ci-dessus p. 37 et le commentaire, p. 174-175, ci-dessus p. 40-41 avec la référence à Tournefort pour la fabrication de vin à partir de raisins exposés au soleil dans les Cyclades et à Chio à la fin du XVIIIe siècle.

pour supporter le mélange de «trois parts d'eau pour une part de vin» à la consommation courante (Hésiode, **1**). Vin des fêtes de campagne, ou des grandes solennités à Delphes **4**, il a la distinction des grands crus grecs, Maronée d'abord, puis Chio, Thasos, Lesbos, et il est du même genre: le genre de ce vin noir bouqueté (*anthosmias*) que l'on savait faire (si l'on en croit les Tyriens, chez Achille Tatius **3**) au pays de Canaan, avant qu'on le produisît en Thrace et en Grèce.

Vignes d'Amphipolis et du bas Strymon

La, région d'Amphipolis et du bas Strymon est fertile et favorable à la culture arbustive. Mais la fondation de la cité par Hagnon est relativement récente (437 av. J.-C.): un vignoble de cru, autour du centre urbain, profitant du port, n'aurait pu s'y développer avant le IVe siècle. En fait, les témoignages sur la culture de la vigne dans cette région sont rares; ils ne suggèrent pas un vin de renom.

1. Théopompe, chez Athénée, III, 77

῾Ο Θεόπομπος δὲ ἐν τῇ πεντηκοστῇ τετάρτῃ τῶν ἱστοριῶν κατὰ τὴν Φιλίππου φησὶν ἀρχὴν περὶ τὴν Βισαλτίαν καὶ ᾿Αμφίπολιν καὶ Γραστωνίαν τῆς Μακεδονίας ἔαρος μεσοῦντος τὰς μὲν συκᾶς σῦκα, τὰς δ' ἀμπέλους βότρυς, τὰς δ' ἐλαίας ἐν ᾧ χρόνῳ βρύειν εἰκὸς ἦν αὐτὰς ἐλαίας ἐνεγκεῖν, καὶ εὐτυχῆσαι πάντα Φίλιππον.

Théopompe, au cinquante-quatrième livre de ses Histoires, dit que dans certaines parties du domaine de Philippe, dans la région de Bisaltie, Amphipolis, et Grastonia, en Macédoine, les figuiers portaient des figues au milieu du printemps et les vignes des grappes, et que les oliviers, à l'époque où normalement ils poussent, portaient des olives; et que Philippe était en toutes choses favorisé du sort.

Ce témoignage, tiré vers l'invraisemblable par la tradition des *mirabilia*, est au demeurant peu spécifique.

2. Contrats de vente

D. Lazaridis a publié plusieurs contrats de vente d'Amphipolis; deux concernent des vignes.

a) *BCH*, 85 (1961), p. 431. Trouvé à Mesolakkia. IIIe siècle av. J.-C.

'Αγαθῆι Τύχηι. 'Επριάτο Ν[ικό?]-
λαος Μελαντάδου παρ' 'Α-
σάνδρου ἀμπέλων πέλεθ[ρ]-
α ἕξ δραχμῶν τριακοσίων κα[ὶ]
εἴκοσι...

A la Bonne Fortune. Nicolaos fils de Melantadès a acheté à Asandros une vigne de six plèthres pour trois cent vingt drachmes.

Six plèthres représentent environ 5200 m².

b *BCH*, 85 (1961). Trouvé à Nea Kerdyllia, à l'Ouest du Strymon. IVe siècle av. J.-C.

['Επ]ὶ ἐπισστάτου
[Κα]λλίπου· ἐπρία[το]
[Τί]μων παρ' 'Εξη[κέ]-
[σ]το τὸν ἀγρὸν τὸ
'Απολλωνίο καὶ
[τ]ὸν πιθῶνα δραχ-
μῶν πεντάκις χι-
λίων...

Kallipos étant épistate, Timon a acquis d'Exékestos la terre d'Apollonios et le pithôn pour cinq mille drachmes.

Il s'agit d'une vente «à réméré» (voir les remarques de Cl. Vatin, *BCH*, 86 (1962), p. 524 sqq.: le dernier acquéreur entre bien en possession) pour un prix élevé qu'on peut comparer à celui qui est versé sur le contrat précédent: il s'agit d'une propriété de plusieurs hectares. La présence du local à *pithoi* montre qu'une partie au moins était plantée en vignes.

3. Règlement de Gazôros (avril 158 av. J.-C.)

On peut citer ici ce texte qui concerne Gazôros, un peu plus haut qu'Amphipolis dans la vallée du Strymon. Voir Cl. Vatin, *BCH*, 86 (1962), p. 57-63; J. Pouilloux *et al.*, *Nouveau choix d'inscriptions grecques*, Paris 1971, n° 28, p. 152 (avec d'autres références). Le texte prévoit la plantation sur les domaines publics de vignes et d'arbres, à l'initiative des particuliers volontaires qui reçoivent des privilèges d'exploitation.

Maria Nicolaïdou – Patera a posé la question d'une éventuelle production d'amphores à Amphipolis à partir du IVe siècle av. J.-C.[11]. Il est possible qu'il y en ait eu, mais les amphores aux timbres «à la roue», considérées d'abord comme postulantes, doivent être, en fait, rendues à Acanthos.

LE VIN D'ACANTHOS

Vignes et vin d'Acanthos (l'actuelle Iérissos, à la racine du Mont Athos, non loin du canal de Xerxès) sont connus par des témoignages littérares anciens rares, mais très significatifs: un texte d'auteur comique; un texte de technique viticole; un texte d'historien (Fig. 1).

1. AMPHIS, Fr. 36 Kock: Athénée, 30e

Ἐπαινεῖ Ἄμφις καὶ τὸν ἐξ Ἀκάνθου πόλεως οἶνον λέγων·
Ποδαπὸς εἶ φράσον;
– Ἀκάνθιος.
– Εἶτα πρὸς Θεῶν
οἴνου πολίτης ὢν κρατίστου στρυφνὸς εἶ
καὶ τοὔνομ' αὐτὸ τῆς πατρίδος ἐν τοῖς τρόποις
ἔχεις, τὰ δ' ἤθη τῶν πολιτῶν οὐκ ἔχεις;

Amphis loue aussi le vin provenant de la cité d'Acanthos, en ces termes:
– D'où es-tu, dis?
– D'Acanthos.
– Comment, par les dieux, concitoyen du meilleur des vins, peux-tu être ainsi acerbe? Et porter le nom de la patrie dans tes façons d'être, sans avoir le caractère de tes concitoyens?

La traduction de στρυφνός par Desrousseaux est: «épineux», pour rattacher le sens au nom de la ville (Acanthos est «l'épine»). On préfèrera traduire par référence aux catégories du goût (sur la nuance d'astringence agressive comprise dans στρυφνός voir par exemple Platon, *Timée*, 65 d). Cette référence est la seule à montrer un vin d'Acanthos connu hors de la cité, mais elle est très élogieuse (κρατίστου οἴνου).

---

[11] *Amphores grecques*, p. 485 sqq.

2. Théophraste, *Des causes des plantes*, III, 15, 5

Il est question dans ce chapitre du traité de la taille de la vigne (ἀμπελουργία). C'est la taille annuelle qui règle le développement végétatif, et la production du fruit. Une taille courte n'est pas toujours favorable à l'équilibre de la plante: c'est le cas pour certaines espèces, comme pour la vigne d'Aphytis, dont les rameaux, alors, prolifèrent (voir le témoignage ci-après, pour la Pallène, **16**). Et Théophraste ajoute un autre exemple:

Καὶ ἐν Ἀκάνθῳ δὲ ἐπὶ τέτταρας ὀφθαλμοὺς ἐλαχίστους τέμνουσιν.

A Acanthos aussi on taille au minimum à quatre bourgeons

C'est donc une «taille longue» qui est pratiquée, la «taille courte» stimulant la pousse du «bois» et du feuillage, au détriment sans doute du fruit. Les vignes d'Acanthos étaient donc d'une exceptionnelle vigueur – due au cépage ou au terroir.

Il est à peine besoin de souligner la qualité du témoignage de Théophraste: propriétaire d'une terre à Stagire (Diogène Laërce, V, 52), Théophraste visitait en voisin le vignoble d'Acanthos.

3. Thucydide, IV, 84-88

En 424 av. J.-C., le Spartiate Brasidas remonte jusqu'à la Macédoine et la Chalcidique avec une armée, et il se présente avec elle et des troupes chalcidiennes devant les murs d'Acanthos ὀλίγον πρὸ τρυγήτου, *peu avant la vendange*. Les Acanthiens sont divisés, mais διὰ τοῦ καρποῦ τὸ δέος ἔτι ἔξω ὄντος, *craignant pour la récolte qui était encore dehors*, ils acceptent de l'entendre. Brasidas promet l'autonomie et demande une alliance, et menace, en cas de refus, d'employer la force γῆν τὴν ἡμετέραν δῃῶν, *en ravageant votre terre*. A la suite de ce discours, διὰ τὸ ἐπαγωγὰ εἰπεῖν τὸν Βρασίδαν καὶ περὶ τοῦ καρποῦ φόβῳ ἔγνωσαν οἱ πλείους ἀφίστασθαι Ἀθηναίων, *tant parce que Brasidas avait parlé de façon séduisante que parce qu'ils avaient peur pour leur récolte, la majorité décida de se séparer d'Athènes*.

On remarque l'insistance portée par l'historien sur la cause économique de la soumission. Brasidas a choisi son moment; pour la même raison que, dans les mêmes années, les armées lacédémoniennes envahissent l'Attique «lorsque la moisson est mûre» (II, 19; III, 1) ou avant la maturité (IV, 2), il arrive ici avant la vendange. Et, ce qui est plus grave que pour le grain, les Acanthiens ne perdront pas seulement leur vin de l'année: en Attique on brûle, on scie les vignes – c'est la grande peine du vigneron Trygée dans la *Paix* d'Aristophane. Il faudra donc replanter: or un cep nouveau met cinq ou six ans à produire. Acanthos était plus vulnérable parce qu'elle était une cité viticole. Et si l'on donne son sens plein à ce passage de Thucydide, particulièrement attentif ici à son information (c'est le moment où il est stratège à Thasos, deux ou trois mois avant l'affaire d'Amphipolis), on admettra l'importance vitale du vignoble acanthien.

Cette importance, et la qualité du vin **1** ainsi établies, répondent à la fabrication, pour le conditionnement et l'expédition du produit, d'amphores locales, qui viennent d'être identifiées. Elles portent, sur la partie supérieure des anses, des timbres circulaires, divisés en trois, cinq, ou le plus souvent quatre secteurs par des rayons, des lettres ou des monogrammes de sens encore énigmatique. M. Nicolaïdou – Patera a rappelé, à propos de la collection d'Amphipolis, la documentation actuelle, et le problème que posaient depuis longtemps ces timbres particuliers[12]. K. Rhomaiopoulou a fait connaître d'autre part les amphores à ces marques, retrouvées dans la nécropole même d'Acanthos, et proposé leur attribution à un atelier local[13]. La trouvaille toute nouvelle de fours d'amphores à Acanthos a confirmé cette hypothèse (communication de Y. Garlan)[14]. Les amphores, au profil maintenant bien défini, et de divers modules, portant les timbres à la roue, se rencontrent en Macédoine, en Thrace (Amphipolis surtout), à Thasos (1 à 2% des trouvailles seulement) et sur les rives de la Mer Noire. Leur diffusion – souvent parallèle à celle des amphores thasiennes – révèle un commerce d'exportation actif aux IVᵉ et IIIᵉ siècles av. J.-C.

Le vin blanc de Mendé

La cité de Mendé, à l'extrémité de la Pallène, la plus occidentale des digitations de la Chalcidique, fut une cité viticole, comme l'attestent une production amphorique bien connue, et largement diffusée, un monnayage parlant, où triomphe Dionysos sur son âne, accompagné d'une vigne arborescente apparentée à celle des pièces de Maronée. Les témoignages littéraires qui établissent la notoriété du vin méritent pourtant d'être regroupés et réexaminés.

[12] *Amphores grecques*, p. 485-490, Bibliographie p. 487, note 2.

[13] *Amphores grecques*, p. 479-483.

[14] Congrès des professeurs d'histoire ancienne des Universités françaises (SOPHAU), Bordeaux-Blaye, mai 1987.

Comédie ancienne

1. Hermippos, Fr. 82 Kock: Athénée, 29 e

Dionysos fait une revue des vins, et parle lui-même:

Μενδαί ‹ῳ θ› ῶμεν καὶ ὃν οὐροῦσιν θεοὶ αὐτοὶ
στρώμασιν ἐν μαλακοῖς.

Au com te du Mendé mettons encore le fleuve de pipi que font les dieux mêmes dans leurs moelleuses couvertures.

2. Philyllios, Fr. 24 Kock: Athénée, 31 a

Παρέξω Λέσβιον, Χῖον σαπρόν,...
Θάσιον, Βίβλινον, Μενδαῖον, ὥστε μηδὲ κραιπαλᾶν.

Je fournirai du Lesbos, du Chio vieux, du Thasos, du Biblos, du Mendé, sans même le moindre mal aux cheveux.

3. Cratinos, Fr. 183 Kock: Athénée, 29 d

Νῦν δ' ἂν ἴδῃ Μενδαῖον ἡβῶντ' ἀρτίως
οἰνίσκον, ἕπεται κἀκολουθεῖ καὶ λέγει·
«Οἴμ' ὡς ἁπαλὸς καὶ λευκός· ἆρ οἴσει τρία;»

Mais, par exemple, qu'il voie un petit vin de Mendé à peine majeur, il le suit, il l'accompagne, et dit: «Las! qu'il est joli et blanc! Supportera-t-il les trois (parts d'eau)?»

Corpus hippocratique

Les références renvoient à l'édition Littré; la traduction est la traduction Littré, amendée.

4. *Des affections internes*, VII, 201

Régime en cas de pertes séminales.

Σιτίοισι δὲ καὶ ὄψοισι χρεέσθω ὡς διαχωρητικωτάτοισιν· οἶνον δὲ πινέτω λευκόν, μαλθακόν, Μενδήσιον.

En aliments de céréales, et en mets, il usera de ce qu'il y a de plus relâchant; il boira du vin blanc, moelleux, de Mendé.

Il faut manifestement corriger Μενδήσιον en Μένδαιον

5. *Des affections internes*, VII, 207

Il s'agit d'une maladie des reins où l'urine rendue est comme du jus de boeuf rôti.

...οἶνον πινέτω λευκὸν Μένδαιον μελίχρουν, ἢ ἄλλον λευκὸν τὸν ἥδιστον καλῶς κεκρημένον.

... il boira du vin blanc de Mendé, miellé, ou un autre vin blanc des meilleurs et bien coupé.

6. *Des affections internes*, VII, 209

Pour une maladie des reins venant, l'été, de la bile et du phlegme.

...οἶνον δὲ πινέτω Μένδαιον, λευκὸν, αὐστηρόν.

... il boira du vin de Mendé, blanc, sec.

7. *Des affections internes*, VII, 213

Il convient de soigner une maladie rhumatismale ayant de grandes ressemblances avec la coxalgie.

Ἢν κατ' ἀρχὰς τῇ νούσῳ παραγένῃ, εἰς μὲν τὸ ποτὸν χρὴ διδόναι οἶνον λευκὸν Μένδαιον ὑδαρέστερον ὡς πλεῖστον μεθ' ἡμέρην, καὶ μεθυσκέσθω ἄχρις ἂν αἱμοῤῥαγήσῃ κατὰ τὰς ῥῖνας˙ ὁκόταν δὲ ἄρξηται, ἐᾷν ῥυῆναι ἡμέρας τὸ ἐλάχιστον δέκα καὶ τρεῖς˙ ὅταν δὲ αὗται αἱ ἡμέραι διέλθωσι, μηκέτι μεθυσκέσθω, μηδὲ ὅταν ἄρξηται ἅπαξ ῥεῖν˙ πινέτω μέντοι ὀλίγῳ πλείονα τὸν οἶνον ἐπὶ σιτίῳ ὅκως ἂν ῥέῃ τὸ αἷμα: Ἤδη δέ τισι παυσαμένου τοῦ αἵματος, ἐῤῥάγη ἐς τὴν κύστιν καὶ ἐχώρησεν αἷμα καὶ πῦα˙ ἢν γοῦν ῥαγῇ, διδόναι τὰ αὐτὰ φάρμακα, ἅ καὶ τῷ στραγγουριῶντι, καὶ ἀπὸ τοῦ αὐτοῦ οἴνου διδόναι πλέον πιεῖν.

Etes-vous appelé dès le début de la maladie? Vous donnerez pour boisson le vin blanc de Mendé, coupé d'eau, et en grande quantité pendant le jour; le malade se grisera jusqu'à ce qu'il ait une épistaxis; quand le sang commence à couler, on laisse le flux durer au moins pendant treize jours; quand ces treize jours sont passés, le malade ne se grisera plus, ni même dès que le sang a commencé de couler; pourtant il boira, en mangeant, un peu de vin en excès afin que le sang flue. Chez quelques-uns il est arrivé que, le sang s'étant arrêté, l'explosion s'est faite sur la vessie, et le malade a rendu du sang et du pus. Dans ce cas on donne les mêmes médicaments que dans la strangurie, et on fait boire copieusement du même vin.

8. *Des affections internes*, VII, 229

En cas d'hydropisie, avec induration et gonflement du foie, le malade jeûnera dans les dix premiers jours.

...οἶνον δὲ πινέτω λευκὸν Μένδαιον ἢ ἄλλον τὸν ἥδιστον ὑδαρέα.

...il boira le vin blanc de Mendé, au tout autre très bon, coupé d'eau.

Ces dix jours passés,

...οἶνον δὲ τὸν αὐτὸν πινέτω.

... il boira le même vin.

Comédie du IVe siècle

9. Euboulos, Fr. 126 Kock: Athénée, 23 a

Σίκων ἐγὼ
βεβρεγμένος ἥκω καὶ κεκωθωνισμένος.
– Πέπωκας, οὗτος; ‹οὐχ ὅσον›πέπωκ' ἐγὼ,
μὰ ‹τὸν› Δία τὸν Μενδαῖον.

C'est moi Sicon; me voici bien humecté et bien empli de coupes. Tu as bu, toi? Pas autant que j'ai bu, par le Zeus de Mendé! «Invention d'ivrogne», commente justement Desrousseaux, à propos de ce Zeus, «de Mendé».

10. Ménandre, *L'ivresse*, Fr. 91 Kock (Koerte 264): Athénée, 146 e

Les humains se servent, dans les sacrifices, mieux que les dieux: un agneau de deux drachmes à ceux-ci; aux hommes bien plus.

αὐλητρίδας δὲ καὶ μύρον καὶ ψαλτρίας,
Μενδαῖον, Θάσιον, ἐγχέλεις, τυρόν, μέλι
μικροῦ ταλάντου...

pour eux ce sont joueuses de flûte, parfum, citharistes, vins de Mendé, de Thasos, anguilles, fromage et miel, pour un talent ou presque...

Banquet de Karanos

11. HIPPOLOCHOS DE MACÉDOINE: ATHÉNÉE, 129 d

Au banquet nuptial de Karanos, en Macédoine, on but des vins de prix, après d'autres, et après les spectacles offerts.

Ἐκλαμβάνει πάλιν ἡμᾶς θερμός τις καὶ ζωρότερος πότος, οἴνων ὄντων ἡμῖν Θασίων καὶ Μενδαίων καὶ Λεσβίων, χρυσίδων πάνυ μεγάλων ἑκάστῳ προσενεχθεισῶν.

Nous voici pris à nouveau par une boisson ardente et presque pure, les vins que l'on nous offrait étant de Thasos, de Mendé et de Lesbos; de très grandes coupes d'or étaient passées à chaque invité.

Exportation vers le Pont-Euxin

12. (DÉMOSTHÈNE) XXXV, *Contre Lacritos* (entre 355 et 340 av. J.C)

Le procès concerne un prêt maritime dont le plaideur, Athénien, poursuit le recouvrement. Le prêt de 3000 drachmes devait être garanti.

...ἐπὶ οἴνου κεραμίοις Μενδαίοις τρισχιλίοις, ὃς πλεύσεται ἐκ Μένδης ἢ Σκιώνης ἐν τῇ εἰκοσόρῳ ἣν Ὑβλήσιος ναυκληρεῖ.

... par trois mille kéramia de vin de Mendé à charger à Mendé ou Skioné, sur le navire à vingt rames dont Hyblésios est naucléros (§ 10).

L'hypothèque étant double du prêt, les trois mille *kéramia* sont donc estimés à 6000 drachmes. Hyblésios, qui doit franchir les détroits et naviguer à l'Ouest du Pont pour en ramener d'autres marchandises, n'exécute pas son contrat et notamment n'embarque à Mendé que 450 amphores (§ 20). Le plaideur rappelle qu'il est normal d'expédier vers le Pont du vin «de nos parages, de Péparéthos, de Cos, de Mendé et de bien d'autres villes» (§ 35).

Cassandre et Lysippe

13. Athénée, 784 e

Λύσιππον τὸν ἀνδριαντοποιόν φασι Κασάνδρῳ χαριζόμενον, ὅτε συνῴκισε τὴν Κασάνδρειαν, φιλοδοξοῦντι καὶ βουλομένῳ ἴδιόν τινα εὑρέσθαι κέραμον διὰ τὸ πολὺν ἐξάγεσθαι τὸν Μενδαῖον οἶνον ἐκ τῆς πόλεως, φιλοτιμηθῆναι καὶ πολλὰ καὶ παντοδαπὰ γένη παραθέμενον κεραμίων ἐξ ἑκάστου ἀποπλασάμενον ἴδιον ποιῆσαι πλάσμα.

On dit que pour faire un cadeau, lorsqu'il fonda Cassandreia, à Cassandre, épris de gloire, et qui voulait trouver un type spécial de vases, pour sa cité qui exportait en quantité le vin de Mendé, le sculpteur Lysippe mit tout son zèle à comparer beaucoup de kéramia de toute origine; et copiant de chacun quelque trait, il créa un modèle original.

Culture de la vigne; vins spéciaux, cépages de Mendé et Aphytis

14. Phainias d'Erésos, Fr. 30 M. II 301: Athénée, 29 f

Φησὶ δὲ Φαινίας ὁ Ἐρέσιος Μενδαίους τοὺς βότρυς ἐπὶ τῇ ἀμπέλῳ ῥαίνειν τῷ ἐλατηρίῳ· διὸ γίνεσθαι τὸν οἶνον μαλακόν.

Les gens de Mendé arrosent les grappes sur la vigne avec le suc du concombre sauvage et c'est cela qui rend le vin moelleux.

Sur l'usage du concombre sauvage à Thasos, voir ci-dessus, p. 32.

15. Papyrus de Zénon, Musée du Caire, Edgar 59083

On trouve en Egypte, avec d'autres cépages, le cépage de Mendé (janvier 257 av. J.-C.; voir le document cité à propos du Maronée **4**). Voir ci-après, p. 133.

16. Théophraste, *Des causes des plantes*, III, 15

Aphytis, voisine de Mendé, dans la Pallène, avait un cépage qui demandait à la taille des précautions.

Ἔνια... οὐ φέρουσι κἂν βραχὺ τμηθῶσιν ἀλλ' εἰς τὴν βλάστησιν τρέπονται καθάπερ ἡ ἀφυταῖος καλουμένη.

Certaines espèces ne supportent même pas la taille courte sans que la végétation s'exagère; ainsi celle qui est dite aphytaios.

Lexicographie

17. Pollux, *Onomasticon*, VI, 16, mentionne le vin de Mendé

Témoignage possible

18. Alciphron, III, *Lettres de Parasites* 2

...δεῖπνόν τε ἡμῖν ηὐτρέπισται γεννικόν, ἰχθὺς τεμαχίτης καὶ σταμνία τοῦ Μενδησίου νέκταρος, εἴποι τις ἂν πεπληρωσμένα.

Un splendide dîner était préparé pour nous: tranches de poisson, et stamnia pleins de Mendé - du nectar, pourrait-on dire.

On peut admettre, suivant Forbes (éd. Loeb, p. 153), que Μενδησίου est ici pour Μενδαίου.

Le vin de Mendé, apprécié en Attique dès la comédie ancienne **1** à **3** était, si l'on se fie du moins aux sources conservées, un vin blanc, et original à ce titre. Il est qualifié de λευκός par Cratinos, au Ve siècle **3**, et Hermippos **1** utilise pour le décrire une comparaison (le pipi divin) qui suggère une nuance jaune. C'est encore le Mendé blanc que prescrit le traité hippocratique *Des affections internes* **4** à **8**. Il y a là une nouveauté par rapport à la tradition homérique, qui ne connaît que le vin «noir», rouge ou feu; et le Chio et le Thasos gardent ces couleurs à l'époque ancienne. Le vin blanc a cependant des qualités à lui, que l'on avait découvertes dès le Ve siècle, et que les Anciens continueront, jusqu'à Galien, à apprécier. Cratinos considère le Mendé comme un vin délicat, qu'on boit jeune, qu'il ne faut pas couper d'eau, mais qui mérite qu'on le courtise **3**. L'auteur inconnu du traité *Des affections internes,* propagandiste convaincu du Mendé, au point d'en recommander l'absorption pour une ivresse thérapeutique, approuvait à l'évidence et faisait siennes les remarques sur les vertus du vin blanc qui sont développées dans le *Régime* et le *Régime des maladies aiguës:* légers, diurétiques, les blancs «humectent le corps», ils «échauffent sans dessécher», même s'ils sont secs. On les boit de préférence en été. Nos sommeliers le savent: plus fruités, les blancs n'ont pas le «corps», par défaut des éléments tanniques qu'apporte la macération. Ce n'est pas par hasard, sans doute, que le traité *Des affections internes* ne préconise que le Mendé sec (αὐστηρός) ou moelleux (μαλθακός), et que le doux (γλυκύς) n'apparaît pas: on sait que pour Galien, il n' y a pas de vin vraiment blanc qui soit doux: λευκὸς δὲ οἶνος οὐδεὶς γλυκύς ἐστιν, ἀλλὰ τινὲς μὲν αὐστηροί τε καὶ παχεῖς, τινὲς δ' ὑδατώδεις καὶ λεπτοί (ed. Kuhn, VI, 801).

Mais nous ne devons pas juger de toute la production de Mendé par le traité hippocratique. On ne doit pas estimer non plus qu'il ne s'agit toujours, comme le fragment de Cratinos peut le faire croire, que d'un petit vin (οἰνίσκος) amusant. Nous voyons, dès la comédie ancienne, chez Philyllios **2**, chez Hermippos **1**, et jusqu 'au IIIe siècle, que le Mendé est mis au rang des très grands crus: Chio, Thasos, vin «biblin» au Ve siècle, Thasos, Chio et Lesbos au IVe. Il est consommé avec eux dans la fête. Celui que l'on buvait, avec le Thasos, dans des coupes d'or aux noces de Karanos était une boisson précieuse **11**; et le «pipi des dieux» (ambré, madérisé? donc doux et vieilli?) était aussi d'une autre cuvée que le vin léger recommandé par les médecins.

L'exportation du Mendé, attestée par les trouvailles d'amphores sur les rives de la Mer Noire est bien illustrée par les détails qu'apporte le *Contre Lacritos,* qui évoque le navire lourd (*eikosoros*) chargé d'amphores, appareillant pour les détroits. Mais à lire ce discours, on conclut d'habitude, avec le plaignant, que le *kéramion* de Mendé, conditionnement compris, valait bien alors deux drachmes **12**. C'est un prix faible, et qui surprend. La qualité du vin acheté était-elle inférieure? N'est-ce pas plutôt que le prêteur, dans un contrat léonin, avait – espérant profit – sous-estimé l'hypothèque qui garantissait ses trois mille drachmes?

A partir du IIe siècle av. J.-C., le Mendé tombe dans l'oubli; il est ignoré des auteurs latins, et le témoignage (incertain) d'Alciphron est d'une littérature érudite, antiquisante, peu significative **18**. Le déclin, s'il eut lieu, aurait pu être dû à la disparition de la cité indépendante qui commercialisait le cru. Le texte d'Athénée **13** montre cependant qu'après l'écrasement de Mendé le roi Cassandre, grand bâtisseur, soucieux d'assurer l'avenir prospère de la cité nouvelle qui portait son nom, Cassandreia, fondée en 316 av. J.-C. sur le site de Potidée, voulut maintenir à son profit une exportation fructueuse. L'enjeu est souligné par l'intervention du grand sculpteur Lysippe, créateur d'un type nouveau de vase destiné à contenir le vin de Mendé. Essai remarquable, officiel, de *design* industriel; une pratique pour nous commune, assez originale pour le monde antique. Mais à côté de la recherche d'un contenant esthétique et pratique, d'un objet fonctionnel et élégant, cette tentative a un aspect administratif: elle accuse l'influence décisive du pouvoir politique dans le choix et la fabrication des vases à usage commercial. Le potier reproduisait le modèle imposé. Cette normalisation donne à l'amphore une forme particulière, qui indique l'origine: la collectivité, l'Etat, engagent leur responsabilité pour la qualité du produit exporté, et sans doute aussi pour la contenance moyenne d'un vase adapté précisément au trafic maritime. On retrouve ici des problèmes souvent envisagés lorsque l'on recherche les raisons du timbrage des amphores, et que l'on réfléchit sur la spécificité et l'évolution des formes: le texte **13** doit être au moins pris en compte dans ce débat. Et il peut être rapproché d'une certaine manière du passage de Pline (*H.N.*, XXXV, 161) commenté par A. Tchernia, rappelant l'exposition dans un sanctuaire de la cité d'Erythrées de deux amphores, d'un maitre potier et de son élève, chefs-d'oeuvre et sans doute aussi modèles.

On doit rappeler que les textes littéraires ne donnent qu'une idée partielle de la production viticole: ils attirent l'attention sur le vin de cru aux dépens du courant, de ce vin qui est désigné dans les papyrus de Zénon comme ἐγχώριος, qui reste anonyme et qui ne voyage pas. C'est sans doute en partie pour cette raison que la documentation sur Amphipolis est faible, même si les vignobles du Strymon étaient prospères, et le cas d'Abdère pourrait être semblable, dont les vignes ne sont évoquées que dans le *Péan* II de Pindare. Abdère avait pourtant des amphores à sa marque, que l'on connaît, pour le commerce de son vin; et on en distinguera peut-être pour Amphipolis. L'étude du matériel amphorique fournit ici des indications plus fines que les sources écrites; on doit continuer à exploiter ses progrès.

Quant à l'histoire des crus, connus pour leur marque (on range dans cette catégorie noble le Maronée, le Biblin, l'Acanthos, le Mendé), il importe aussi de garder prudence. Car la recherche sur la vigne, qui émigre, qui meurt, et sur le vin, vendu au loin, doivent intéresser un milieu géographique large, et la longue durée, tenant compte des complémentarités, des influences, des concurrences. L'histoire doit être globale, et ne sera achevée que lorsque seront rapprochées, comparées, les analyses documentaires et les enquêtes canton par canton aujourd'hui en cours. Cette réserve faite, on peut, pour le domaine envisagé ici, formuler quelques observations.

a) La Thrace, et en particulier cette région à l'Ouest de l'Ebre, a une production de vin qui remonte au moins au VIIIe siècle, et qui alimente un commerce par mer, avec des denrées de troc, métaux, peaux, bétail, esclaves; on recherche aussi ce vin comme butin. *L'Iliade* reste vague; la région désignée par l'*Odyssée* est celle de l'Ismaros. On proposera d'en rapprocher les monts «Biblins»: le cépage de Byblos, apporté par les Phéniciens, y prospère, et le vin produit, comme à l'Ismaros, suit le modèle du vin noir odorant et doux fabriqué dans la zone syropalestinienne.

b) La colonisation grecque installe au VIIe siècle les gens de

Chio à Maronée, ceux de Paros à Thasos et à Oisymé. Archiloque, parmi les colons, boit encore le vin d'Ismaros. Les vins de Chio et de Thasos connaissent ensuite la plus grande renommée, comme successeurs des vins «homériques». On voit pourtant que le Maronée, et surtout le Biblin de Thrace subsistent; certes, l'étude des amphores ne l'a guère confirmé jusqu'ici; mais il faut prendre garde: on connaît assez bien les amphores de Chio et celles de Thasos; ne pourrait-on rencontrer, dans les colonies de Chio et de Thasos, Maronée et Oesymé, productrices de vin, des amphores de types apparentés à ceux des métropoles[15]? Parallèlement, la colonisation eubéenne de la Chalcidique et andrienne à l'Ouest du Strymon conduisent à la constitution des vignobles d'Acanthos et de Mendé. Le Mendé est un rival du Thasos dès le Ve siècle; il offre des variétés nouvelles de blanc, et jusqu'aux qualités les plus fines.

Au Ve siècle, le vignoble de cru de la côte thrace, comme le vignoble de Thasos, profite de la prospérité de l'empire d'Athènes, qui crée un mouvement exceptionnel d'échanges dans l'Egée, et un commerce régulier avec les régions pontiques et danubiennes. Ces conditions se maintiennent ensuite; les banquiers d'Athènes commanditent encore au IVe siècle les bateaux de commerce qui emportent les amphores au Nord des détroits. Et la consommation de luxe à la cour macédonienne est favorable au Mendé comme elle l'est au Thasos[16].

Le silence se fait à partir du IIe siècle av. J.-C.. Peut-être ne faut-il pas trop spéculer sur cette absence de sources. Mais on sait que des crus nouveaux apparaissent, à Cnide, à Rhodes, dans le Dodécanèse, en Asie; le vignoble égyptien se développe, puis ceux d'Italie; le Chio et le Lesbos, tout en maintenant leurs qualités traditionnelles, s'adaptent, diversifient leur production; mais on oublie le Thasos, et il n'est plus question des vins de l'Egée du Nord et du Nord-Ouest. Lorsque Pline cherche une information sur le vin de Maronée, le vin fameux du Cyclope, il doit rapporter le témoignage du consul Mucianus, qui l'a dégusté sur place, a visité les chais, et décrit son expérience comme une curiosité.

---

[15] Information D. Courcoumélis.

[16] La question est posée en ce qui concerne Corcyre et Corinthe: voir la thèse de D. Courcoumélis, soutenue en novembre 1988 à l'Université de Provence.

III

LE VIN DE RHODES ET LES PLANTATIONS DU DÈME D'AMOS*

François Salviat

«Firmum ... hercle vinum et jucundum»
Aulu-Gelle, XIII, 5, 5

Si les amphores timbrées de Rhodes sont très largement connues, le vin de Rhodes, qu'elles contenaient, apparaît relativement peu dans les sources écrites anciennes. Des textes, assez abondants – Virgile, Columelle, Pline, Athénée, Macrobe, Isidore de Séville – mentionnent le raisin de table de Rhodes ou le cépage portant ce fruit: la *Rhodia*, aussi célèbre que la fameuse «Bumaste» comme vigne de treille. Les raisins secs de Rhodes sont du reste appréciés dès le Ve siècle avant J.-C. (HERMIPPOS, fr. 63 KOCK = ATHÉNÉE, I, 27f). Quant au vin, l'allusion qui lui confère le plus d'ancienneté et de noblesse me semble être un passage d'AULU-GELLE, XIII, 5, 5: Aristote mourant compare le Lesbos et le Rhodes (mais l'anecdote est-elle authentique?). Il est question du vin de Rhodes chez PLINE, *H.N.*, XIV, 7, 8 et 9 et surtout chez ATHÉNÉE, I, 32c. On apprend chez Athénée que le vin de Rhodes était mélangé d'eau de mer; il entrait dans la catégorie des vins *tethalattomenoi*; il était semblable au Cos, selon Pline. Si l'on veut imaginer les qualités de ce vin, on peut donc se reporter aux recettes que nous ont laissées les Anciens pour la fabrication du vin de Cos ou de ses imitations: encore était il moins «salé». En fait, le témoignage porté par les

* Article publié dans *La production de vin et de l'huile en Méditerranée*, *BCH* Supplement, XXVI, Paris 1993, éd. par M.C. AMOURETTI et J.P. BRUN, p. 151-161.

amphores marquées à la rose et datées par les prêtrises d'Hélios est d'un poids beaucoup plus grand que ces quelques références.

Il faut ajouter cependant, concernant la vigne, à l'inventaire des sources écrites des documents épigraphiques qui n'ont guère été exploités jusqu'ici. Il s'agit de trois stèles retrouvées à Hisarburnu, au Nord du cap Marmaritsa, dans la presqu'île de Loryma, dans la pérée rhodienne. Elles ont été publiées par Fraser[1]. Ces trois stèles, opisthographes, nous livrent trois baux lacunaires, de structure identique, au point qu'on peut les reconstituer l'un par l'autre, et de même date (vers 200 av. J.-C.).

Les terres cédées sont des terres de sanctuaire, dans le dème d'Amos. La durée du bail est de cinquante ans. Après la date, l'indication de l'identité des parties, la définition du loyer (240 drachmes annuelles pour le texte 8), les modalités de versement, les cas de sanction et d'éviction, on indique l'obligation faite au locataire de construire des locaux de service, et de planter le terrain en vignes et en figuiers. Cette clause est l'une des plus intéressantes pour ce qu'elle nous apprend, à date haute, de l'implantation d'un vignoble de qualité. On peut la lire clairement, en dépit des mutilations, sur deux des trois stèles (8 et 9). Elle n'a pas été commentée, faute, en partie, d'avoir été convenablement restituée.

Voici la copie fournie par les éditeurs, avec les compléments de G.E. Bean, en 9a, aux lignes 3 et suivantes:

[---]TIAMIOITA
[---]ΩΓΟΔΟ̣Υ̣ΤΑΝ
[-------------------------φυτεύσει] δὲ κατὰ μνᾶν ἑκάστα-
[ν τοῦ μισθώματος ἀμπέλους, φυτὰ] μὴ ἐλάσσω [χι]λίω̣ν, ἐμ μὲ-
[ν τᾶι λείαι βάθος ὀρύσσων τεσσάρων ποδῶν καὶ ἡμιποδίου,

[σπορ̣άν διαλείπων μὴ ἔλ]ασσυν ποδῶν ἕξ, ἐν δὲ τᾶι τραχεία-
[ι βάθος ὀρύσσων τεσσ]άρων ποδῶν, διαλείπων μὴ ἔλασσ-
[ον ποδῶν τεσσ]άρων, βάθος ὀρύσσων τὰν τράφαν κ̣α̣ὶ̣ ἐν τᾶι λ-
[είαι καὶ τᾶι] τραχείαι μὴ ἔλασσον πέντε ἡμιποδίων· φυτεύσ-
[ει δὲ καὶ] συκῆς, φυτὰ μὴ ἐλάσσω τεσσαράκοντα κατὰ μνᾶν
[ἑκάσταν] τοῦ μισθώματος, μὴ ἔλασσον διὰ τεσσαράκοντα π̣-
[οδῶν, βάθ]ος ὀρύσσων μὴ ἔλασσον ποδῶν τρ̣[ι]ῶν.

Il est cependant impossible d'admettre, comme on devrait le faire si l'on accepte le texte proposé, que l'on doive creuser à plus

[1] P.M. Fraser, G.E. Bean, *The Rodian Peraea and islands*, London 1954, p. 3 sq., sous les numéros 8-10.

de 1,35 m de profondeur en plaine (1. 5) et à plus de 1,20 m en terrain rocheux (1. 3) pour mettre en terre chaque plant de vigne. En fait, la restitution doit conserver la correspondance nécessaire entre les formules qui concernent les figuiers et celles qui concernent la vigne. Si l'on y veille, la difficulté disparaît. C'est pourquoi, je suggère d'écrire, en 9a, aux lignes 3 à 12, en modifiant les compléments entre crochets des lignes 5 à 7:

[--- φυτεύσει] δὲ κατὰ μνᾶν ἑκάστα-
[ν τοῦ μισθώματος φυτὰ ἀμπέλους], μὴ ἐλάσσω [χι]λίων, ἐμ μὲ-
[ν τᾶι λείαι μὴ ἔλασσον διὰ τεσ]σάρων ποδῶν καὶ ἡμιποδίου
[σποράν διαλείπων μὴ ἔλ]ασσον ποδῶν ἕξ, ἐν δὲ τᾶι τραχεία-
[ι μὴ ἔλασσον διὰ τεσσ]άρων ποδῶν, σποράν διαλείπων μὴ ἔλασσ-
[ον ποδῶν τεσσ]άρων, βάθος ὀρύσσων τὰν τράφαν καὶ ἐν τᾶι ἐν τᾶι λ-
[είαι καὶ ἐν τᾶι] τραχείαι μὴ ἔλασσον πέντε ἡμιποδίων· φυτεύσ-
[ει δὲ καὶ] συκῆς, φυτὰ μὴ ἐλάσσω τεσσαράκοντα κατὰ μνᾶν
[ἑκάσταν] τοῦ μισθώματος, μὴ ἔλασσον διὰ τεσσαράκοντα π-
[οδῶν, βάθ]ος ὀρύσσων μὴ ἔλασσον ποδῶν τριῶν...

De la même façon, on restituera dans les mêmes termes, sur la face a de la stèle 8, de la ligne 32 à la ligne 36:

[---9 l. --- φυτεύσει δὲ κατὰ μνᾶν ἑκάσταν τοῦ μισθώμα]τος φυτὰ ἀμ-
[πέλους, μὴ ἐλάσσω χιλίων, ἐμ μὲν τᾶι λείαι μὴ ἔλασσον] διὰ τεσσά-
[ρων ποδῶν καὶ ἡμιποδίου, σποράν διαλείπων μὴ ἔλασσον] ποδῶν
ἕξ, ἐν δὲ τᾶι τραχείαι μὴ ἔλασσον διὰ τεσσάρων ποδῶν, σποράν δια-
[λείπων μὴ ἔλασσον ποδῶν τεσσάρων... κ.τ.λ.]

Voici la traduction de ces clauses:

(Le locataire) plantera, pour chaque mine (100 drachmes) de loyer, au moins mille pieds de vigne; dans la plaine, avec un espacement de 4 pieds et 1/2 au moins (± 1,35 m), laissant des bandes cultivées intermédiaires de 6 pieds de large au moins (1,80 m); en terrain rocheux, avec un espacement de 4 pieds (1,20 m) au moins et des bandes cultivées de 4 pieds au moins; il creusera la tranchée, en plaine et en terrain rocheux à une profondeur de 5 demi-pieds au moins (0,75 m). Il plantera aussi des figuiers, au moins quarante pour chaque mine de loyer, avec un espacement de quarante pieds au moins, en creusant au moins à une profondeur de trois pieds.

1. Creusement des tranchées

Le texte ainsi présenté est clair. Aucun doute ne subsiste: les creusements dont la profondeur est définie aux lignes 8 (2,5 pieds, vigne) et 12 (3 pieds, figuiers) du texte 9a concernent la tranchée (*trapha*) destinée à accueillir les jeunes plants de vigne, et les fosses pour les plants de figuiers. Bean pensait qu'il s'agissait d'irrigation ou de drainage: ...«to dig an irrigation or drainage trench». «Probably the same trench ... would serve for drainage in winter and for irrigation in summer». Il faut évidemment renoncer à cette interprétation. En fait les prescriptions de profondeur concernant les sillons de plantation sont attendues et bien à leur place; elles répondent à des questions qui se posent en pratique et qui ont été traitées par les agronomes antiques.

Chez Xénophon, dans l'*Économique*, cette question est assez largement exposée (XIX, 2): le creusement le plus profond des fosses accueillant les plants doit être fait en terrain sec; de toute façon, «on ne creusera pas à plus de deux pieds et demi, ni à moins d'un pied et demi de profondeur». A Rhodes, on descend à deux pieds et demi de profondeur, ce qui est considéré comme un minimum: on mesure ici l'exigence du bailleur. Et il ne s'agit pas pour la vigne de fosses. Théophraste, dans son traité sur les *Causes des Plantes*, distingue aussi les terrains secs des humides, mais il indique – sans donner de mesures – des solutions plus variées. Voici la traduction du passage qui concerne ces problèmes (*CP*, III, 12): «En sol humide, il faut creuser des fosses (*gyroi*) qui ne soient ni larges ni profondes, pour éviter que l'eau ne s'y rassemble en abondance et ne fasse pourrir la plante; c'est pourquoi, si le sol est très humide, on plante au pal de fer. Et il ne faut pas non plus faire de piochage l'année même, ni l'année suivante, afin que le soleil sèche la terre qui entoure le plant. – Si le sol est aride et sec, il est évident que ce sera le contraire. Ce ne sont pas seulement des fosses, mais c'est toute la surface, dans la mesure du possible, qu'il faut défoncer, pour que ce défoncement complet accueille l'eau. Si l'on ne fait pas ainsi, on pratiquera des tranchées (*taphroi*) aussi profondes et larges que possible, et on piochera près des plants, afin qu'en été ils aient le moins de chaleur possible». Théophraste préconise donc: en terrain humide, des fosses étroites; très humide: le pal; en terrain sec: un défonçage; à défaut, des tranchées-sillons. C'est la dernière option qui est adoptée dans le cas des vignes d'Amos: des tranchées ou sillons, profonds de deux pieds et demi, suivant les alignements des rangées. Il s'agit, on le voit, d'un travail assez lourd. Dans la plaine, la plantation de chaque cep entraîne un creusement linéaire de 1,35 m: 1000 ceps, 1350 m ... On comprend que l'exécution d'une pareille tâche, à la charge du locataire, ait été précisée dans le bail.

On prendra la mesure des exigences des bailleurs en les comparant à la tolérance affichée par Virgile (*Géorgiques*, II, 188 et 289):

> *Forsitan el scrobibus quae sunt fastigia quaeras.*
> *Ausim vel tenui vitem committere sulco.*

2. Spora et disposition des ceps

On doit comprendre le terme *spora* (9a, 6 et 8a, 35 et les restitutions 9a, 6 et 8a, 34) ainsi que l'a fait Bean[2]: «a minimum space is to be left for corn...». C'est la bande entre deux rangs de vignes, utilisée comme «terre à semer». Ces cultures intercalaires sont connues dans le monde romain. On les trouve évoquées en Grèce chez Théophraste, de manière un peu incidente, la plate-bande cultivée portant le nom de *andèron*. Lorsque la vigne est plantée en sol humide, il faut, nous dit Théophraste, semer là orge et fèves, qui assèchent le terrain (*CP*, III, 15): c'est visiblement une pratique courante au IVe siècle av. J.-C. La mention de ces bandes intermédiaires cultivables dans le programme d'implantation d'un vignoble est cependant, me semble-t-il, inconnue ailleurs que dans notre texte rhodien. Mais elle est ici très remarquable: dans un vignoble de cru, on utilise encore le sol pour des cultures vivrières.

Ces bandes sont plus larges en plaine, où l'on plantera la vigne suivant le dispositif ci-dessous:

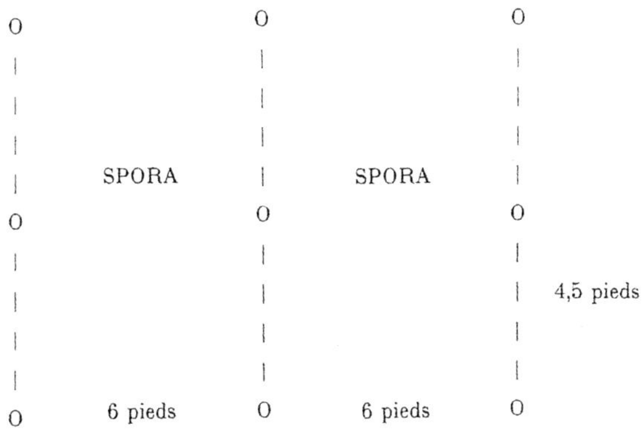

C'est la disposition dite «en ligne», où «les intervalles qui séparent les lignes sont plus grands que les distances entre ceps sur chaque ligne»[3]. Elle est la règle dans la plupart des vignobles français aujourd'hui; l'avantage est de faciliter le passage. Son choix a une

[2] Fraser, Bean, *The Rodian...*, p. 16.

[3] M. Chauvet, A. Reynier, *Manuel de viticulture*, Paris 1979, p. 49.

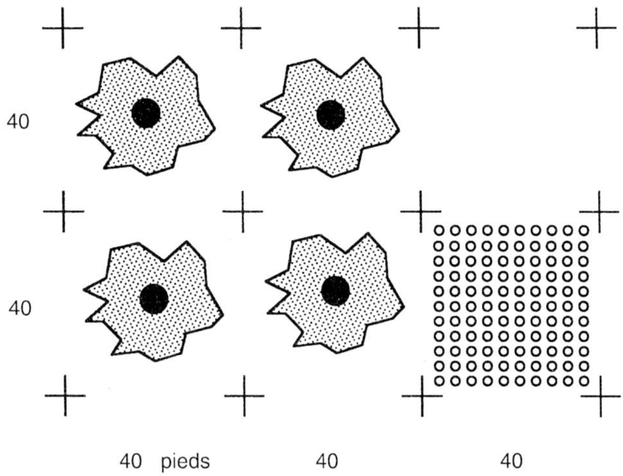

Fig. 1. Surface occupée par 4 figuiers et par 100 pieds de vignes (en terrain rocheux) suivant les prescriptions des beaux du dème rhodien d'Amos.

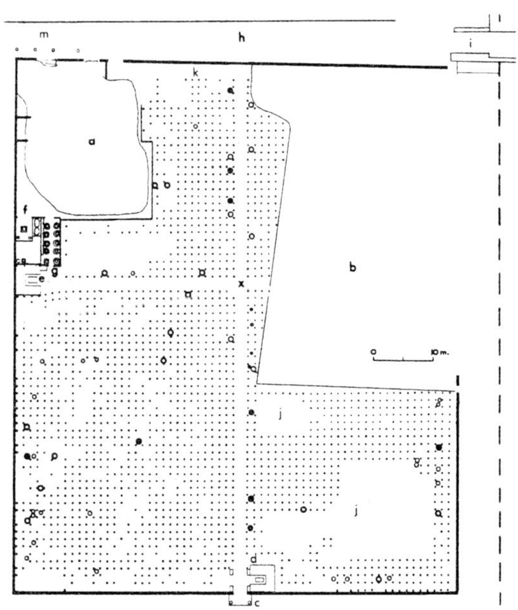

Fig. 2. Plan d'un vignoble de Pompei d'après W.F, JASHEMSKI, *The gardens of Pompei*, New Rochelle 1979, p. 298.

incidence directe sur la conduite de la vigne. Pour que la culture intermédiaire soit possible, il semble assez évident que les ceps doivent être palissés, de manière à ce que les rameaux n'embarrassent pas la *spora*.

En terrain rocheux, la *spora* peut être très réduite, égale en largeur à l'espace laissée par les ceps de chaque rangée, lui-même légèrement réduit:

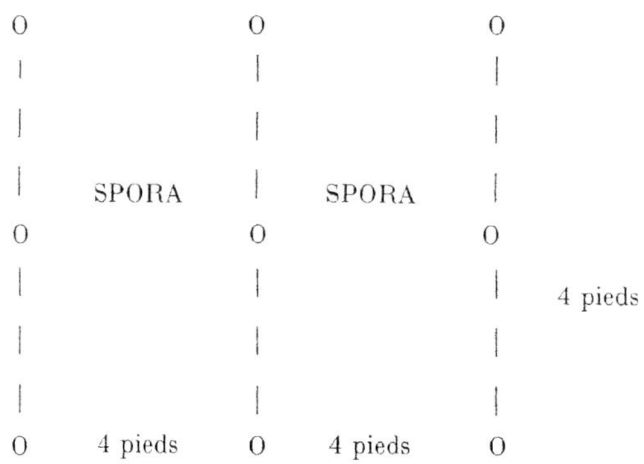

On admet ici, comme dans le cas précédent, que les plantations sont faites au cordeau, et qu'alignements, parallèles et angles droits sont recherchés suivant les recommandations que l'on trouve exprimées par exemple dans les *Géorgiques*, 277-278:

omnis in unguem
arboribus positis secto via limite quadret.

Il semble que l'on soit ramené, dans le cas du terrain rocheux, à la disposition dite dans nos manuels d'aujourd'hui «en plein», où «les ceps sont séparés par des écartements constants dans les directions principales[4], avec un «schéma d'arrangement en carré», où «le terrain est divisé en carrés égaux dont les souches occupent le sommet» et où «l'espace réservé à chaque souche est un carré égal aux

---

[4] CHAUVET, REYNIER, *Manuel...*, p. 148.

précédents». Mais l'existence d'une *spora*, dans ce cas encore, est en pérée rhodienne expressément précisée: c'est dire qu'il existe des alignements privilégiés entre les bandes cultivables; et par conséquent, suivant ces «lignes», le palissage est encore requis.

3. Échalassage

La disposition des souches «en lignes» et l'existence de la *spora*, espace cultivable, mais qui servait, aussi, au passage des vignerons pour la taille et les soins, supposent un maintien approprié, une discipline des rameaux, c'est-à-dire un recours aux échalas. L'étaiement des vignes est coûteux, en matériel et main-d'oeuvre. A. Tchernia, textes à l'appui, l'a justement souligné pour le monde romain[5]. Il a montré que si les vignobles italiques étaient échalassés, ceux d'Espagne échappaient à cette servitude onéreuse. Mais le vin produit par les vignes basses et sans support est moins bon. Pour la Grèce, la documentation est assez maigre. Mais la date haute de l'échalassage est attestée dans l'*Iliade* au chant XVIII, 563, puis au début du VIe siècle dans le *Bouclier* hésiodique (vers 298). L'échalas, soutien de la vigne, est désigné par le mot *kamax* – qui se retrouve dans une épigramme de Léonidas de Tarente, au IIIe siècle av. J.-C. (*AP*, VII, 731). Au Ve siècle, l'échalassage (avec le nom de *charax* cette fois), est attesté en Attique au début de la guerre du Péloponèse, par les allusions d'Aristophane, *Acharniens* 986 et 1291, puis par les stèles des Hermocopides. Il était pratiqué aussi à Corcyre, dans les vignobles possédés par les aristocrates qui furent mis à l'amende pour avoir coupé leurs *charakes* dans les domaines sacrés (Thucydide, 3, 70).

Les échalas (*charakes*) sont expressément mentionnés dans les baux d'Amos. On y apprend que la coupe est autorisée pour le locataire dans certaines zones boisées (10b, lignes 6-8) et Bean a rapproché cette indication de celles que l'on trouve dans les Tables d'Héraclée (*IG*, XIV, 645, ligne 146). Les vignes d'Amos reçoivent ainsi un équipement permanent; en fin de bail, les échalas qui se trouvent en soutien des vignes devront être remis aux bailleurs (9b, 1, 16 *sq*.). En cas de défaut, l'indemnité sera de 500 drachmes.

Les intervalles restreints entre les souches et l'existence de la

[5] A. Tchernia, *Le vin de l'Italie romaine. Essai l'histoire économique d'après les amphores*, Rome 1986, p. 181.

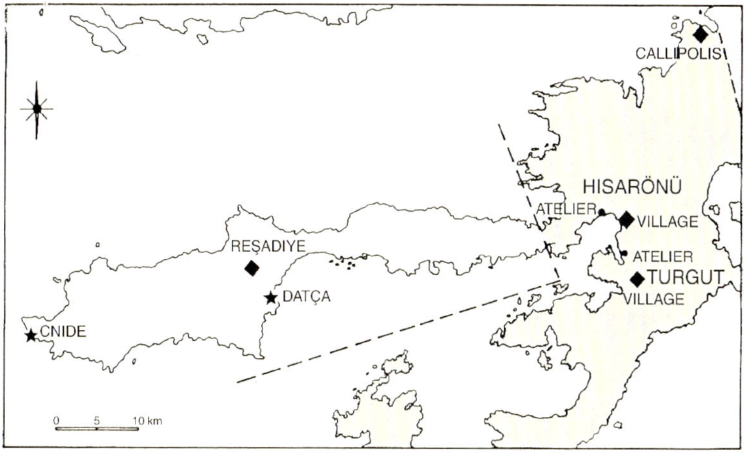

Fig. 3. Ateliers d'amphores dans la pérée rhodienne d'après J.-Y. Empereur, N. Tuna, *BCH*, 113 (1989), p. 277-299.

spora, en principe cultivable, font que l'échalassage devait entraîner, à Amos, un palissage dans l'alignement des rangées[6].

4. Densité

Un équilibre est recherché entre les figuiers qui occupent beaucoup de place, 144 m² pour chaque arbre, sans doute avec des cultures intercalaires, et la vigne. Quant à celle-ci, on calcule qu'en terrain rocheux (*tracheia ga*) où l'on plante plus serré, les 1000 ceps prévus pour chaque mine du loyer occupent 1440 m²; en plaine (*leia ga*) 2430 m². On compte donc 4100 à 7000 ceps environ à l'hectare. A titre de comparaison Guyot[7] prévoit au XIXe siècle en Champagne et en Bourgogne 10000 ceps à l'ha, soit 1 par m² mais c'est un maximum: on se reportera aux chiffres donnés par Billiard[8]. Pour le bail que porte la stèle 8, le loyer annuel étant de 2,4 mines, la superficie maximale occupée par la vigne était comprise théoriquement entre 3456 et 5832 m².

[6] M.-C. Amouretti, *REA*, 90 (1988), p. 12 et fig. 1-2.

[7] J. Guyot, *Culture de la vigne et vinification*, Paris 1861.

[8] Billiard, *La vigne*..., p. 300-301. Cf. aussi la discussion *infra* p. 559.

Les agronomes anciens se sont tous intéressés au problème de la densité de plantation des vignobles. Les exigences des bailleurs rhodiens s'inspirent d'un idéal: permettre aux racines et aux branches de croître sans gêne mutuelle, de manière à ce que chaque sujet puisse avoir le meilleur équilibre, et que l'ensemble présente un développement harmonieux. La nature des végétaux est à prendre en compte d'abord; mais Théophraste, le successeur d'Aristote, dans son traité *Sur les causes des plantes*, III, 7, insiste aussi sur l'adaptation aux qualités du sol:

Χρὴ δὲ καὶ πρὸς τὸν τόπον ὁρῶντα ποιεῖσθαι τὰς ἀποστάσεις˙ ἐν γὰρ τοῖς ὀρεινοῖς ἐλαττους ἢ ἐν τοῖς πεδεινοῖς˙ ἐπ' ἔλαττον γὰρ αἵ τε ῥίζαι προσάυξονται καὶ ἡ κόμη.

Il faut aussi, prenant en considération le lieu, faire des intervalles plus faibles en montagne qu'en plaine; les racines, de même que les rameaux, s'y développent moins.

On trouve là le commentaire direct et la justification des baux rhodiens. C'est aussi, chez les Latins, la recommandation de Columelle, qui se traduit pour la vigne par des chiffres: 5 ou 6 pieds d'intervalle en terrain maigre, 7 pieds en terrain fertile. Virgile, cependant, (*Géorgiques*, II, 274) et Pline (*N.H.*, XVIII, 25): 4 pieds en sol profond, 8 pieds d'intervalle en mauvais terrain, préconisent l'inverse.

Quoi qu'il en soit, on découvre ici dans la pratique, et dans un paysage rural précis, l'application des préceptes raisonnés des agronomes. Et c'est la première fois en pays grec. Mais on a les vestiges, en Italie, d'un vignoble organisé comme ces vignes rhodiennes: une plantation fouillée et décrite par Jashemski[9] offre le plan reproduit fig. 2. Les souches dont les archéologues ont relevé l'empreinte dans le sol sont espacées régulièrement de quatre pieds romains. C'est exactement le dispositif demandé à Rhodes (mais en pieds locaux), pour la *tracheia ga*. La rencontre est frappante. Elle montre la pérennité et l'extension méditerranéenne d'un même système de culture. Et l'on pourra, à partir des coefficients d'occupation des sols ainsi attestés, mieux apprécier, lorsque les textes nous livrent comme à Délos ou à Rhénée[10], le nombre de ceps plantés, la superficie en jeu. On notera qu'à Rhodes – comme à Pompei – les espaces laissés entre les ceps sont trop restreints pour que l'on

[9] Jashemski, *The gardens...*, p. 203.

[10] Voir la documentation reprise par M. Brunet, *BCH Supplément* XXVI, Athènes-Paris 1993, p. 202.

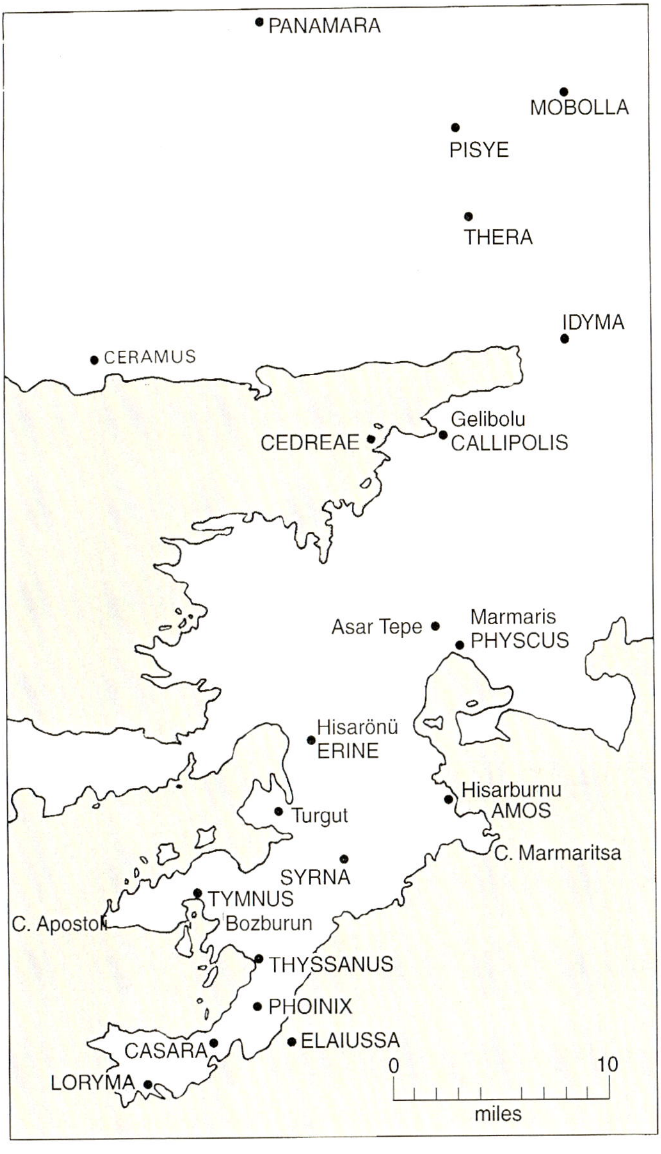

Fig. 4. La Pérée rhodienne d'après FRASER, BEAN, *The Rodian*... Dessin M. Borely (CCJ).

puisse utiliser l'araire: des plates-bandes de 7 pieds de large au moins sont nécessaires pour que l'on puisse labourer avec des boeufs. On travaillait donc à la main, à la houe et au bident.

5. Sortie du bail

A la sortie du bail, les plantations faites selon les règles devront être rendues avec des sujets «vivants», d'au moins dix ans d'âge. Il s'agit manifestement, pour l'état rhodien et pour le dème d'Amos, les bailleurs, de recevoir à ce moment un vignoble en bon état. On estime aujourd'hui qu'un cep commence à produire vraiment au bout de six ans. Mais les souches plus anciennes produisent un vin meilleur. Théophraste l'affirmait déjà: les vignes anciennes donnent des vins plus parfumés que les jeunes (*CP*, V, 16).

* * *

On mesure le soin et, peut-on dire, la science, apportés à ces installations de vignobles, avec des normes exigeantes, presque tatillonnes. Et l'on voit que la culture de la vigne était dans cette zone rhodienne, à la fin du IIIe, siècle avant J.-C., une activité justifiant des investissements, donc rémunératrice, et que l'on développait. Le vin produit était certainement destiné à l'exportation. Dans des secteurs voisins du dème d'Amos, localisé à Hisarburnu (Asarcik[11]) ont été signalés par J.-Y. Empereur et N. Tuna[12], des ateliers où l'on fabriquait des amphores dès le IIIe siècle avant J.-C.: à Hisarönü, à Turgut, au Nord de la péninsule de Loryma et à Gélibolu. Les amphores issues de ces ateliers entrent dans les séries rhodiennes; on suit leur diffusion en Méditerranée et même en Mer Noire. Les auteurs estiment que la production est à mettre en rapport avec les besoins des domaines viticoles exploités par des citoyens rhodiens sur le continent. Les baux d'Amos montrent comment furent créées ces vignes de la pérée.

En fait, la production d'amphores timbrées a commencé dans cette région rhodienne continentale au début du IIIe siècle. Il y avait donc déjà deux ou trois générations que l'on pratiquait, à la racine de la péninsule de Loryma, une viticulture travaillant pour l'exportation lorsque furent passés les contrats qui nous retiennent ici. C'est

[11] Fraser, Bean, *The Rodian...*, p. 57.

[12] Empereur, Tuna, *BHC*, 113 (1989), carte 279.

le succès déjà acquis du vin de Rhodes sur les marchés extérieurs qui a déterminé les gens du dème d'Amos et avec eux – Bean l'a justement souligné – l'état rhodien, à louer pour cinquante années et à mettre en valeur par la création de vignobles (et de vergers de figuiers) des terres de sanctuaire qui étaient encore, à la fin du IIIe siècle, ou vacantes, ou affectées à des cultures céréalières.

Bean conclut ainsi son commentaire sur les baux d'Amos: «the evidence points to a scheme for agricultural development on a considerable scale launched c. 200 B.C.»[13]. Il faut marquer cependant des nuances. On assiste bien certainement à une extension volontaire de la vigne et des vergers de figuiers, mais deux observations doivent être faites:

a) les parcelles données à bail sont – autant que l'on puisse en juger – de l'ordre de quelques hectares; elles sont distribuées à trois locataires au moins: il ne s'agit donc pas de constituer de grandes exploitations;

b) dans ces terres, les cultures vivrières doivent être poursuivies, entre les figuiers, dans les bandes intermédiaires entre les rangs de vignes et dans les zones non plantées.

Prudence dans l'investissement, avec des surfaces moyennes, et diversification des produits: c'est pour la cité une garantie d'équilibre économique et social, et pour le vin, qui nous intéresse ici, de qualité.

---

[13] Fraser, Bean, *The Rodian...*, p. 20.

IV

ORIGINE ORIENTALE ET DIFFUSION DES CÉPAGES GRECS

François Salviat

La vigne n'a qu'une vie relativement courte, et elle exige pour se reproduire un élevage en pépinière, pour se fixer et prospérer beaucoup de soin, dans la plantation, les façons, la taille. Elle peut apparaître et disparaître au gré de l'histoire des hommes. Elle prospère aisément en milieu méditerranéen; mais elle y a migré. Les Grecs qui l'appréciaient tant pensaient qu'elle avait surgi pour eux, comme un don divin. On a ainsi représenté, sur un cratère attique peint par Sophilos vers 560 av. J.C., le dieu Dionysos, l'initiateur de sa culture, portant un plant à racines visibles.

Eh quoi? Ne croyons- nous pas qu'un jour est apparue la vigne, alors qu'auparavant il n'y en avait pas? (PLATON, *Lois*, VI, 782 b).

Se pose ainsi le problème des origines et du développement des vignobles dans le milieu hellénique. A la différence de ce qui se passe pour le monde romain, il n'existe pas de traités techniques anciens, et par défaut de telles sources, pas de monographies ni d'étude ampélographique d'ensemble. Cette indigence pèse sur la connaissance d'un phénomène dont on sait pourtant l'intérêt.

Décrire les débuts du vin et de la vigne est encore hors de portée. Je ne remonterai pas au deuxième millénaire av. J.C.; les indices sont à l'helladique récent surtout des tablettes inscrites en linéaire B; assez sporadiques, bien que sûrs, ils doivent encore être scrutés. Je prendrai l'histoire au moment où fleurissent les poèmes homériques, en gros à partir du IXème siècle: ils évoquent une civilisation du vin déjà bien installée en pays grec-égéen au sens large. Nous avons à partir de là quelques pistes, il est au moins permis de s'interroger sur l'adaptation de cépages que l'on pourrait considérer comme «primitifs», sur leurs variétés, leurs parentés, leur diffusion, leur évolution.

Les résultats auxquels je suis parvenu dans cette approche provisoire sont en partie hypothétiques et doivent être soumis à discussion. Ma thèse sera celle-ci: l'origine des cépages nobles en pays grec est orientale.

Empédocle et Théophraste: primauté du terroir

Nous pensons assez volontiers, avec Olivier de Serres, que «le génie du vin est d'abord dans le cépage» (*Theâtre de l'agriculture et menage des champs*). Même s' il faut y ajouter toutes les conditions de culture et d'élevage du produit. Donner la primauté aux terroirs qui, on le constate, à cépages identiques, confèrent au vin des qualités différentes, est une option plus rare.

L'importance du sol est primordiale pour les Grecs d'époque classique. Le poète philosophe Empédocle d'Agrigente, dans son poème *Sur la Nature* composé au Vème siècle av. J.C., tenant compte des deux variables, subordonnait les espèces à la terre:

τὰς δὲ διαφορὰς τῶν χυμῶν παραλλαγὰς γίγνεσθαι τῆς πολυμερείας καὶ τῶν φυτῶν διαφόρως ἑλκόντων τὰς ἀπὸ τοῦ τρέφοντος ὁμοιομερείας ὥσπερ ἐπὶ τῶν ἀμπέλων. οὐ γὰρ αἱ διαφοραὶς τούτων ποιοῦσι τὸν οἶνον διαλλάττειν, ἀλλὰ τοῦ τρέφοντος ἐδάφους.

Les différences des sucs sont dues à des variations de leurs compositions multiples, et au fait que les plantes tirent différemment du sol nourricier les parties qui leur conviennent. Comme on le voit pour les vignes; ce ne sont pas en effet leurs différences qui font la variété des vins, mais bien celles du terroir qui les nourrit (frgt A 70 DK, 571 Bollack).

On peut en inférer une relative indifférence aux espèces, au moins en Sicile et pour cette époque. La même façon de voir, avec une théorisation plus apparente, car l'œuvre d'Empédocle se réduit à des fragments, est exprimée ainsi dans le IVème livre des *Maladies*, I (inclus dans le *Corpus hippocratique*) composé à la fin du Vème siècle: «*Deux terroirs fort voisins diffèrent par la bonté des vins, alors que le soleil y suffit également; c'est que l'un possède en son sol l'humeur qui rend le vin bon, l'autre non... Car la terre a dix mille qualités; c'est pourquoi les espèces qui viennent d'elle à l'origine n'ont rien de l'une à l'autre de semblable*» (Littré, VII, 546 = *Maladies*, IV, 34, 4). Pour ce médecin physiologue, contemporain d'Hippocrate, il y a une affinité essentielle, une «parenté» entre telle plante et tel point de la terre, s'exprimant par un suc, une humeur (*ikmas*) particulière. C'est du reste la variété des sols qui a fait la variété des espèces sauvages: toutes les espèces étaient à l'origine sauvages, avant que certaines n'aient été transformées par l'homme en végétaux cultivés.

Ces observations et ces réflexions sont reprises par le successeur d'Aristote, Théophraste, né un siècle plus tard, à Erésos, dans l'île de Lesbos, productrice de crus renommés: «*Dans les cépages de vigne apparaît la plus grande variété: autant il y a d'espèces de sols, autant – aux dires de certains – il y a d'espèces de vignes. Qu'on les plante conformément à la nature, et ils donnent de bons résultats; contrairement à la nature, ils sont stériles*» (*Histoire des Plantes*, II, 5, 7). C'est la même problématique qu'on trouvait chez Empédocle et le médecin des *Maladies*, I – anonymement cités – mais on note une évolution; l'approche est plus nuancée: les variétés spécifiques de vigne prennent de l'importance.

Théophraste connaît des vignes précoces et des vignes tardives; encore fait-il la part de la situation et du climat. Il insiste sur la variabilité et le passage dans une même variété aux raisins gris ou «fumés».

Pourtant il ne donne pas dans ses écrits de nomenclature de ces cépages, dont «*certains*», assure t-il, proclament l'abondance. Au cours de ses traités botaniques, *Histoire de Plantes* et *Causes des Plantes,* qui constituent la somme encyclopédique raisonnée de son époque (soit la deuxième moitié du IVème siècle av. J.C.) il cite ici ou là seulement, incidemment, quelques exemples rares. Mais on comprend qu'ils n'avaient pas pour lui un intérêt primordial; qu'ils n'étaient pas vraiment distingués, répertoriés; la «*grande variété*» en rapport avec les biotopes reflète un état théorique, qu'il ne lui paraissait pas nécessaire d'analyser. Quelques exceptions cependant. Il signale l'*aphytaios*, d'Aphytis en Chalcidique sur laquelle on pratique une taille courte (*CP*, III, 15, 5); la *kanthareos* dont on doit couper le bout de la grappe pour qu'elle reste saine (*CP*, II, 15, 5). (Dans la région de l'Ida, une «vigne» est décrite avec précision (*HP*, III, 17, 6)- mais il ne s'agit pas en réalité d'une vigne, peut-être une airelle). Il est manifeste que la collection d'espèces individualisées, nommées, était alors moins riche qu'elle le sera au temps des agronomes latins.

Dans cet état de désintérêt des traités théoriques anciens qui auraient pu nous éclairer, la démarche est plus délicate. La recherche sur d'autres sources écrites, en particulier littéraires, est nécessaire. A l'évidence, l'enquête documentaire ainsi menée ne nous apprend rien sur les productions courantes; elle distingue nécessairement des cépages qui sont signalés comme donnant des vins de qualité, de «bons» vins. Et qui persistent dans le temps; des cépages qu'on dirait «historiques». Leur considération nous conduira à conclure à la parenté des plants constituant les vignobles helléniques, et à leur dérivation de souches orientales elles-mêmes parentes entre elles.

Achille Tatius et la tradition phénicienne

Je partirai d'un texte d'Achille Tatius, du IIème siècle ap. J.C. (*Aventures de Leucippe et Clitophon*, II) qui me paraît chargé de sens historique. Suivant le mythe que les Tyriens rappellent aux fêtes de Dionysos Protrygaios («de la vendange») il apparaît:

τῆς ἑορτῆς διηγοῦνται πατέρα μῦθον, οἶνον ούκ εἶναί πω παρ' ἀνθρώποις, οὒ τὸν μέλανα, τὸν ἀνθοσμίαν, οὒ τὸν τῆς Βιβλίας ἀμπέλου, οὒ τὸν Μάρωνος τὸν Θρᾴκιον, οὒ τὸν Χῖον τὸν ἔκλευκον, οὒ 'Ικάρου τὸν νησιώτην, ἀλλὰ τούτους μὲν ἅπαντας ἀποίκους εἶναι Τυρίων ἀμπέλων· τὴν δὲ πρώτην παρ' αὐτοῖς φῦναι τῶν οἴνων μητέρα.

*... qu'autrefois le vin n'existait pas chez les hommes. Ni le vin noir, (ni) le vin à odeur de fleur (*anthosmias*); ni celui que donne la vigne biblia; ni le Marôn, (ni) le Thrace; ni le Chiote, (ni) le tout-blanc; ni le vin d'Icaros (ni) celui des îles; mais tous ces vins, disait-on, furent des colons de vignes tyriennes: la mère première de tous avait été plantée chez eux.*

Et Dionysos aurait révélé le vin à l'un de leurs bergers.

Remarquons d'abord que le premier produit cité, après le vin noir – dont la présence en tête n'est pas fortuite, on s'en convainc en lisant Homère – est un vin de grand prestige: l'«anthosmias» à odeur de fleurs. Vin de grand luxe, comme on le voit dans les *Grenouilles*, dans le *Ploutos* d'Aristophane ou chez Xénophon dans les *Helléniques*, VI, 2, 6 (il fait l'objet des exigences de soldats à Corfou); mais aussi plus tard chez Lucien; on le trouve en Italie (Clément d'Alexandrie, *Le pédagogue*, II, 30). On pourrait croire qu'il s'agit d'un vin particulièrement odorant par nature, et ce n'est pas exclu. Mais on peut aussi évoquer une recette que l'on trouve dans les *Géoponiques*, V, 51, d'après Florentinus (où le mot d'*anthosmias* n'est pas présent): il s'agit de recupérer par décoction le parfum de la fleur de vigne. «*Il faut verser sur la fleur que l'on a mise dans un récipient bien propre un volume égal de vin odorant et vieux*». L'anthosmias pourrait donc être, par un procédé voisin une liqueur de fleurs de vigne: on sait que la vigne en fleurs embaume.

Suivent dans le texte d'Achille Tatius plusieurs types de cépages qui sont dits ici descendre de vignes de la région phénicienne, parmi tous ceux que les gens de Tyr affirment venir de chez eux: Biblin, Maronée, Chiote, Icarien. Cette sélection n'a pas été proposée au hasard.

Avant d'envisager leur cas respectifs, il est bon de rappeler la réalité et l'ancienneté du modèle phénicien.

Le vin de Phénicie

On commence à connaître son histoire au Moyen-Orient; il est inutile de la reprendre; la vigne est chez elle en Phénicie de très bonne heure. On peut remonter au chalcolithique. Des sources égyptiennes écrites l'attestent, plus particulièrement pour la région de Biblos, dès le début du deuxième millénaire (dans la terre de Yaa, entre Liban et Antiliban: le vin était «plus abondant que l'eau»), et sous Thoutmosis IV, vers 1500 (Ullaza) (références chez A. Mele, dans *L'avventura del vino nel bacino del Mediterraneo*, Conegliano 1998, p. 49). La documentation locale directe concernant le deuxième millénaire est connue. Ougarit avait des vignobles, parfois de statut royal, ainsi que l'attestent des contrats enregistrés, et des vases-amphores (nommés *kd*): le type «de Canaan», ovoïde, sans col, à anses verticales, fournira le modèle et sans doute le module (vers 22 litres, selon Heltzer) des conteneurs commerciaux de la Phénicie de l'âge du fer, de Chypre, d'Etrurie, de Carthage; et dans le milieu égéen, avec un col et des anses mieux dégagés, des «amphores» poissées et bouchées.

Des références abondantes dans la Bible – depuis les débuts mythiques et les plantations de Noé – concernent au Liban et dans les régions immédiatement voisines le vin et la vigne (voir A. Mele, *op. cit.*, p. 50 sqq.). Osée 14, 7, évoque le parfum et la renommée des vins du Liban. On notera chez un autre prophète, Isaïe, au VIIIème siècle av. J.C., dans une parabole célèbre, l'évocation par Yaveh d'une vigne imaginée comme exemplaire, décrite enclose, échalassée, dotée d'une tour et d'un bassin de foulage creusé dans le roc, et plantée du cépage noble *sôrech* qui doit donner du vin de qualité.

(Dans *Isaïe*, 5, 3, voir le texte grec de la Septante qui a dû conserver pour le nom du plant le mot hébreu. Les traductions modernes sont toutes floues et insuffisantes: voir P. McGovern, *Ancient Wine*, Princeton 2003, p. 216-217).

A l'époque «historique» les mouvements d'exportation des vins phéniciens nous sont maintenant connus par un papyrus palimpseste d'Eléphantine qui livre un registre douanier en araméen de la satrapie d'Egypte, dans le deuxième quart du Vème siècle, sous Xerxès ou Artaxerxès 1er. Les amphores de Phénicie, contenant en particulier du vin dit sidonien (*sydnyn*), sont présentes par centaines dans certaines (six) des cargaisons taxées (voir P. Briant et R. Descat, "Un registre douanier de la satrapie d'Egypte...", dans *Le commerce en Egypte ancienne*, Colloque HDEA/IFAO, éd. par N. Grimal, Le Caire 1996). L'«amphore» est toujours désignée par le nom *knd*, sémitique (ainsi qu'il est reconnu par Masson) Ces vins pouvaient vieillir: leur âge est mentionné – année 10 ou année 11.

Hérodote d'autre part connaît aussi le vin phénicien exporté dans deux directions vers deux grands marchés:

a) Vers l'Egypte par mer: «*En Egypte sont importés de toute la Grèce, et aussi de Phénicie, chaque année des vases pleins de vin...*» (III, 6). En III, 20 Hérodote raconte comment le Perse Cambyse envoya en Ethiopie, pour amadouer le roi, parmi d'autres présents, un *kados* de vin de Phénicie (φοινκηίου οἴνου κάδον). Le roi méprise les autres cadeaux, vêtements, bijoux, parfums; mais il apprécie beaucoup le vin, et s'informe sur la fabrication de cette boisson inconnue de lui, qui lui plaît beaucoup (ὑπρεησθεὶς τῷ πόματι), et qui lui parait être un élixir de longue vie (III, 22). Autre témoignage egyptien: pour l'embaumement des corps de grands personnages, le plus soigné, le plus coûteux, dans une technique qui devait reproduire celle de l'embaumement d'Osiris lui-même, on procède au lavage des vicères οἴνῳ φοινικηίῳ, II, 86). Il ne s'agit pas, bien sûr, de «vin de palme» ainsi que le propose par exemple Legrand dans notre édition universitaire des Belles-Lettres, mais de vin phénicien, un luxe véritable (même si le vin de palme était connu en Mésopotamie par Hérodote, I, 193 et par Xénophon).

b) Du vin est exporté aussi de Phénicie vers la Babylonie, qui n'a pas de vignes si l'on en croit Hérodote. Il est contenu dans des vases appelés *bikoi*, transportés par terre d'abord, jusqu'au coude de l'Euphrate, puis sur de grands bateaux ronds, bateaux faits de peaux tendues (coracles) il descend le fleuve: Μάλιστα δὲ βίκους Φοινικηίου κατάγουσι οἴνου... «*Ce qu'on transporte ainsi, ce sont surtout des jarres contenant du vin de Phénicie*» (Babylonie: I,

194). On retrouve le *bikos*, récipient caractéristique dans l'*Anabase* de Xénophon, I, 9, 25 pour un vin sans origine indiquée, mais royal, bu par Cyrus et offert par lui à ses amis.

La Phénicie fournissait donc un vin de qualité, conditionné pour le voyage. Mais aussi un vin que l'on consommait suivant des pratiques apparentées à celles que l'on connaît dès l'épopée et qui se perpétueront dans les *symposia* de la Grèce. On en trouve la preuve au chant XXIII de l'*Iliade*: le premier prix pour la course aux jeux funèbres en l'honneur de Patrocle est en effet un cratère d'argent phénicien, ouvragé par «*d'adroits ciseleurs de Sidon*», acquis dans le commerce égéen. De même, dans l'*Odyssée*, IV Ménélas offre à Télémaque un cratère d'argent, un cadeau qu'il a ramené de Sidon: «*Il me vient de Sidon, du seigneur Phaidimos, ce roi qui m'abrita dans sa propre demeure quand je rentrais ici; je veux qu'il t'appartienne...*». Le mélange de vin et d'eau dans un récipient spécial pour un usage aristocratique collectif, serni rituel, était donc en usage en Phénicie tout comme dans le monde grec homérique – que ce soit devant Troie, en Laconie chez Ménélas ou à Ithaque chez Télémaque fils d'Ulysse.

Il est certain enfin que le vin de Phénicie, asez fort pour supporter le voyage et le mélange, était exporté vers la Grèce à l'époque classique. Nous évoquons plus loin Archestratos de Géla (ci-après, p. 123). On doit le reconnaître aussi absolument, dans deux fragments d'Ephippos cité par Athénée (29 d) juste après sa citation d'Archestratos, sous le nom de *phoinikinos*:

> Κάρυα, ῥοίας, φοίνικας, ἕτερα νώγαλα,
> σταμνάρια τ' οἴνου (μικρὰ) τοῦ φοινικίνου

Καὶ πάλιν·

> Φοινικίνου βῖκός τις ὑπανεῴγνυτο

Des noix, des grenades, des dattes, d'autres friandises, et de petits stamnoi *de vin phénicien. Et encore: On ouvrait en cachette un* bikos *de vin phénicien.*

Il ne s'agit manifestement pas de vin de palme – option malencontreuse et répandue, celle de Desrousseaux (CUF) et des lexiques de Bailly et Liddell-Scott-Jones.

Au milieu du IIIème siècle, nous trouvons dans le dossier des papyrus de Zénon un témoignage sur un vignoble d'Apollonios exploité à Baitanata, au Sud-Liban, non loin de Tyr (voir ci-après p. 131). Le relais des vins «phéniciens» anciens est pris à l'époque romaine par les vins de Palestine, qui jouissent d'un grand prestige, égaux des Chio et des Falerne, ainsi que l'atteste la diffusion large des amphores à partir de cette région et des témoignages littéraires, dont les vers de Sidoine Apollinaire (XVII, 15):

Vina mihi non sunt Gazetica, Chia, Falerna,
Quaeque Sarepteno palmita missa bibas.

Revenons maintenant à Achille Tatius et à sa liste de cépages.

Cépages adaptés en milieu hellénique

Vin biblin (voir les textes ci-dessus, p. 79 sgg.)

Un premier cépage noble, mentionné par Achille Tatius, est le biblin, qui donne le *biblinos oinos* (avec diverses orthographes). De longue notoriété, il est sûrement d'origine orientale; l'adjectif dérive du nom de Biblos, la plus septentrionale des trois grandes villes côtières phéniciennes, située un peu au nord de l'actuelle Beyrouth.

Le biblin est répandu largement et durablement dans le monde hellénique. Il est planté en Béotie, près de l'Hélicon, aux temps où le poète-paysan Hésiode, au VIIIème siècle av. J.C. compose *Les travaux et les jours*: parmi les joies de l'été, il y a celle de boire «à l'ombre d'un rocher» ce vin biblin. Il est aussi cultivé au nord de l'Egée, dans la région côtière à l'ouest de l'actuelle Cavalla: le massif littoral, aujourd'hui dit Symbolon, au pied duquel poussaient les vignobles, y portait le nom de «monts biblins». Il apparaît, venant de là, en Sicile, sous le nom dc cépagc *iléos* ou *eileos*, qui donnait à Syracuse le vin dit *Pollios* du nom de son propagateur; on rencontre le vin biblin dans une *Idylle* de Théocrite. Le même cépage se trouve aussi dans les Cyclades, à Naxos; en Grande Grèce, a Héraclée de Lucanie, des noms de lieux semblent bien dériver de la culture de vignes de ce cépage biblin.

Le vin fabriqué avec les fruits de cette vigne *biblia* ou *biblinè* est en Sicile hellénistique un vin doux, aromatique; pour le berger de Théocrite il reste aussi parfumé, vieux de deux ans, que le moût au sortir du foulage. Mais c'est chez le Béotien Hésiode, au VIII^éme^ siècle av. J.C. que l'on découvre les qualités du vin biblin (*Travaux*, vers 589) et surtout la manière de le préparer. Le vin est noir, ou plutôt couleur de feu (*Aithops*, vers 592); on verse, pour le consommer, trois fois son volume d'eau. La vendange se fait «*quand Orion et Sirius auront atteint le mileu du ciel*», au lever d'Arcturus (14 septembre) en une seule opération concernant «*toutes les grappes*», ce qui suppose l'homogéneité des plantations (vers 609). Le processus de vinification est indiqué avec précision dans *Les travaux et les jours*: le poète insiste sur le passerillage des raisins, qui doivent rester dix jours exposés au soleil, et à l'ombre cinq jours. On foule par conséquent et on met le moût à fermenter dans des vases au tout début d'octobre. Il en résultait donc donc un vin alcoolisé, à la hauteur des 16° obtenus par la fermentation normale des raisins, avec un excès de sucre. Un vin fort, doux; un solide vin de garde – apte aussi à supporter le transport.

La noblesse du produit apparaît bien dans l'*Ion* d'Euripide: pour fêter les retrouvailles avec son fils, Xouthos offre à Delphes une fête (où Créuse fera verser du poison dans la coupe d'Ion): on y boit sous la tente monumentale où sont invités tous les Delphiens, dans des coupes de métal précieux, du vin biblin, mêlé d'eau dans des cratères d'or. Il s'agit sans doute du vin de la Béotie voisine, du vin d'Hésiode; bien sûr – dans l'or – une boisson de luxe.

L'origine phénicienne, assurée, est restée connue. On savait les mérites exceptionnels du vin biblinos d'origine, venu de Phénicie même: il est mis en tête des grands crus par certains connaisseurs, dans un fragment cité par Athénée du poète gastronome Archestratos de Géla qui rapporte ce jugement on il le compare au Lesbos (vers 330 av. J.C).

> Τόν τ' ἀπὸ Φοινίκης ἱερᾶς τὸν Βύβλινον αἰνῶ·
> οὐ μέντοι κείνῳ γε παρεξισῶ αὐτόν. Ἐὰν γὰρ
> ἐξαίφνης αὐτοῦ γεύσῃ μὴ πρόσθεν ἐθισθείς,
> εὐώδης μέν σοι δόξει τοῦ Λεσβίου εἶναι
> μᾶλλον· ἔχει γὰρ τοῦτο χρόνου διὰ μῆκος ἄπλατον·
> πινόμενος δ' ἥσσων πολλῷ. Κοῖνος δὲ δοκήσει
> οὐκ οἴνῳ σοι ὅμοιον ἔχειν γέρας, ἀμβροσίᾳ δέ.
> Εἰ δέ τινες σκώπτουσιν ἀλαζονοχαυνοφλύαροι,
> ὡς «ἅδιστος ἔφυ πάντων Φοινίκιος οἶνος»,
> οὐ προσέχω τὸν νοῦν αὐτοῖς . . .

59. RIBBECK: ATHÉNÉÈ, 29 c. Voir la traduction ci-dessus, p. 27-28

L'ascendance orientale est donc bien claire pour ce cépage: la *biblia* ou *byblia ampelos* vient de Phénicie. Et il s'agit d'un cépage noble. Archestratos, le gastronome, préférait le vin oriental d'origine, biblin, mais «*venant de la sainte Phénicie*»; Il le goûtait, très vieux, le louait, regrettant un peu son manque de longueur en bouche, comparé au Lesbos, qu'il classait au-dessus. Mais on produisait du biblin prés de lui, en Sicile. Moins bon sans doute, à son jugement – au demeurant toujours raffiné, un peu snob – que l'original, mais certainement comparable à lui.

On le déduit sans peine: le cépage est oriental, mais le sont aussi les procédés de fabrication, à partir du fruit très sucré qu'il portait, et par longue fermentation, d'un vin de haut goût, capable de durer, de se conserver, de voyager, et son conditionnement en *cadoi*. Ceux-ci, vases céramiques spécifiques poissés et bouchés pour la garde et le transport, furent transférés de bonne heure dans le domaine grec, avec une modification de la forme, sous ce même nom parfois (ainsi, vers 650, chez Archiloque de Paros) mais surtout sous celui d'«amphores».

La Béotie avait des traditions cadméennes, c'est à dire phéniciennes, qui pourraient expliquer la pénétration préhésiodique. Mais c'est en Thrace côtière que l'acclimatation est surtout attestée, et par des témoignages qui remontent à la fin du VIème siècle ou au tout début du Vème (Epicharme); elle serait très surprenante, si nous n'avions connaissance par Hérodote de la présence ancienne de Phéniciens à Thasos: ils y exploitèrent sur la côte orientale les mines d'or de Kinyra (toponyme phénicien) avant l'arrivée des Pariens (vers 680) et y implantèrent le culte de Melkart-Héraclès. On peut aussi estimer qu'Abdère voisine, colonie ionienne archaïque, reprit un nom phénicien. Il est donc historiquement vraisemblable que les vignobles de la côte, au pied de la montagne qui porte aujourd'hui le nom de Symbolon, dans la région des antiques Antisara et Oisymé, et de Galepsos (au nom lui aussi phénicien) à l'est de l'embouchure du Strymon, furent alors constitués. Commerçants plutôt que colonisateurs en Egée, mais bien présents, les Phéniciens, de même qu'ils exportèrent la vigne à Carthage, ont aussi introduit sur le glacis de la Thrace, entre Strymon et Nestos, cette variété *biblinè*.

La durée de persistance du cépage en milieu grec pourrait être de l'ordre du millénaire: il est possible – si la lecture est bonne – que le nom du *biblinos* se rencontre encore à l'époque romaine sur une amphore fragmentaire de l'agora d'Athènes.

Vin et cépage de Maronée

Le texte d'Achille Tatius indique une ascendance phénicienne pour le cépage «de Maron». Celui-ci est en rapport avec un vin très ancien et très célèbre, le vin du Cyclope. J'ai cité les sources dans le recueil de mélanges en l'honneur de D. Lazaridès (voir ci-dessus, p. 74); et l'on peut se reporter aux observations produites: le vin de Thrace mentionné dans *l'Iliade*, IX, qui, transporté par mer, alimentait l'armée achéenne devant Troie, doit correspondre au vin de merveilleuse qualité donné dans l'*Odyssée* par Maron, fils d'Euanthos, à Ulysse, et qui enivra Polyphème ravi – car les Cyclopes connaissaient bien la vigne, mais pas un vin de cette excellence (voir ci-dessus, p. 75).

On remarquera que le témoignage du poème homérique est antérieur de peu à la colonisation grecque sur la rive thrace de l'Egée (on peut dater l'*Odyssée* du VIIIème siècle av. J.C.). Le vin qui charmera le Cyclope a été donné à Ulysse par Maron, prêtre d'Apollon, en reconnaissance, parce qu'il avait été épargné lors du pillage par les compagnons du héros de la ville des Cicones. Ulysse reçoit douze amphores de cette liqueur de choix, qu'il emporte sur ses vaisseaux. Or ces Cicones, connus encore d'Hérodote, sont des Thraces de la côte, qui ont une ville; ils avaient en celliers leur vin, plus courant que celui de Maron, qu'on leur a pris par force et qu'on se plait à boire. La Thrace, ou du moins certains de ses peuples indépendants, ouverts aux influences égéennes, produisait donc déjà un vin excellent, qu'on faisait voyager en amphores (et qu'on mêlait à l'eau dans le cratère) et d'autres vins plus communs.

Si l'on admet que le vin «biblin» du Symbolon près du Pangée provient d'une vigne anciennement introduite par les Phéniciens, on peut penser que le vin des Cicones, plus à l'est sur la côte thrace, fut lui aussi le produit de plants qu'ils apportèrent, dont le fruit sucré était apte à être traité par les techniques de vinification qui permettaient d'obtenir cette liqueur noire, odorante, douce et alcooli-sée à la fois, pour Polyphème exceptionnelle, qui lui plut tant et l'enivra.

De même que les Cyclopes ignorants avaient des vignobles, qui ne donnaient rien de comparable, de même la vigne commune poussait en Thrace avant la venue des navigateurs phéniciens; les trouvailles archéologiques l'attestent: le raisin vinifiable était connu des puissantes civilisations néolithiques, agricoles et sédentarisées, des Balkans. Mais les Phéniciens pouvaient apporter dans ce milieu favorable leur culture particulière: leurs plants spéciaux, leurs méthodes, et proposer le goût et l'usage d'une boisson très attractive. Ces Phéniciens, opprimés par les Assyriens, s'étaient fait plus rares dans la région égéenne, laissant un vide dès le VIIIème siècle; une vague de colonisateurs grecs, partis des îles et d'Ionie, prit la relève: si Maronée en particulier fut occupée au VIIème par les gens de Chio, il est clair que ce fut parce qu'étant eux-mêmes producteurs d'un vin de prix et adonnés à son fructueux commerce, ils avaient pour ce canton de la Thrace un intérêt évident.

Vin pramnien (d'Ionie et d'Ikaros)

Le vin *biblin* qui est attesté chez Hésiode n'est pas le plus ancien que nous connaissions par les sources littéraires grecques. Dès l'épopée homérique, dans l'*Iliade* et dans l'*Odyssée,* apparaît le vin dit *pramnios*. C'est, en fait, l'icarien d'Achille Tatius.

Dans l'*Iliade*, XI, 639, le vieux Nestor boit dans sa coupe d'or du vin pramnien mêlé à du miel, du fromage de chèvre râpé et de la farine d'orge. La même recette – celle du cycéon – est mise en pratique par la déesse Circé dans l'*Odyssée*, X, 235: pour accueillir les compagnons d'Ulysse elle *«leur bat dans son vin de pramnos du fromage, de la farine d'orge et du miel»*. Le vin pramnien reparaît à Athènes, au début de la guerre du Péloponnèse; les deux esclaves des *Cavaliers*, 107 disent en dérober pour boire et mettre en verve leur imagination: d'où l'on pourrait peut-être inférer que la vigne pramnienne était alors cultivée en Attique – s'il ne s'agit pas d'un simple effet de parodie bouffonne. Aristophane mentionne du reste le vin pramnien en d'autres endroits (Athénée, 29a, Kock 317: il est rapproché du Chio, du Thasos, du Péparéthos, comme un vin fort, excitant à l'amour; voir aussi 30c, Kock 579). Le vin pramnien est recommandé (au IVème siècle) dans le traité hippocratique d'inspiration cnidienne sur les *Maladies des femmes* (Littré, VIII, 112), un traité où le vin intervient souvent dans les régimes; il y est qualifié dé «vineux» (οἶνον οἰνόδεα πράμνιον): il est lourd, il est fort. La vigne *pramnia* est encore présente chez Macrobe, III, 20, 7 et le vin *pramneios* dans l'énumération du lexicographe Pollux, VI, 16.

On peut penser que les qualités du vin pramnien étaient les qualités générales des vins homériques: un vin rouge ou noir, alcoolisé, élevé et conservé en pithoi comme au palais d'Ithaque. Pour Didyme, cité par Athénée, le «vin pramnien» serait le produit de la vigne pramnienne; pour d'autres, il serait serait synonyme de «vin noir» (I, 30 e). Certains y voyaient, par excellence, un vin de garde, avec une étymologic à l'appui (*paramenios*). Un passage d'Aristophane, qui lui trouve trop de force et d'astringence, laisse supposer qu'il était assez dur (579 Kock = Athénée, 30 cf), Une mention précieuse chez Dioscoride V évoque le passerillage des raisins (on y revient toujours), soit par exposition au soleil sur aire soit sur le cep même (sans doute après torsion et défoliation des sarments: cf *Géoponiques*, VII, 18, et ci-après, p. 139).

(On lit encore l'inscription peinte «*pramnios*» sur des amphores fragmentaires d'époque romaine, trouvées à l'agora d'Atènes. C'est donc encore un type de vin – un cépage – connu et apprécié sur la durée d'un millénaire: voir le témoignage de Macrobe, III, 20, 7).

Le cépage pramnien fut implanté en Ionie. Les sources le rattachent à Latoreia, bourg de montagne près d'Ephèse (Athénée, 31d d'après Alciphron) et à Smyrne (Pline, XIV, 54), régions où l'on produisit du vin de qualité jusqu'à l'époque de Dioscoride qui mentionne parmi les meilleurs le *Fugélitès* d'Ephèse. Galien cite dans la même région le *Tmolitès*, et Virgile un cépage *Tmolius*, ce qui confirme l'indication de Strabon sur la qualité des vins du Tmôlos et de la région (XIV, 1, 15). On comprend à partir de là l'importance du vin pramnien dans la poésie homérique: elle est ionienne; Homère était, disait-on, de Chio. Lesbos est aussi nommée comme hôtesse du pramnien: c'est un indice intéressant sur l'ancienneté des vignes lesbiennes et sur le modèle suivi par le vin lesbien, qui fut de bonne heure parmi les grands crus.

Par la suite la vigne «pramnienne» s'est maintenue par excellence dans l'île d'Icaros, voisine à l'ouest de Samos, et les Icariens l'ont revendiquée comme leur cépage propre (voir Sémos de Délos, chez Athénée, I, 30 d et Eparchidès, *ibid.*, 30c). C'est pourquoi lorsqu'il est question, dans Achille Tatius, de *«cépage d'Icaros»*, on doit comprendre très légitimement «pramnien».

Ephèse, Lesbos, Icaros. On reste là dans le domaine insulaire et la côte en frange de l'Asie. Il est tout à fait remarquable que les régions où sont signalés les cépages biblins et celles où le sont les pramniens, ne se recoupent pas. Etant donné la facilité des échanges vers la Syrie du nord, la revendication des Tyriens qui veulent faire du cépage pramnien un colon migrant des vignes de Phénicie est tout à fait plausible; il aurait plus particulièrement touché l'Ionie.

La vigne psithia. Une variété de pramnia?

On disait que la *psithia* pouvait être identifiée à la *pramnia* (Nicandre, *Alex.*, 181, cité par André, p. 131) et elle peut à ce titre nous intéresser. C'était une variété non située géographiquement. Le nom, sans doute parlant, reste obscur. Le sens paraît être celui de «vigne à raisin rare» ou de «vigne à petits grains» (J. André).

Il en est question dès le IVème siècle av. J.C.; mais sans doute est-ce un cépage plus ancien. Le vin psithien est cité chez les auteurs comiques. Chez Euboulos cité par Athénée (frgt. 138 Kock, Athénée, 28f): *«M'ayant fait goûter du vin psithien, du bon, et pur, – il m'avait pris assoiffé – à coups de vinaigre il attaque les huitres»*; et chez Anaxandridès (frgt. 71 Kock, Athénée, 28f): *«Un* chous *de psithien mêlé d'eau»*. Le raisin psithien apparaît à Cyrène à la même époque (voir LSJ; André, p. 151).

Le cépage est acclimaté en Italie. Pline identifie la *psithia* à l'*apiana* (*HN*, XIV, 81). Mais la *psithia* est aussi évoquée par Columelle, III, 2, 24, comme variété de *Graecula*; il estime que cette variété n'aurait en Italie qu'un faible rendement. Virgile, *Georgiques*, II, 93, considère qu'elle a surtout pour vocation de faire du *passum*, c'est à dire du vin de passerillage: *passo Psithia utilior* (au livre IV, 269, il indique que pour soigner les abeilles, on leur donne *psithia passos de vite racemos*). Ce qui rapproche encore la *psithia* des cépages anciens traditionnels de la Grèce et de la *pramnia*. On en. trouve la référence chez Stace, *Sylves*, 4, 1, 38. et chez Nicandre, *Alexipharmaca*. Elle est dans les *Géoponiques* comparée à la *Kerkyraia* et à la *chloris* (V, 2) pour ses qualités; et il est question là d'une variété à raisins blancs, s'accomodant, selon Florentinus de terres légères. Mais il existe aussi une variété à grappes noires, *melanpsithia,* chez Macrobe, III, 20, 7; le vin *melanpsithios* «vin de liqueur rouge» (André) est connu de Dioscoride, V, 5, 4 et d'Oribase, frgt 64.

Les cépages et le vin archétypal de Chio (voir ci-dessus, p. 60 sgg.)

Le cépage de Chio, en quatrième position dans la liste d'Achille Tatius, serait blanc, si l'on suit les traducteurs. Il y a là un problème. En effet, l'importance du vin de Chio dans la hiérarchie grecque est ainsi fort justement soulignée; mais les vignoble de cette île ne portaient pas à l'époque ancienne, du raisin blanc.

Plusieurs peuples ont revendiqué l'introduction de la vigne sur leur sol. A Chio, la légende était particulièrement enracinée: «*Théopompe, au livre dix-septième des Philippiques, dit que chez les Chiotes les premiers fut produit le vin noir; et que les Chiotes les premiers ayant appris à soigner la vigne d'Oinopion fils de Dionysos, qui fit aussi de leur île une cité unique, transmirent cet art aux autres hommes*» (Athénée, 26 bc). Oinopion, fils de Dionysos et d'Ariane, est connu aussi par Diodore, par le dramaturge Ion de Chio et par Critias d'Athènes. Il apparaît vers 540 av. J.C., identifié par une inscription peinte dans le champ, comme échanson de son père sur une amphore d'Exékias

Après les vins homériques, *in summa gloria* selon Pline furent le Thasos et le Chio (XIV, 9). Le terroir de Chio produisit le meilleur des vins grecs, au jugement de Strabon et de beaucoup. Au temps de Solon déjà, soit au début du VIème siècle, son prix était très élevé (Plutarque, *De tranquillitate animi*, 10 = 470 f). Dans l'île, ravagée pourtant par les Perses à la fin de l'époque archaïque, la culture de la vigne prospérait au Vème siècle. Au témoignage d'Athénée, le poète Ion de Chio, pour fêter sa victoire aux concours tragiques, aurait fait cadeau d'un *kéramion* (une amphore) de vin de Chio à chaque citoyen d'Athènes (Athénée, I, 2 f). Plutarque rapporte que Socrate disputait du vin de Chio et de sa cherté (*De tranquillitate animi*, 10). Et le poète Hermippos, de la comédie ancienne, faisant parler le dieu Dionysos lui-même, mettait le vin de Chio au-dessus de tous les autres, égalant à l'ambroisie et au nectar ensemble la variété particulière du *saprias* (voir ci-dessus, p. 17).

Les amphores dans lesquelles était diffusé le vin de Chio apparaissent dès le VIIème siècle. On en trouve en Egypte à Naucratis avec le cartouche d'Amasis. Leur panse est ovoïde; elles reproduisent le type ionien des amphores «à bandes», avec l'épaule décorée d'un 8 couché. Vers le milieu du VIème siècle on les reconnaît à un renflement du col, au-dessous de l'attache supérieure des anses. Dans le troisième quart du Vème siècle ce renflement disparaît (est-ce en rapport avec une réforme du système de mesure imposé par Athènes?). Les deux premiers types amphoriques connaissent la même diffusion remarquable dont A. Marangou a donné un aperçu, avec une carte: îles, Mer Noire, Grèce propre, Etrurie, Sicile sont concernées; mais nous retiendrons surtout ici, en rapport avec notre propos, Chypre, Al Mina, le Delta nilotique et des remontées en Haute-Egypte.

C'est dans ce secteur oriental que le commerce du vin «ionien» côtoie le commerce du vin phénicien. Le Papyrus d'Eléphantine cité plus haut, le témoignage d'Hérodote montrent le parallélisme des deux au Vème siècle, avec une prépondérance marquée de l'«ionien», par une navigation à partir du port de Phasélis. Dans ce secteur se sont nouées les pratiques d'échange, portant sur un produit élaboré d'abord dans la bande viticole du Liban actuel, copié plus au nord, sur le front asiatique et les îles. Au Vème siècle, le courant ionien l'emporte. L'engouement pour le vin de Chio, qui par excellence représente ce courant, est ici paradigmatique.

On trouve du Chio dans l'Egypte ptolémaïque: les cargaisons de navires contiennent des amphores *Chia,* et des demi-amphores, *hémichia,* recensées dans les papyri de Zénon au milieu du IIIème siècle. D'après le taux de la taxe douanière à Pélouse le prix de l'amphore de vin de Chio est estimé en 259 à 18 drachmes (Orrieux, p. 57), un peu moins élevé que celui de l'amphore de Thasos. Les papyri nous renseignent aussi directement sur la pénétration du Chio en Egypte: un vin de luxe, parfois désigné comme «vieux» (*PCZ*, 59110, 29-30: οἴνου παλαιοῦ ἡδέος; 257 av. J.C.; envoi depuis Alexandrie). Le Chio est alors un modèle, au sommet de la hiérarchie des crus.

Un passage d'Athénée, I, 32f, montre à la fois l'effort de diversification fait par les vignerons de Chio, et les qualités de leurs vins (source d'époque hellénistique?): «*Le plus agréable est le vin de Chio et dans les vins de Chio, celui qu'on appelle Arioussios. Il existe trois variétés: sec, doux, et le troisième, qui tient le milieu pour le goût, est dit* autocratos. *Le sec est bon en bouche, nourrissant, et diurétique; le doux est nourrissant, rassasiant, émollient de l'intestin, et l'*autocratos *tient le milieu à l'usage. D'une manière gé-*

nérale, le Chio est digestif, nourrissant, générateur de bon sang, très flatteur, rassasiant par suite de sa grande force». Galien range l'Arioussios parmi les vins ardents, échauffants même, et compare sa couleur à celle du Faleme fauve (XIII, 405), et dans les traités du médecin de Pergame le Chio est une référence constante: il y est rapproché du Lesbos de Mitylène, Eressos et Méthymna, comme vins de «*première catégorie*» (VI, 275-276) du Tmolitès d'Asie Mineure, mais aussi des vins italiques de même classe, Falerne et Sorrente, qu'il peut remplacer pour toutes les prescriptions. «*Si l'on n'a pas à sa disposition du vin de Falerne, prenez en un autre de couleur fauve (*kirros*) mais de consistance fluide, telle qu'il soit transparent; tel est l'Arioussios, qu'on cultive à Chio...*» (XII, 405). Vins puissants, ardents (*thermoi*), «vineux» (*oinôdéis*), *de* couleur fauve (*kirrhoi*); cordiaux efficaces en médecine, capables de ramener à la vie un malade déjà froid (XI, 604), mais qui sont défavorables aux tempéraments bilieux (VI, 803); déconseillés aux jeunes, ils sont bénéfiques aux vieillards (VI, 334).

On peut rappeler, pour bien fixer la place du Chio, la hiérarchie des vins d'après Galien (voir surtout VI, 276 et XI, 604):

	Italie	Asie
Cat. I	Falerne	Lesbos
	Sorrente	Ariousios (Chio)
Cat. II	Sabin	Tmolitès
	Albain	= Titicazenos, Arsuinos
	Adrianos	

Revenons à notre fil conducteur, Achille Tatius. Il ne parlerait apparemment, si l'on prend le texte tel qu'il est établi, articulé, et ordinairement traduit, que d'un raisin «tout-blanc». Mais les sources qui précèdent montrent en effet – contre un seul témoignage, celui de Diocoride, qui connaît une variété de vin blanc sec (V, 6, 11) – que le Chio n'est pas, normalement, blanc. Faut-il penser que le romancier a précisément voulu attirer l'attention sur une variété rare, mais remarquable, à son époque, de raisin chiote? On préférera d'autres solutions. L'une serait de scander autrement l'énumération et à traduire ainsi que je l'ai fait «*la variété chiote, (et) la variété toute blanche*». Une autre, que suggère A. Tchernia, consisterait à rapprocher l'*ekleukos* du *kirros* attesté: un vin en principe blanc, mais madérisé, ambré. Ce point restant un peu incertain, il subsiste pourtant toutes raisons d'admettre que le cépage (principal) de Chio, qui produisait un vin phare, et ceux de Phénicie étaient apparentés.

Et les raisins que portait ce cépage étaient adaptés à des traditions de vinification identiques. Il y a toutes chances pour que le *sa-prias*, élite des Chio, «ambroisie et nectar ensemble», ait été produit par surmaturation et passerillage de grains déhydratés, confits, avant le pressoir: pour cette inférence j'ai la caution de A. Tchernia.

Un témoignage décisif nous montre du reste que l'on produisait au Sud-Liban, à l'époque hellénistique, un vin de même goût et de même qualité que le Chio.

Le domaine de Baitanata et le goût du Chio

Voici ce témoignage. Au milieu IIIème siècle, nous trouvons dans le dossier des papyrus de Zénon une indication précieuse sur la qualité du vin produit dans un vignoble d'Apollonios exploité à Baitanata, au Sud-Liban, non loin de Tyr. Il comportait 80.000 pieds de vigne; il était géré par un certain Mélas; après une mauvaise passe, tout va mieux dans le domaine mieux administré; l'inspecteur, Glaukias, écrit à Apollonios: «*Il m'a fait goûter le vin et je n'ai pu deviner s'il venait de Chios ou du cru. Tu peux donc considérer qu'un sort heureux te favorise en toutes manières*» (mai 257, PSI 554; traduction C. Orrieux, *Les papyrus de Zénon*, p. 47). La différence avec le meilleur des vins grecs était indiscernable; cette identité de goût donne à penser qu'il s'agissait du produit du même cepage: même un amateur modeste ne confondrait pas un cabernet avec un pinot ni un sémillon avec un savagnin. On a rapproché, peut-être à bon droit, ce document du verset 5 d'Isaïe cité plus haut; C. Orrieux cite des «biblistes» qui traduisent par «muscat» le nom *sôrech* qui apparaît dans la parabole du prophète, et estime que le vignoble d'Apollonios a pu en être planté. Le rapport, d'une précision rare, sur le vignoble de Baitanata nous montre en tout cas qu'il produisait, au milieu du IIIème siècle av. J.C., un vin que l'on pouvait comparer et égaler au Chio, avec toute la noblesse qu'on lui connaissait: il fallait une noblesse égale des ceps, et des raisins adaptés à des traditions de vinification identiques. Vraisemblalement la même espèce. Je dois à G. Dorival un renseignement précieux: le mot *sôrech* renverrait à une souche sémitique évoquant la couleur rouge.

Adaptations géographiques et migrations

Les cépages grecs les plus nobles ayant une origine orientale, une fois acclimatés, ont pris des identités locales. Ils ont connu sous ce nom la notoriété, et ont été diffusés dans de nouveaux terroirs. Ils se confondent parfois en Italie, vers laquelle ils migrent, sous l'apellation de *Graeculae*, terme qui exprime bien leurs affinités génériques.

Tous les vignobles de grand cru ont eu des cépages propres renommés, exportés à l'occasion. Entrent dans cette catégorie la vigne de Chio, le Mendéen, le cépage «de Méthymna» de Lesbos (Virgile, *Géorgiques*, II, 90). Mais aussi, ce que l'on a moins remarqué, le cépage *Tmolius* mentionné par Virgile, *Georgiques*, II, 98, au même rang que le *Phanaeus* chiote. Il est en rapport avec la montagne du Tmolos en Asie Mineure. Il produisait le vin *Tmolitès* apprécié de Galien, qui le rapproche du Chio, du Lesbos, du Falerne et du Sorrente. Le *Tmolius*, nous l'avons dit, pourrait descendre de l'ancien *Pramnios* d'Ionie.

Le cas de la *Thasia* est exemplaire de cette mobilité (voir sur le vin de Thasos mon étude *BCH* Suppl. XIII, ci-dessus, p. 1 à 68; il faut y ajouter les références à Philostrate et Dion Chrysostome, p. 69). La vigne a été introduite sur l'île de Thasos (depuis Paros, la métropole? ou la Thrace, qui a une tradition «phénicienne»?) avec l'arrivée des colons pariens au VIIème siècle. La migration ultérieure du cépage de la *Thasia*, individualisé et ainsi nommé, est bien attestée: il est acclimaté dans des vignobles de la Chersonése de Thrace, où pourtant la tradition viticole remontait à l'âge homérique; en Italie, de conserve avec le cépage de Chio, et en Egypte.

On trouvait en Egypte une formule originale et, dans l'état de notre documentation, unique, qui témoigne de la créativité des vignerons: l'association volontaire pour faire un vin de cépages différents – vin d'assemblage comme l'est notre Châteauneuf-du-Pape. C'est le cas du vin sébennytique, au dire de Pline: «*Ab his dignatio est... Sebennytico. In Aegypto hoc nascitur tribus generibus uvarum ibi nobiles, Thasia, Aethalo, Peuce*» (XIV, 9, 2). Le plant *aethalus* n'est pas ailleurs signalé. J. André note que l'adjectif est une «latinisation de αἰθαλοῦς, forme contracte de αἰθαλόεις; «enfumé» et «brûlé». Il s'agit encore d'un de ces cépages «gris», qui semblent avoir été appréciés dans le delta du Nil (voir plus haut, *Pap. Zénon*). La troisième espèce, *Peucè*, n'est pas autrement connue. Mais nous savons, par Pline encore, que la variété de raisin thasienne importée en Egypte, mentionnée ici comme *uva nobilis*, était très sucrée, et laxative (*Thasiam uvam Aegyptus vocat apud se praedulcem, quae solvit alvum*, XIV, 22).

Le vignoble égyptien s'est progressivement constitué comme producteur de vins de cru. L'Egypte de bonne heure connaît le vin, mais un vin sans prestige. La région du delta est importatrice au Vème siècle, sous les Achéménides, nous l'avons vu, de vin ionien et de vin phénicien (sidonien) transportés par mer. Au IIIème siècle les papyri de Zénon nous montrent que l'Egypte ptolémaïque importe encore des vins grecs (Chio, Thasos...). Mais à côté de ces produits de luxe venus de l'extérieur il existe des vins de pays, qui progressent; les textes des papyri évoquent cette production, la plantation et le soin apporté aux vignobles locaux, Des cépages nobles sont introduits – tout d'abord de façon expérimentale. La culture de la vigne gagne; elle triomphera à l'époque romaine.

Dans les archives de Zénon on peut lire un document remarquable: une lettre de Nicias à Apollonios, datée du 19 janvier *257* av. J.C., qui nous fait connaître un choix de plants que l'on pouvait se procurer dans une pépinière modeste du Fayoum (*Pap. Zenon Caire*, 59033):

Nicias à Apollonios salut. Tu as écrit à Lysimachos au sujet des plantes pour [qu'il en remette à tes envoyés]. Lysimachos s'est trouvé parti à Alexandrie. Pour moi, j'ai fait faire à ceux qui sont venus le tour des jardins. Je leur ai montré qu'il n'y a pas chez nous de plantes et qu'on n'en produisait pas d'habitude, et ils s'en sont bien rendu compte eux-mêmes; mais nous en faisons venir de l'île d'Arsinoé car là-bas... et je leur ai demandé que soit désigné l'un de tes envoyés pour aller vers Lysimachos, car il aurait pu lui fournir des plants venant du bas-pays. Ils m'ont assuré qu'il leur suffirait de prendre, pour les planter, sur ce que nous avions. Nous leur avons donné tout ce qu'ils ont voulu des espèces dont nous avons écrit ci-dessous la liste. Porte toi bien.

Voici cette liste, pour ce qui concerne les plants de vigne:

καὶ ἀμπέλου καπνείου, Κιλικίας, Μενδαίον, Εὐδαμιδείου, Μαρωνείου, κολοκυν[θίνης], φοινίσσης, καπνείου, Ἀλεξανδρείου, βουμάστου... ερμύλου, δριμίος.

Les variétés de vigne sont: Kapneios de Cilicie; Mendéen; Eudamideios; Maronéen Kolokynthinos Phoinissè; Kapneios d'Alexandrie; Boumastos; (S)ermylos; Drimys.

Nicias insiste: le choix aurait pu être meilleur, et plus riche. Il est déjà, pour nous, significatif. On remarque deux cépages «gris», *kapneioi* (l'adjectif est déjà chez Théophraste). Un cépage se signale par le goût particulier de son raisin: Drimys (à saveur piquante, que les études de A. Tchernia ont bien définie). L'Eudamidéios reste inexpliqué: il pourrait tirer son appellation d'un nom de personne – de forme dorienne.). Kolokynthinos et Boumastos (connu ailleurs) tirent leur nom de la taille de leurs grains.

On note pour le reste l'origine double des plants.

Grecque, d'une part. Un cépage traditionnel ancien dont nous avons déj à traité est le maronéen. Le cépage (S)ermylos – s'il faut restituer ainsi – est peut-être fourni par la cité de Sermylia en Chalcidique à la racine de la péninsule centrale, la Sithonia, voisine de Cassandra. C'est de Chalcidique que provient aussi le Mendaios, de Mendé, qui fournit au IVème siècle un grand vin. On compterait ainsi trois cépages du nord de l'Egée: Mendéen, Sermylien Maronéen. Dont deux «classiques».

Origine orientale d'autre part. La Cilicie est productrice d'un vin connu: Athénée mentionne l'*abatès* qui en vient (33 b). On a pu hésiter pour la *phoinissé*: cépage «phénicien»? ou «pourpre» – comme la *purpurea* de Virgile? C'est la première solution, adoptée par exemple par Cl. Orrieux, qui me semble de beaucoup préférable. Nous avons évoqué plus haut le vignoble phénicien: on aurait là son cépage d'excellence, ainsi nommé désormais, assez répandu pour qu'il puisse porter une étiquette de provenance d'aussi large ouverture géographique.

Migrations en Occident (et retour): les aminées, de souche grecque

Mobiles, adaptables, les vignes grecques *Graeculae* ont donc passé à partir de l'époque hellénistique en Italie, via la Sicile et la Campanie; et en Gaule. Nous savons que la *balisca* (= *basilica?*) d'Epire a rejoint l'Espagne. Le bilan de ces mouvements est certes délicat à établir. A l'époque haute, ils se produisaient déjà. Nous avons vu la migration de la *biblinè* vers la Lucanie et la Sicile; mais il est un problème majeur, parallèle, directement lié à ceux que nous avons abordés: celui de la *vitis aminea*, trop souvent embrouillé.

Sur cette variété de vigne «principale» pour «les vignobles du sud de la péninsule» italique, on peut se reporter à la documentation réunie par J. André, *REL*, 29 (1952), p. 128-129 et p. 132 (sous-espèces *major*, *minor*, *lanata*, *gemina*, *scantiana*, etc., p. 153) avec les références à Caton, Pline, Columelle, Macrobe; et aux analyses de A. Tchernia, *Le vin de l'Italie romaine* (on se reportera à l'index p. 397). Le plus bel hommage lui est rendu par Virgile:

Sunt et Aminneae vites, firmissima vina,
Tmolius assurgit quibus et rex ipse Phanaeus...

IV. Origine orientale

Il y a encore les vignes aminées, aux vins corsés, auxquels rendent hommage le Tmolius et le Phanaeus lui-même, qui est le roi.
(*Géorgiques*, II, 97-98).

Or, selon Aristote, au frgt 495 Rose, précisément extrait d'une scholie à ce passage des *Géorgiques*, II, 97, les Aminéens seraient des Thessaliens qui auraient transporté des vignes de leur pays (*suae regionis vites*) en Italie. Il n'y a aucune raison de refuser authenticité à ce témoignage tiré de l'enquête très sérieuse des *Constitutions: Amineos Aristoteles in* Politiis *hoc scribit Thessalos fuisse qui suae regionis vites Italiam transtulerint atque illis inde nomen impositum...* Une scholie de Berne à Virgile *ibid.*, indique que ces *Aminei* étaient selon Varron, des Pélages. Ils auraient donné leur nom à ce cépage.

La question des Aminéens-Thessaliens a fait épandre une encre érudite abondante; on a beaucoup discuté sur eux (depuis J. Bérard jusqu'à D. Briquel, *Les Pélasges en Italie...*, dans *BEFAR*, 252 (1984), p. 604 sqq. avec la bibliographie antérieure) dans des débats contradictoires sur l'origine des peuples italiques. Sans qu'on s'intéresse d'abord vraiment au vin et à la vigne, dont la mention dans le texte de Virgile avait pourtant déclenché les commentaires anciens. Un article de C. van der Mersch, dans *Rivista di antichità*, V, 1 (1996), «Vigne, vin et économie dans l'Italie du sud grecque à l'époque archaïque» a recadré le débat; on y trouve p. 162 sqq. les références documentaires et bibliographiques, qu'il n'est pas besoin de reproduire ici. Mais les conclusions de cette étude sont hésitantes encore; il faut aller plus loin, et plus fermement.

On fera confiance à Aristote. Il est tout à fait possible qu'un plant de Thessalie ait migré avec des hommes en Italie méridionale à l'époque archaïque. Il devait s'agir non de vignes de la Thessalie intérieure, mais d'une vigne de la région des Magnètes, qui occupaient le pays de l'actuelle Volo et la péninsule du Pélion; leur vin est loué entre le Mendé et le Thasos, comme leur égal, dès le Vème siècle av. J.C., par l'auteur comique Hermippos, cité dans Athénée 29 e – et l'on doit supposer que ce fut le vin nourricier de l'enfance d'Achille selon l'*Iliade*. Nommé d'après le peuple migrant, l'aminéen (avec des variétés) serait ainsi à l'origine un cépage grec d'excellence; installé en Italie, il y fut considéré comme le plus noble, par Columelle et Pline; il se classe en tête du tableau hiérarchique dressé par A. Tchernia (*Le vin de l'Italie romaine*, Rome 1986, tableau p. 352; voir aussi ci-après, p. 224).

Avec ses raisins, coulant peu, on élaborait un vin de luxe, doux, fort, apte à vieillir, pouvant attendre en amphores vingt à vingt-cinq ans (A. Tchernia, *Le vin...*, p. 202 et p. 334) de tels mérites sont dans la tradition des grands crus grecs anciens. C'est d'abord, le cépage des vins de Campanie. Selon Pline, XIV, 22, l'*amminea gemina minor* poussait sur les collines de Sorrente. Columelle indique un plus vaste terroir: la «petite aminée jumelle», à petits grains et grappe double, peuple Sorrente mais aussi les entours du Vésuve *Campaniae celeberrimos Vesuvii colles Surrentinosque vestit* (*RR*, III, 2). Pour Galien (on verra les références chez A. Tchernia, p. 344) le vin «Amineum» est, plus largement, rattaché aux alentours de Naples. C'est la région des crus les plus prestigieux; le raisin aminéen fut celui qui y donna le champion de tous, le Falerne, égal du Chio grec, et en tous points comparable (Galien, XIII, cité plus haut), auquel, nos sources l'attestent, il pouvait être mêlé, qui mûrissait bien, que l'on consommait coupé d'eau, comme l'atteste Horace, *Odes*, II, 11, 20.

Quis puer ocius
restinguet ardentis Falerni
pocula praetereunte lympha?

Horace prépare de la même façon, dans le cratère, le Chio (*Odes*, II, 19).

Pour faire le meilleur vin, au sommet de l'éloge, et de plus grand prix, il fallait le meilleur cépage.

Nous avons la référence précise aux origines «aminéennes» du Falerne dans une remarque de Macrobe sur le rapport des noms de cépages aux terroirs:... *sicut uvarum ista sunt genera aminea, scilicet a regione: nam Aminei fuerunt ubi nunc Falernum* (*Sat.*, III, 20, 7). La source a été un peu occultée par violence philologique: Rose, J. Bérard ont proposé de corriger *Falernum* en *(S)alernum*). *Il* apparaît – et je m'appuie ici sur le jugement expert de A. Tchernia – qu'il est préférable, comme il arrive souvent, de conserver le texte sans le retoucher. On est en effet en présence d'un raisonnement déductif très clair: là fut établi (*fuerunt*, pense Macrobe) le peuple des Aminéens, *Aminei*, où est «maintenant» (*nunc*, du temps de Macrobe) le vin de Falerne: *Falernum*, tiré des vignes «aminées», nommées d'après le peuple qui a donné son nom à la région.

Le peuplement «aminéen» de ces vignobles oriente donc vers la Campanie la recherche du district anciennement occupé par les Aminéens. Certes la rencontre d'une inscription *amina*... sur une coupe de bucchero à Pontecagnano qui désignerait la région de cette trouvaille, me paraît surinterprétée par les découvreurs (voir G. Ballo Modesti, *AION*, VI, Naples 1984, p. 237 sqq.). Mais on peut être tenté d'adhérer à l'explication adoptée par J. Bérard, suivi par d'autres, de la glose d'Hésychius: 'Αμιναῖον· ἡ γὰρ Πευκετία

'Αμιναία λέγεται, qui attesterait, au prix d'une légère correction, Πικεντία pour Πευκετία, une implantation au Sud de la Campanie, chez les Picentins, dans la région de Salerne (voir la mise au point de D. Briquel, favorable à cette solution, *op. cit.*, p. 608)

On attribue surtout aux Aminéens la frappe à l'époque archaïque d'une monnaie d'argent incuse à légende AMI et à l'emblème du taureau de Poseidon, apparentée à celles de Sybaris, qui portent le même symbole, évoquant le rituel sacrificiel du grand dieu d'Hélikè (on se reportera commodément sur ce monnayage quasi fédéral à J.L. Lamboley, *Les Grecs d'Occident*, Paris 1996, p. 219 et p. 199). Les *Aminei* étaient donc établis dans la zone d'influence de cette très puissante cité de souche achéenne. Certains les situent pour cette raison à proximité, dans le Bruttium; on préférera, au vu du dossier, la facade tyrrhénienne, qui n'est pas très éloignée, solution alternative que certains ont privilégiée.

Thessaliens, parents en principe des Argiens, dont on retrouve la trace à Paestum-Posidonia, les *Aminei* avaient donc participé à la migration coloniale achéenne; et importé de bonne heure, avec leur vigne, les procédés de fabrication du vin «de liqueur» de filiation grecque – et, au-delà, de tradition orientale. Et il faut leur rendre cet honneur: ils sont ainsi à l'origine du Falerne, premier et plus ancien grand cru, toujours de grande renommée – identifié aussi comme Massique (Tchernia, p. 62, p. 342), avec les clos spéciaux du Faustinurn et du Caucinum – et de façon générale des grands vins perivésuviens. Il est sans doute important d'en prendre conscience claire.

Partie de Campanie où elle fut acclimatée avec pleine réussite, la vigne *aminea* est devenue en Italie la référence comme cépage noble; s'accomodant de terroirs divers. Et elle a voyagé encore au-delà.

On la rencontre à l'ouest à Béziers (inscription sur amphore). Fermant la boucle, elle est même revenue vers l'Orient, d'où elle était partie. On la signale en Egypte. Elle reparaît surtout à une époque récente en domaine hellénique, où s'est développé une sorte de militantisme agronomique – du moins à l'est de Byzance, en Bithynie; comme on le voit par les *Géoponiques*; elle a rejoint sans difficulté sur ces terres les vignes anciennes de la côte pontique connues de Xénophon, qui donnaient les vins de Sinope et d'Héraclée, exportés en amphores; elle pouvait cohabiter avec celles-ci parce qu'elle partageait ataviquement leurs propriétés. Cette espèce de vignes «aminées» est vantée par Florentinus, qui insiste sur leur caractère adaptable, sur la qualité du vin produit. Grimpantes, elles s'élèvent en Bithynie jusqu'à seize pieds de hauteur (IV, 1, 3). On vendange là cette aminéenne en même temps que la *drosallis*, à petites grappes, à gros grains, à laquelle elle ressemble (V, 17). (Il s'agit donc de la variété *aminea major*). L'une et l'autre donnent un vin doux.

Un autre lien des aminées avec l'Orient est à signaler: la *syriaca*, une aminée noire chez Pline et Isidore (André, p. 132, la signale comme un cépage importé de Syrie).

Pour (provisoirement) conclure: un raisin passerillé

En conclusion, on peut soutenir que le vignoble grec ancien donnant des vins de qualité et de prix s'est constitué à partir de cépages orientaux transplantés. Le milieu phénicien qui offrait un produit envié, avec l'exemple de sa consommation aristocratique et même «royale», semi-rituelle, a fourni les espèces, en même temps que les modèles de vinification, d'élevage, de conservation et de commercialisation en récipients céramiques imperméabilisés à la poix et scellés. Ceux-ci, qui apparurent au deuxième millénaire – les *kadoi* sans col de Canaan –, ont été reproduits de bonne heure avec leur forme spécifique – à Chypre, en Cilicie; puis dans toute dans toute l'Egée, sous la forme dérivée de l'amphore. Les vignes nobles étaient bien établies à l'âge «homérique» au moins, soit au IXème VIIIème siècle av. J.C, en Thrace, en Ionie, dans les îles. Dès l'époque archaïque elles migraient vers la Sicile et l'Itale. Au Vème siècle, le domaine grec ainsi peuplé l'emportait de beaucoup en extension et en volume produit sur la Phénicie initiatrice. Il était devenu lui-même et resta aux temps qui suivirent un modèle; il redistribua ses plants.

Les cépages choisis, de faible rendement, mais de qualité, portaient des fruits très sucrés. La déshydratation systématique des raisins – mais il fallait qu'ils s'y prêtent – augmentait la concentration du sucre. Il me semble utile d'insister, pour finir, sur la diffusion de cette pratique qui me paraît être essentielle pour rendre compte et du choix des vignes et du caractère des vins grecs.

La première mention en est dans l'*Odyssée*, VII, 121-126: la description du jardin d'Alkinoos (dans l'île des Phéaciens, soit Corcyre = Corfou) distingue des raisins hâtifs, d'autres tardifs, et décrit toute une activité viticole.

> ἔνθα δέ οἱ πολύκαρπος ἀλωὴ ἐρρίζωται,
> τῆς ἕτερον μὲν θειλόπεδον λευρῷ ἐνὶ χώρῳ

τέρσεται ἠελίῳ, σταφυλὰς δ' ἄρα τρυγόωσιν,
ἄλλας δὲ τραπέουσι· πάροιθε δέ τ' ὄμφακες εἰσι
ἄνθος ἀφιεῖσαι· ἕτεραι δ' ὑποπερκάζουσιν.

Plus loin, chargé de fruits, c'est un carré de vignes, dont pour une part sans ombre au soleil sèchent les raisins; et on vendange des grappes, et on foule; à côté, les grappes encore vertes laissent tomber la fleur; d'autres en sont à rougir. Tandis qu'on vendange, et qu'on foule, que d'autres vignes sont en fleur, ou que leurs fruits sont au moment de la véraison, certains raisins sont en cours de passerillage, étape obligée de la fabrication du vin.

Théophraste, au IVème siècle, indiquait trois procédés pour rendre les raisins plus sucrés (γλυκύτεροι) par déshydratation: 1) sur aire après récolte, le passerillage par exposition des grappes au soleil οἱ βότρυες ἀφαιρεθέντες γλυκύτεροι γίνονται τοῦ ὑδατώδους ὑπὸ τοῦ ἡλίου καταξηραινομένου: «*Les grappes vendangées deviennent plus sucrées, l'aqueux étant écarté par l'action desséchante du soleil*»; 2) sur pied, la torsion du pédoncule ou du sarment: ἐπ' αὐτῶν δὲ τῶν ἀμπέλων ὅταν ἐπιστρέφωσι... «*sur les ceps même, lorsqu'on tort les bois*»; 3) sur pied encore, la surmaturation simple et la vendange tardive du raisin flétri: ἢ καὶ γηράσντες ἀποσταφιδωθῶσι: «*ou bien lorsqu'en vieillissant le raisin devient sec*» (*De Causis Plantarum*, II, Wimmer p. 202).

(Signalons, pour éclairer l'option 2, que dans le livre IV des *Epidémies* d'Hippocrate (IV, 50, p. 190 Littré; cas repris en VI, 3, 8) dossier de fiches médicales, en 404 av. J.C., il est question à Périnthe, colonie de Samos sur la Propontide, d'un παῖς ὁ τὰ κλήματα στρέφων, «l'adolescent qui tordait les sarments» dont le bras tendait à se paralyser. Ce handicapé provisoire accomplissait sa tâche dans les vignobles: l'existence de vignes à Périnthe est d'autre part attestée par la présence d'un *ampelourgos*, de la maison de Ménandros, dans une autre fiche hippocratique (Littré, V, 169).

La torsion du pédoncule était pratiquée, selon Pline, dans les vignobles de Narbonne.

Et Pline encore mentionne XIV, 39 une vigne *streptis* de Modène: ses grappes selon lui «tourneraient avec le soleil». Est-ce la bonne explication du mot? Il est possible que la *streptis* d'Italie au nom parlant soit une vigne qui se prêtait particulièrement à cette technique de torsion, dont on voit qu'elle était largement répandue. Nous savons encore par les *Géoponiques* que l'on tordait les rameaux pour faire flétrir le raisin sur le cep pendant un mois et en concentrer le sucre (VII, 18). Florentinus recommandait de même pour obtenir des raisins secs de tordre les grappe mûres sur les sarments (*Géoponiques*, V, 52). Le système perdure; on y recourait en France au XIXème siècle pour les vins dits de liqueur (J. Guyot, *Culture de la vigne et vinification*, Paris 1861, p. 338; A. Berget, *La pratique des vins*, Paris1899, p. 160).

Le passerillage est encore présent dans la compilation pseudo-aritotélicienne des *Problèmes*; récente certes, mais utilisant d'anciennes sources. A propos de l'addition d'origan dans le moût, supposée rendre le vin doux, est évoquée la durée de l'exposition du raisin au soleil, longue pour un vin doux (926 b): καὶ ὅταν ποιῶσιν γλυκύ, ἡλιῶσιν τὰς σταφυλὰς πολὺν χρόνον, καὶ ὁ ἥλιος ἀφαιρεῖ τὸ ὑδατῶδες καὶ τὸ λοιπὸν συμπέττει («... *et lorsqu'on fait du vin doux, on expose les grappes au soleil longtemps; le soleil retire l'aqueux, et cuit le reste*»).

Nous avons vu, chez Hésiode, dans *Les Travaux et les Jours, à* une époque à peine plus récente que celle ou fut composée l'*Odyssée*, la prescription d'un passerillage de dix jours au soleil et d'une conservation de cinq à l'ombre pour les raisins «biblins» (*Travaux*, 612). Et nous savons que les vins de grands cru classiques pouvaient être élaborés à partir de raisins passerillés: c'est le cas, au témoignage des *Géoponiques*, pour le Thasos, fait de raisins exposés jusqu'au sixième jour au soleil. Les grands cépages anciens convenaient pour cette pratique: Dioscoride évoque le passerillage des fruits de la *pramnia; le* raisin de la *psithia* était réputé (chez Virgile) pour être *passo utilior*: apte à donner du *passum* (de *pandere*, étaler, étendre, *scil*. pour faire dessécher au soleil). Le vin de Crète était un *passum*. Et le «vins grec» pour les Romains, dans la recette qui nous en est donnée, d'après le modèle du Cos, chez Caton et Columelle, est un vin de raisins surmûris (*uvas relinquito in vinea, sinito bene coquantur*) et passerillés (trois jours). Surtout, nous avons vu plus haut ce qu'on pouvait penser du *saprias* de Chio, liqueur ainsi obtenue, et forcément modéle, au sommet de l'éloge au Vème siècle à Athènes; le dieu Dionysos le vante lui-même:

> Ἔστι δέ τις οἶνος, τὸν δὴ σαπρίαν καλέουσιν,
> τοῦ καὶ ἀπὸ οτόματος στάμνων ὑπανοιγομενάων
> ὄζει ἴων, ὄζει δὲ ῥόδων, ὄζει δ' ὑακίνθου·
> ὀδμὴ θεσπεσία κατὰ πᾶν δ' ἔχει ὑφερεφὲς δῶ,
> ἀμβροσία καὶ νέκταρ ὁμοῦ. Τοῦτ' ἐστὶ τὸ νέκταρ,
> τούτου χρὴ παρέχειν πίνειν ἐν δαιτὶ θαλείῃ
> τοῖσιν ἐμοῖσι φίλοις,

Il est un vin, celui qu'on appelle saprias, *qui, de la bouche des* stamnoi *entrouverts, sent la violette, sent la rose, sent la jacinthe; un parfum divin emplit toute la demeure jusqu'au toit; c'est l'am-*

broise, et le nectar ensemble. Oui, c'est le nectar, c'est celui qu'il faut donner à boire dans le festin, dans la fête, à mes amis (Hermippos, chez Ahénée, I, 29 e)

Dans ces conditions, la fermentation en pithoi était lente et longue; complétée éventuellement par un élevage sous voile (*flos vini* louable de Pline), elle aboutissait à un degré d'alcool élevé, de l'ordre de 16% avec plus ou moins de sucre résiduel. Le produit était stable, apte à supporter la chaleur, à bourlinguer au creux des bateaux, à vieillir sans altération, sans dommage. Faut-il avancer une hypothèse? Plusieurs y ont pensé: c'est la famille des modernes muscats, odorants, très sucrés, les mieux capables de donner des «vins doux naturels» qui me paraît le mieux répondre à l'idée qu'on peut se former des cépages convenables. L'intermédiaire serait la «malvoisie» qui a un pedigree grec ancien et dont on appréciait au Moyen Age le produit, avec le *vinum Creticum* passerillé exporté par mer vers Venise et diffusé en Occident.

Existe-t-il un espoir de progresser vers une confirmation de cette hypothèse? Les fouilles archéologiques ont fourni et peuvent fournir des pépins; mais leur observation, même armée, a atteint ses limites; c'est maintenant, de toute évidence, affaire d'études génétiques.

V

LE VIN ET L'HONNEUR *

André Tchernia

Mort il y a peu d'années, le baron Philippe de Rothschild, propriétaire à Pauillac du célèbre château Mouton-Rothschild, était aussi un fin lettré, savant traducteur de poèmes élisabéthains. Pendant quinze ans de sa vie, il a bataillé pour que le Mouton-Rothschild, classé second cru par le syndicat des courtiers de commerce près la Bourse de Bordeaux en 1855, acquît le rang de premier cru, et il a fini par obtenir gain de cause en 1973. La devise du Mouton-Rothschild, qui avait été jusque-là «Premier ne puis, second ne daigne, Mouton suis», devint «Second fus, premier suis, Mouton reste».

Trois siècles plus tôt, le 10 avril 1663, Samuel Pepys notait dans son journal qu'il était passé à la taverne du Chêne Royal dans Lombard Street à Londres, où il avait rencontré le poète Alexander Brome: «*a merry and witty man, I believe, if he be not a little conceited. And here drank a sort of French wine called Ho Bryan that hath a good and most perticular taste that I never met with*». C'est la plus ancienne mention littéraire d'un cru identifié par le nom de la propriété, et limité à elle: en l'occurrence, le Château Haut-Brion. Quelques années plus tard, son propriétaire Arnaud de Pontac, qui était aussi le brillant premier président du Parlement de

* Dans *In Vino Veritas*, éd. par O. Murray, M. Tecuşan, London 1995, p. 297-303.

Bordeaux, eut l'idée remarquable d'envoyer son fils François-Auguste fonder en 1666 à Londres un établissement à l'enseigne de "Chez Pontac", qui tenait à la fois de l'épicerie fine, de la taverne de luxe et du restaurant gastronomique. Bientôt fréquentée par l'aristocratie et l'intelligentsia de Londres, cette maison contribua à étendre et à assurer la réputation du Château Haut-Brion. Vingt ans après Samuel Pepys, John Evelyn, son ami et rival en journal, familier de la Cour, juge digne de consigner le 13 juillet 1683 non seulement la qualité des vins, mais l'intérêt d'avoir eu une conversation avec François-Auguste: «*I had much discourses with Monsieur de Pontaq: this gentleman, who is the famous and wise President of Bordeaux' son, is the owner of the delightful vineyards of Pontac and O' Brien, whence come our finest and best Bordeaux wines*»[1].

Personne, je pense, même parmi les plus fervents partisans de l'implication de l'élite romaine dans le commerce, n'imaginerait qu'on pût avoir à Rome ou à Alexandrie une taverne au nom d'un chevalier ou même d'un juge de la quatrième décurie. Je passe là-dessus, qui n'est pas de notre sujet. Si j'ai cité ces deux exemples, c'est pour montrer que la qualité du Château Haut-Brion a manifestement fait honneur au XVIIe siècle à une famille de noblesse de robe, récente mais déjà célèbre, comme celle des Pontac, et que de notre temps Philippe de Rothschild trouvait conforme à sa dignité de faire tous ses efforts pour que son vin reçût officiellement le rang qu'il estimait lui revenir. Il est beaucoup plus connu comme propriétaire du Château Mouton-Rothschild que comme traducteur de poèmes élisabéthains.

Aucun texte latin ne va dans ce sens-là; aucun ne nous donne le nom du propriétaire d'un vignoble de qualité exceptionnelle. Personne ne s'est jamais flatté, dans les textes qui nous sont parvenus, de produire un meilleur vin que les autres. Plusieurs personnages, en revanche, se sont fait un nom grâce au rendement de leurs plants: les viticulteurs du monde romain ont mis leur point d'honneur dans la quantité.

Marcius Libo. *præfectus fabrum* de Varron au moment de la guerre des pirates, a laissé son nom dans l'histoire parce que sa propriété de Faventia rapportait trois cents amphores par jugère, c'est-à-dire un rendement difficilement croyable, de 316 hl/ha (VARRON, *RR*, I, 2, 7). Columelle est heureux de pouvoir au moins avancer, pour quelques-unes de ses vignes, cent amphores au jugère (III, 3, 3). Mais l'histoire la plus significative est celle d'Acilius Stenhelus,

---

[1] Sur les Pontac, voir R. PIJASSOU, *Un grand vignoble de qualité: le Médoc*, Paris 1980, p. 330-340.

un affranchi qui s'était fait une spécialité d'augmenter la valeur des terres en les plantant de vignes à haut rendement: voilà, selon Pline (XIV, 48-51), l'exemple du parfait vigneron. Après avoir réussi à vendre 400.000 sesterces soixante jugères de vignes qu'il possédait près de Nomentum, il travailla sur un vignoble voisin appartenant au célèbre grammairien Remmius Palémon: au bout de huit ans, la récolte d'un domaine acheté 600.000 sesterces fut adjugée sur pied pour 400.000. «Tout le monde courut voir les monceaux de raisins dans ces vignes». La réputation et la séduction de ces hauts rendements furent telles que Sénèque – *minime utique mirator inanium, vir excellentis ingenii atque doctrinæ,* précisent Pline et Columelle (III, 3, 3) à propos de cette affaire – acheta deux ans plus tard le domaine de Remmius Palémon quatre fois ce qu'il avait coûté à celuici. Il put ainsi se faire honneur d'un vignoble produisant 160 amphores par jugère. soit 170 hl/ha d'un vin qui ne pouvait, avec ce rendement-là, qu'être des plus communs. Il confirmait ainsi la formule d'une de ses lettres à Lucilius (41, 7): «*Vitem laudamus, si fructu palmites onerat, si ipsa pondere ad terram eorum quæ tulit adminicula deducit: num quis illam proferret vitem cui aureæ uvæ, aurea folia dependent? Propria virtus est in vite fertilitas*».

Comme on est loin de ce que dirait le marquis de Lur-Saluces, propriétaire du Château d'Yquem, qui se flatte de ne pas faire produire plus d'un verre à chacun de ses ceps porteurs de raisins d'or!

Comment expliquer que la hiérarchie si ostensible des vins romains n'ait joué que pour la consommation, sans entraîner une rivalité des producteurs vers la qualité? On alléguera la lenteur avec laquelle la notion de cru individuel s'est dégagée de celle de cru régional – il a fallu, nous venons de le voir, attendre le XVIIe siècle. On notera que les agronomes latins n'ont pas clairement aperçu la relation inverse qu'entretiennent quantité et qualité. Pline se contredit là-dessus à quelques pages d'intervalle puisque, après avoir raconté l'histoire de Remmius Palémon et de Sénèque, il ajoute: «De tels efforts mériteraient de profiter aux terroirs du Cécube et de Setia»; mais un peu plus loin il regrette que les vignerons du Falerne s'attachent de son temps plus à la quantité qu'à la qualité (XIV, 52 et 62). Derrière tout cela, je crois que l'idée de base est que l'honneur d'un propriétaire terrien était avant tout de s'enrichir en cultivant son domaine, le moyen le plus honorable qui soit de gagner de l'argent. L'agriculture, et particulièrement la viticulture ne sont pas une forme d'art qui pourrait, au moins quelquefois, trouver sa fin en lui-même; elles se jugent aux profits qu'elles rapportent. Même Græcinus, qui a le mieux perçu le choix radical que doit faire le viticulteur entre la qualité et la quantité, ne plaide pas pour un effort systématique dans le sens de la qualité; c'est le profit qui compte: «*Ubi multa invitabunt regionis commoda ut nobilem vitem conseramus generosam requiremus; ubi nihil erit aut non multum quod proritet, feracitatem potius sequamur, quæ non eadem portione vincitur pretio quam vincit abundantia*» (COLUMELLE, III, 2, 31). Et la *sententia* brillante revient à Pline: «*Bene colere necessarium est, optime damnosum*» (XVIII, 37). Aussi est-il particulièrement intéressant – je le dis entre parenthèses – de noter que Remmius Palémon vend sa récolte sur pied: même pour cet athlète de la productivité agricole, le profit s'arrête là; il ne cherche pas à l'étendre par une opération proprement commerciale.

Bien entendu, ces remarques ne doivent pas faire oublier que la possession de vignes du Falerne, du Cécube ou d'autres crus très célèbres fait partie, dans de nombreux poèmes en particulier, des signes qui manifestent une richesse hors de l'ordinaire. Les vins venant de ces régions se vendaient cher, facilement et rapportaient beaucoup, et c'est peut-être justement parce que cela suffisait que ne s'est pas exercée entre les propriétaires de ces crus une rivalité de qualité qui aurait fait dégager la notion de clos ou de château. Le succès des appellations régionales a peut-être empêché la naissance des vins de propriété: si on en voit poindre l'idée, c'est dans le plus ancien de nos textes, quand Caton recommande de vendanger tardivement *ne vinum nomen perdat* (*De agr*., 25).

* * *

S'il semble indifférent à un grand personnage de produire sur ses terres du bon ou du mauvais vin, il lui est tout à fait nécessaire d'en boire du bon. La règle générale est claire: à un rang social différent correspond une catégorie de vin différente. Pour me mettre en conformité avec le titre de ce colloque, je dirai que la vérité de l'homme est dans ce qu'il boit.

La création d'une hiérarchie codifiée des grands crus accompagne la phase ultime de l'enrichissement de l'élite romaine. On trouve en 102 avant notre ère la plus ancienne mention du Falerne sur une amphore du Castro Pretorio (*CIL*, XV, 4554). D'autres noms s'y sont ajoutés dans la première moitié du Ier siècle et, pour nous, la première liste structurable s'établit d'après Horace. Le livre XIV de Pline présente un système complet avec quatre catégories hiérarchisées de «grands crus classés» (comportant quatorze noms), et vingt-huit crus non classés ayant une réputation reconnue. La liste sera tenue à jour ultérieurement. J'attribuerais assez volontiers maintenant le point de départ de cette liste à Asclépiade de Bithynie, qui a été surnommé οἰνοδότης parce qu'il avait écrit un traité sur l'administration du vin aux malades [voir p. 175-180].

De fait, il faut, pour que naissent des grands crus, une société fortement différenciée; inversement, il fallait à la société romaine une échelle bien différenciée des vins pour coller à l'échelle bien différenciée des fortunes, sauf à laisser, de façon humiliante pour la Romanité, les vins grecs jouer seuls le rôle de signes distinctifs. Il fallait enfin à Horace une liste de vins bien hiérarchisée pour créer une poésie du symposium romain puisque, au contraire de la poésie grecque, elle insiste, comme l'a bien souligné Oswyn Murray, sur l'inégalité[2]. Le Falerne et le Cécube vont devenir des termes du vocabulaire poétique quelque temps après que les grands vins seront entrés dans la série des signes de raffinement obligés, et inversement les mauvais dans celle des signes de grossièreté.

Quand Cicéron veut discréditer Pison, prouver qu'il ne vaut même pas le *præco* de Milan qui lui a servi d'aïeul, il dit que "sa table est chargée non de coquillages ou de poissons, mais d'énormes pièces de viande un peu rance: des esclaves salement vêtus font le service; plusieurs même déjà vieux; le même lui sert de cuisinier et de portier; chez lui ni panetier, ni sommelier: le pain se prend chez le boulanger et le vin au litre" *(In Pisonem*, 67). J'ai emprunté cette traduction à l'édition PANCOUCKE de 1840, qui a joué avec bonheur sur l'anachronique litre pour traduire *de cupa*; le sens exact est que Pison se fournit dans un débit de boissons qui conserve en cuve un vin évidemment commun et le débite aux acheteurs dans les récipients qu'ils apportent eux-mêmes.

À l'inverse, le mauvais buveur déshonore le vin, comme le mauvais vin déshonore le buveur. Il faut avoir, comme Trimalcion, le génie de la grossièreté et de la sottise dans l'étalage de ses richesses pour donner du Falerne aux masseurs de ses thermes (PÉTRONE, XXVIII, 3). Martial, en connaisseur polémiste, s'acharne sur deux vins qui lui paraissent sans doute surfaits: le vin de Marseille et le vin des Marses. Le premier fera l'affaire si l'on doit distribuer des sportules par centaines (XIII, 123), le second, mieux vaut le donner à un de ses affranchis que le boire soi-même (XIII, 121).

* * *

[2] O. MURRAY, *JRS*, 75 (1985), p. 39-50.

C'est par Horace que nous apercevons le mieux la complexité de la répartition qui joue sur une fourchette: le vin des jours de fête et le vin quotidien. Même Mécène semble réserver le meilleur de tous à l'époque, le Cécube, pour les jours de fête (*Épode*, IX, 1-4). Horace, ces jours-là, s'élève jusqu'à l'*Albanum*, au Massique, ou au vin de Calès. Mais il boit plus souvent du vin de Sabine, de quatre ans dans l'*Ode*, I, 9, qu'il a mis lui-même en amphores, dans la célèbre *Ode*, I, 20: «*Vile potabis...*». Si Antonius Musa l'envoie pour sa santé à Vélia ou à Salerne, il se préoccupe de faire venir un vin qui lui convienne, *nam vina nihil moror illius orae*. Bien loin de lui, tout en bas de l'échelle, le marinier qui conduit la barque halée sur le canal des Marais Pontins s'enivre de *vappa*, un vin tourné après une fermentation secondaire (*Sat.*, I, 5, 16) et l'image de l'avarice extrême est donnée par qui boit de la *vappa* tous les jours, et l'affreux rosé de Véies les jours de fête (*Sat.*, II, 3, 142-144).

Les extrêmes ne se rencontrent jamais, non seulement parce que les grands vins sont bien évidemment inaccessibles aux plus pauvres, mais aussi parce qu'il serait inconvenant pour un grand personnage de boire leur vin. L'exemple le plus flagrant et le plus tragique à la fois en est donné par l'histoire de l'orateur M. Antonius que raconte Plutarque dans sa *Vie de Marius* (44, 2). Nous sommes en 87, au moment des proscriptions de Marius. Antoine a trouvé refuge chez un ami sûr, mais pauvre et plébéien (πένης καὶ δημοτικός). En tant que tel, il boit d'ordinaire un vin qui est lui aussi plébéien et, pire encore, nouveau (νέον καὶ δημοτικόν). Impressionné par l'arrivée d'Antoine, ancien consul, ancien censeur, il envoie un esclave en acheter du meilleur, de l'excellent, du cher, chez son boutiquier habituel. Celui-ci s'étonne, interroge l'esclave qui dit naïvement la vérité, sans se douter que le boutiquier est un scélérat et un impie qui va aller aussitôt dénoncer Antoine à Marius. Sans attendre d'avoir fini de dîner, celui-ci donne ordre de faire massacrer Antoine et de lui apporter sa tête, ce qui fut fait.

Que ce récit soit vrai ou faux, Plutarque y ajoutait foi et le souci du pauvre plébéien prend tout son relief quand on replace la scène dans le contexte de ces journées de massacre, où les cadavres jonchaient les rues et où les partisans et les esclaves de Marius traquaient leurs victimes dans toute la ville: il a fallu quand même offrir à Antoine un vin moins indigne de lui, et éviter de lui faire boire un vin de l'année. C'est en effet le pire des défauts, et il est vrai que, pour être encore buvable après un an, le vin, tant qu'on n'avait pas pris l'habitude de le traiter au soufre, devait témoigner d'une bonne qualité naturelle.

Avant d'avoir passé un an, le vin est donc nouveau, et les gens bien nés n'en boivent pas. Voyons dans Élien *(Lettre*, VIII, 30) l'amusante colère de la courtisane Opora à qui son amant a cru spirituel d'envoyer à l'automne des cadeaux inspirés par son nom: «Beaux cadeaux que les tiens, des fruits de deux sous et du vin dont la jeunesse fait un affront (ὑβριστὴς διὰ νεότητα)».

Il n'y a sans doute qu'une chose plus outrageante que d'offrir du vin nouveau: faire boire son hôte dans de la terre cuite. Car une hiérarchie de la vaisselle accompagne celle des vins et doit s'harmoniser avec eux. Martial se fâche d'autant plus du vin nouveau qu'on le lui fait boire dans de l'argenterie d'antiquaire (VIII, 6, 16), qui conviendrait à un vieux Falerne, ou qu'on lui propose de l'accompagner d'une coupe d'or: *Quisquam plumbea vina vult in auro?* (XI, 49, 5). L'idée de mettre un grand vin dans de la terre cuite serait bouffonne. Q. Aelius Tubéron a fait preuve de grossièreté stoïcienne selon Cicéron (*Pro Murena,* 75), d'une sorte d'héroïsme immortel selon Sénèque (*Ep*., 95, 72-73) quand il a fait, à la fin du IIe siècle avant notre ère, placer des *fictilia* devant les convives d'un repas funèbre dressé en souvenir de Scipion l'Africain. L'absence de vaisselle d'argent suffit comme référence à Suétone pour montrer l'*inopia* et l'*infamia* dans lesquelles Domitien a passé son adolescence (*Dom.,* 2). Mais l'anecdote la plus étonnante, racontée à la fois par Tacite (*Hist*., I, 48, 6), Suétone (*Claude*, 32) et Plutarque (*Galba*, 12, 4), porte sur une mésaventure de Titus Vinius, le futur conseiller de Galba: Claude le soupçonnait d'avoir volé une coupe d'or à sa table; pour toute et suffisante punition, il le réinvita le lendemain et le fit servir dans de la terre cuite. Toutefois, dans ce cas, je crois qu'il s'agit avant tout d'un jeu pédant de l'érudit Claude, qui s'est sans doute souvenu d'un passage où Ctésias dit que «chez les Perses, celui à qui le roi veut marquer son mépris use de coupes en terre-cuite (παρὰ Πέρσαις, φησίν, ὃν ἂν βασιλεὺς ἀτιμάσῃ, κεραμέοις ποτηρίοις χρῆται)» (in Athénée, XI, 464 A).

* * *

À l'intangibilité de la hiérarchie que j'essaie de démontrer, on objectera sans doute le *Vile potabis modicis Sabinum cantharis* d'Horace à Mécène (*Ode*, I, 20) et la série des poèmes d'invitation où le poète s'excuse de ne pouvoir offrir à son hôte le grand vin auquel il est habitué. Il est amusant que le modèle en soit, dans l'*Anthologie grecque* (XI, 44), un poème adressé par Philodème à Pison que nous venons de voir décrit par Cicéron comme un grossier personnage. La différence avec le poème d'Horace – et là encore je cite

Oswyn Murray – est que Philodème indique clairement à Pison que s'il en reçoit plus d'argent, il le fera mieux dîner. Mais l'un et l'autre manifestent la dignité de leur hôte en soulignant la différence entre les possibilités médiocres de leur modeste statut et l'excellence des vins qui font partie de son ordinaire et devraient normalement lui convenir: le Chio pour Pison, le Cécube, le Calès, le Falerne pour Mécène. Les poèmes d'invitation constituent l'exception qui confirme la règle. Horace, du reste, est loin de faire boire n'importe quoi à Mécène et à Torquatus, et surtout pas du vin nouveau: les vins qu'il servira ont vieilli entre six et huit ans; par leur millésime pour Mécène, par leur terroir pour Torquatus, ils forment aussi une allusion flatteuse à l'histoire de ces grands hommes.

Voyons maintenant un phénomène inverse qui semble s'être développé dans le courant du Ier siècle de notre ère. César dans sa munificence sert apparemment à tous du Falerne et du Chio dans les banquets qu'il dresse pour ses triomphes (PLINE, XIV, 97). À l'époque de Martial et de Juvénal, quand un personnage important offre un banquet à de nombreux convives, il ne leur sert pas à tous le même vin et veille à ce que la qualité des crus réponde à celle des dîneurs. Les plaintes de Martial là-dessus (III, 49; VI, 11, 2-3: X, 49) et la *Satire* V de Juvénal sont bien connues. La lettre II, 6 de Pline le Jeune est particulièrement intéressante: d'une part elle montre une hiérarchie à trois niveaux: *sibi et nobis, minoribus amicis, suis nostrisque libertis*; d'autre part elle indique cette pratique comme nouvelle: *istam luxuriæ et sordium nova societas*[3]. La première mention que j'en connaisse est effectivement dans Pline l'Ancien, où elle apparaît comme moins générale (XIV, 91). S'il s'agit alors vraiment d'une nouveauté, on serait tenté de mettre en relation ce mélange de luxe et d'économie (*luxuria specie frugalitatis*, dit Pline le Jeune) avec la disparition progressive de la prodigalité de la table que Tacite (*Ann.*, III, 55) remarque en particulier après Vespasien. Il est intéressant que nos sources donnent deux interprétations de l'usage: celle de Juvénal (*Sat.*, V, 146-174) pour qui il s'agit d'une façon qu'a l'hôte de marquer son pouvoir sur son client, et celle strictement économique que suggère le dialogue cité (ou imaginé) par Pline, que nous examinons: à son interlocuteur qui lui demande s'il approuve les trois catégories de leur hôte, il répond que non:

[3] Sur ce passage, et sur la hiérarchie inégalitaire du banquet romain en général, voir J. D'ARMS, «The Roman *Convivium* and the Idea of Equality», dans *Sympotica, a Symposium on the* Symposium, éd. par O. MURRAY, Oxford 1990, p. 308-320.

– *Eadem omnibus pono.*
– *Etiamne libertos ?*
– *Etiam.*
– *Magno tibi constat!*
– *Minime.*
– *Quid fieri potest?*
– *Potest quia scilicet liberti mei non idem quod ego bibunt, sed idem ego quod et liberti.*

Depuis Caton, qui disait boire en temps de guerre le même vin que ses rameurs, Pline est la première personne à se vanter de partager le vin d'inférieurs. Savoir quelle est dans cette lettre la part de pose philosophique éloignée de la pratique réelle, ou celle de l'envahissement des exercices de tempérance liés à la culture de soi chère à Michel Foucault, est un point difficile à trancher: c'est sans doute par malveillance que je pencherais pour la première solution. Pline, en tout cas, n'a pas fait école puisque cinquante ans plus tard, dans les *Saturnales* de Lucien (17-22), les pauvres se plaignent à Kronos dans les mêmes termes que Martial et Juvénal, et Kronos lui-même se sent obligé de dire un mot aux riches de ἐκεῖνο τὸ μὴ τοῦ αὐτοῦ οἴνου συμπίνειν, Ἡράκλεις, ὡς ἀνελεύθερον. À quoi les riches répondront que les pauvres boivent trop, qu'une fois ivres ils se conduisent fort mal et qu'après avoir vomi dans toute la salle à manger, ils la quittent en insultant leur hôte et en les accusant à tort de les laisser affamés et assoiffés.

Tous ces exemples se rangent sans peine parmi les signes multiples de différenciation sociale d'une société où chacun existait d'abord comme membre d'un ordre déterminé et occupant un rang bien précis. L'admiration du pauvre pour les biens dont use le riche commande l'admiration que celui-ci a pour lui-même, et son plaisir d'être riche serait bien moins grand si les pauvres n'étaient pas là pour l'admirer. Avant Veblen et Veyne, le Kronos des *Saturnales* de Lucien (29-35) l'avait parfaitement expliqué.

S'agissant du vin, il y a peut-être quelque chose à ajouter. Dans son livre XXIII, 45, où il parle des propriétés médicales des fruits, Pline l'Ancien ouvre son chapitre sur la santé et le vin par cette phrase: «*Saluberrimum liberaliter genitis Campaniæ quodcumque tenuissimum, vulgo vero quod quemque juverit validum*». Je cite la traduction de Jacques André: «Tous les vins les plus légers de Campanie sont les plus sains pour les gens comme il faut, pour les gens du peuple de complexion robuste, celui qui plaît à chacun». La traduction de *liberaliter geniti* est reprise de Littré. Les traducteurs de l'édition Einaudi disent *gente di origine aristocratica*.

L'intérêt de la phrase de Pline est qu'il n'y est plus question de rang social, mais de nature. L'organisme des *liberaliter geniti* a besoin d'un vin fluide, venant d'une région de bons crus; l'organisme des autres peut s'accommoder de n'importe quoi qui leur plaise: ils ont une nature plus résistante. On pense au sens de «délicat, fragile» qu'*ingenuus* reçoit dans les textes poétiques. Avec cette phrase, nous touchons au problème de la part de l'*adscription* et de celle de l'*achievement* dans la société romaine, de la confluence de la naissance, de la richesse et de la carrière dans la définition du statut personnel. C'est un autre et vaste sujet; contentons-nous de verser cette phrase au dossier de la naissance et, en ce qui concerne le vin, au dossier de la complexité de cette boisson qui, plus que toute autre nourriture, est à la fois aliment, remède, plaisir et symbole.

VI

LES DIMENSIONS DE QUELQUES VIGNOBLES ROMAINS*

André Tchernia

La viticulture n'est pas en règle générale favorable à la naissance de domaines latifundiaires, et on ne peut guère s'attendre à en trouver des exemples dans le monde romain. Mais il peut être intéressant d'avoir une idée de l'échelle de la propriété viticole romaine et de la comparer à quelques autres exemples. Le propos de cet article est essentiellement de rassembler le petit nombre de données que je connais concernant la superficie de vignobles de l'époque romaine. Elles sont d'ordres divers, souvent le fruit de calculs hasardeux, et l'on examinera aussi les suppositions sur lesquelles elles reposent et le degré de confiance qu'elles méritent.

I. Les indications textuelles directes

Elles sont peu nombreuses et de valeur fort inégale.

1. Caton, *De agr.*, 11, fait la liste de l'équipement nécessaire pour un vignoble de 100 jugères. Au chapitre précédent il s'est livré

* Dans *Du* Latifundium *au* latifondo*: un héritage de Rome, une création médiévale ou moderne?* Actes de la table ronde internationale du CNRS organiée à l'Université Michel de Montsigne (Bordeaux, 17-19 décembre 1992), Paris 1995, p. 383-394.

au même exercice pour une oliveraie, cette fois de 240 jugères. Depuis longtemps, de nombreux auteurs se sont demandé si Caton avait en vue ou non des domaines précis, et, si oui, lesquels. Le problème est lié à celui des *leges* sur la récolte des olives et du raisin, la fabrication de l'huile et du vin et leur vente, qui font mention du domaine d'un certain L. Manlius. Il n'est pas très important pour notre propos d'apporter une réponse à cette question sans doute insoluble. S'il ne pensait pas à un domaine concret, Caton avait en tout cas en tête des dimensions qui lui paraissaient vraisemblables, comme le montre la différence des surfaces considérées selon qu'il s'agit des vignes ou des oliviers, et, pour ces derniers, le chiffre *neque unum nec modicum* (ni l'unité ni une mesure bien calculée, comme traduit J. Heurgon) que Varron (*RR*, 1, 18, 4, 2) lui reprochera. Les cent jugères ne sont pas une unité de compte et nous pouvons ranger ce texte au nombre des exemples à retenir. Reste à savoir ce qui de ce domaine appelé *vinea* était effectivement planté en vignes. Qu'il comprenne les cultures annexes nécessaires est prouvé par la présence d'un *salictarius,* la nécessité d'avoir vingt *dolia frumentaria,* etc. Il faut donc calculer ce qui reste disponible pour la vigne, si tant est que l'on suppose qu'il s'agit d'un vignoble homogène et non de *coltura promiscua*. H. Dohr (1965, p. 59) pense à 65 ou 70 jugères, K.D. White (1970, p. 473) à 30 jugères. A. Carandini (1980), qui est le seul à avoir présenté le détail de ses calculs, aboutit à un maximum de 32,7 jugères. Le résultat dépend évidemment beaucoup du rendement en blé choisi comme base pour la production céréalière: six pour un dans l'hypothèse la plus haute d'A. Carandini.

Mais il faut aussi faire entrer en compte dans cette estimation le passage sur l'équipement en *dolia*: *dolia ubi V vindemiae esse possint culleum DCCC*[1]. Si l'on admet le chiffre le plus vraisemblable pour la surface plantée en vignes, autour de 30 jugères, on aboutit à la prévision de rendement annuel suivante: 800 *cullei* = 4218 hl : 5 vendanges = 843 hl par an : 30 jugères = 28,1 hl au jugère ou 112,4 hl à l'hectare, rendement très élevé, proprement inacceptable pour l'Italie péninsulaire au IIe siècle avant notre ère. Même le chiffre de H. Dohr nous laisse un rendement d'au moins 48 hl/ha, ce qui est encore beaucoup. Tout cela fait que j'aurais maintenant tendance à penser que les cent jugères de Caton désignent la surface occupée par les vignes et non celle de l'ensemble du domaine. La présence de trois *torcularia* implique du reste aussi qu'il ne s'agit pas d'un petit vignoble.

[1] La correction adoptée par certains éditeurs dont Goujard: *ubi II vindemiae* est à rejeter sans hésitation parce qu'elle suppose des rendements tout à fait excessifs.

Cette remarque a évidemment des conséquences sur les dimensions d'ensemble de la propriété catonienne (puisqu'elle devra être étendue aux 240 jugères de l'oliveraie) et sur les calculs de main-d'œuvre à partir des indications de Caton. Elle mériterait une plus ample réflexion, qui dépasserait le propos que je me suis fixé ici, et je m'en tiendrai pour le moment à cette hypothèse, qui est aussi celle de D. Rathbone (1981, p.12)[2].

2. HORACE, *Epo.*, IV, 13: *Arat Falerni mille fundi jugera...* S'agissant de la célèbre région viticole du Falerne, il est tout naturel de penser que ce domaine était consacré à la viticulture. En revanche, il est bien peu naturel de voir dans la surface indiquée par Horace autre chose qu'un chiffre entièrement conventionnel, voulant dire «innombrable». L'épode IV est une invective contre un ancien esclave devenu grand propriétaire et chevalier. L'exagération est une loi du genre, et je ne crois pas qu'on puisse accorder la moindre valeur à ce chiffre pour notre propos, ni par conséquent qu'il vaille la peine de tenter de calculer la part effectivement plantée de vignes, même si, comme le dit Duncan-Jones, 1974, p. 324, un rapprochement est possible avec d'autres propriétés de mille jugères à la fin de la République (CICÉRON, *Ad Att.,* 13, 31; VARRON, *RR*, 2, 3, 10), propriétés sur lesquelles il n'est pas fait mention de vignobles.

3. PLINE, XIV, 48 ne pose aucun problème: *Summam ergo adeptus est gloriam Acilius Stenhelus e plebe libertina LX jugerum non amplius vineis excultis in Nomentano agro...*

Nous avons là, au Ier siècle de notre ère, près de Nomentum, un vignoble de soixante jugères, quinze hectares. Notons que la formule *non amplius* implique que, pour Pline, il ne s'agit pas d'un grand vignoble.

4. AUSONE, *De herediolo* (Green VI), 21-22: *vinea centum/jugeribus colitur,* n'en pose pas plus. A la fin du IVe siècle, Ausone, non loin de Bordeaux, au bord de la Garonne, consacre cent jugères à la vigne sur un domaine de plus de cinq cents jugères (dont une bonne moitié en bois).

---

[2] Il m'avait échappé, quand j'ai écrit cet article, que Ph. Désy, dans une "note de lecture" intitulée "*De agri cultura*, XIII, 11, 1 et les dimensions du *fundus* catonien" *Latomus*, 49, 1 (1989), p. 188-189, avait déjà, avec des arguments très voisins, abouti à une conclusion identique à la mienne. Cette ignorance coupable garantit cependant que le même résultat a été obtenu de façon tout à fait indépendante.

II. Un calcul d'après les textes

Encore à Nomentum, et encore grâce aux soins d'Acilius Stenhelus, le grammairien Remmius Palémon avait mis en valeur un vignoble négligé en le replantant complètement (Pline, XIV, 48-52; Columelle, III, 3, 3). Dix ans après, Sénèque s'en enticha tellement qu'il l'acheta quatre fois plus cher que ne l'avait payé Remmius Palémon.

Voici les données que l'on retire sur ce domaine des textes de Pline et de Columelle:

– Prix de vente d'une récolte sur pied, après huit ans de soins: 400 000 sesterces.

– Prix de vente du vignoble à Sénèque: 2 400 000 sesterces.

– Rendement dans les bonnes années (*plerumque, saepenumero*) après l'achat par Sénèque: 8 *cullei* au jugère (163 hl/ha) selon Columelle; 7 selon Pline (148 hl/ha).

a. Calcul de J. André (1958, p. 94-95). Partant du prix de vente du vin à la production donné par Columelle (III, 3, 10): 300 sesterces le *culleus*, «*quod minimum pretium est annonae*», et du rendement de 8 *cullei*/jugère que je viens de citer, J. André calcule que la production d'un jugère a dû être vendue 300 sesterces x 8 = 2400 sesterces, donc que le domaine couvrait 400 000: 2400 = 166 jugères.

b. Calcul de Duncan-Jones (1974, p. 47). Pline donne le prix de vente du vignoble d'Acilius Stenhelus dont j'ai parlé plus haut: 400 000 sesterces, c'est-à-dire 6666 sesterces le jugère. Ducan-Jones suppose que celui de Remmius Palémon s'est vendu au même prix du jugère. Donc il couvrait 2 400 000 : 6666 = 360 jugères. Il remarque que dans ce cas, en prenant le rendement de Pline (7 *cullei*/jugère), la récolte sur pied s'est vendue 7,94 sesterces l'amphore (ce qui fait 159 sesterces le *culleus*).

Les deux chiffres pêchent de telle façon qu'il sont bien moins éloignés qu'il ne paraît. J. André a tort de prendre comme base de calcul le prix de vente du vin donné par Columelle: la récolte sur pied se vend forcément moins cher que le vin fait. Duncan-Jones de son côté sous-évalue probablement le prix au jugère payé par Sénèque: Pline donne clairement à entendre que le philosophe a payé un prix exorbitant. Corrigées dans ces deux sens, les deux méthodes de calcul arrivent en réalité à des résultats étonnamment cohérents, qui pourraient être compris entre 250 et 300 jugères (62 à 75 ha), avec un prix du *culleus* sur pied compris entre 166 et 228 sesterces, et un prix de vente au jugère compris entre 8000 et 9600 sesterces.

III. Les capacités de stockage des villas

Un certain nombre de découvertes archéologiques, particulièrement à Pompéi et dans le midi de la Gaule, ont permis de connaître ou de supposer la capacité de stockage de quelques villas viticoles. Calculer à partir de là les dimensions du vignoble est un exercice acrobatique parce qu'il met en jeu, entre autres, une hypothèse sur le rendement, dont on sait la grande variabilité. John Day (1932) me semble être le premier à avoir tenté ce genre de calcul, en partant des *dolia* de la villa de La Pisanella à Pompéi. Il a été critiqué par Duncan-Jones (1974, p. 45, n. 3): «If the yield was only one-third of the figure taken from Columella, the implied farm areas at Pompei would be three times as great as has been concluded. However, Day's assumption that it was normal to store only one vintage is in itself quite uncertain (Cato allowed storage capacities for 5 vintages). This uncertainty vitiates any attempt to deduce farm size from storage capacity». Quoique ces critiques soient pertinentes, elles ne me paraissent pas de nature à faire abandonner totalement les calculs. Parce que, dira-t-on, ce papier aurait été bien court si j'avais été persuadé du contraire. Mais aussi pour d'autres raisons.

La première est que la recommandation de Caton (11, 1) d'avoir assez de place pour conserver dans ses chais cinq vendanges est tout à fait extraordinaire. On comprend d'après 3, 2 (*dolia multa uti lubeat caritatem expectare*) qu'il s'agit de spéculer sur la cherté; le procédé trahit à la fois la surface financière et la rapacité exceptionnelles de l'auteur. On a bien par ailleurs quelques inscriptions peintes sur les amphores qui prouvent que les grands vins pouvaient vieillir jusqu'à quatre ans en *dolium*, mais les textes juridiques (*lex* de Caton, *Digeste* XVIII, 6, 1, 3) et d'autres (Pline, XVIII, 320) montrent qu'en règle générale le vigneron avait besoin de libérer ses *dolia* avant la prochaine vendange. Le stockage de plusieurs vendanges successives ne pouvait au mieux être habituel que pour quelques grands crus.

La seconde raison est qu'il n'y a pas scandale si, dans nos pénibles tentatives d'établissement de quelques données quantitatives sur l'économie antique, nous parvenons à des résultats relevant d'une approximation de 1 à 3. Cela s'appelle une fourchette, et peut souvent donner un ordre de grandeur intéressant.

Revenons donc un instant sur l'épineux problème du rendement. La capacité de stockage d'un vignoble correspond forcément à ses capacités de production sinon dans les années exceptionnelles (au cours desquelles le problème des conteneurs peut devenir dramatique) du moins dans les bonnes et les très bonnes années, et il est donc raisonnable dans ce genre de calcul de partir d'un chiffre plutôt élevé.

Nous laisserons évidemment de côté les records, comme ceux du vignoble de Nomentum, cité par Pline et Columelle parce qu'exceptionnel. Plusieurs auteurs ont pris pour base le texte où Columelle (III, 3, 1) affirme qu'il faudrait, à son avis personnel, arracher toutes les vignes qui produisent moins de 3 *cullei* au jugère (63 hl/ha). Ce conseil couronne un texte de propagande en faveur de la rentabilité de la viticulture et s'inscrit dans une période dominée par ce que j'ai appelé la fascination du rendement, au cours de laquelle on replantait la plupart des vignobles d'Italie péninsulaire pour remplacer les cépages traditionnels par des plants plus productifs. L'objectif de Columelle a beaucoup de chances d'avoir été optimiste. Il paraît très élevé par rapport à n'importe quelle comparaison avec des chiffres plus récents. Rappelons qu'en 1950 en Languedoc, terre d'élection des vignobles d'abondance, on considérait comme bons les rendements supérieurs à 60 hl/ha, comme moyens ceux compris entre 40 et 60 (Galtier 1960, I, p. 409-411). Parmi les chiffres dont on peut disposer pour des périodes plus anciennes, une intéressante série a été calculée par Maurice Aymard (1973) pour les vignobles appartenant au Noviciat des jésuites de Palerme. Sur quinze années (de 1661 à 1665 et entre 1682 et 1692), douze présentent des rendements compris entre 15 et 30 hl/ha; deux sont exceptionnellement basses, une exceptionnellement élevée: 38 hl/ha. Peut-être a-t-on manqué de conteneurs cette année-là; en tout cas, un vigneron sur les terres du Noviciat ne pouvait disposer d'une capacité de stockage inférieure à 30 hl/ha; 40 eût été plus prudent. Nous retrouvons les chiffres plus raisonnables donnés par Columelle en III, 3, 7: un vignoble bien cultivé doit donner 40 ou au moins 30 amphores au jugère (42 à 31,5 hl/ha). Graecinus, un peu plus tôt, faisait des calculs en partant du rendement moyen minimum, qui était pour lui de 20 amphores au jugère (21 hl/ha). Au total, il paraît impossible que dans un vignoble d'abondance le stockage n'ait pas été prévu pour un rendement en bonne année d'au moins 35 hl/ha. Les villas sur lesquelles nous possédons des données sur le territoire de Pompéi sont à Boscoreale, au pied du Vésuve, mais non sur ses pentes, et à Gragnano, à proximité de l'ancienne ligne de rivage, c'est-à-dire dans des zones qui semblent avoir été plantées en cépages d'abondance. Les villas envisagées en Gaule ne sont pas dans des régions de crus connus. Je me propose donc d'utiliser dans les calculs une fourchette dont le maximum serait de 60 hl/ha, voisin du chiffre trop élevé de Columelle (cela donnera la surface minimale de vignes), et le minimum de 35 hl/ha.

VI. Quelques vignobles

1. *Pompei*

a. La villa de La Pisanella à Boscoreale.

Le chai a été complètement fouillé. On y a retrouvé 83 *dolia*, dont Pasqui pensait pour de bonnes raisons que seuls 72 avaient été utilisés pour le vin. Leur capacité était, selon lui, de 10 à 11 hl. John Day, refaisant le calcul à partir des dimensions données par Pasqui, aboutit à 12 hl. Tenons nous à onze.

Capacité de stockage: 792 hl. Dimensions du vignoble comprises entre 13,2 et 22,6 ha. Estimation de John Day: 14,5 ha.

b. Deux chais incomplètement fouillés à Gragnano.

Contrada Carità (n° 34 KOCKEL; CARANDINI, 1989, fig. 19; *NSc*, 1923, p. 276).

Onze *dolia* ont été retrouvés dans la partie fouillée d'un chai où il y a place pour en mettre au moins trente, peut-être le double si le chai s'étendait tout le long du mur ouest de la villa. Sur un des *dolia* retrouvés, la mention *LXXXXVIIS* désigne certainement la capacité en *urnae*: 12,6 hl.

Dimensions *minimum* du vignoble comprises entre 6,3 et 10,8 ha, pouvant être doublées.

Contrada Messigno (n° 33 KOCKEL; *NSc* 1923, p. 271).

Chai incomplètement fouillé, 34 *dolia* retrouvés, place pour au moins 44. Pas d'indication de capacité des *dolia*. Sur la base de 44 *dolia* d'une capacité supposée de 11 hl, dimensions *minimum* du vignoble comprises entre 8 et 13,8 ha.

c. Deux petites unités de production.

Une très petite villa a été plus récemment fouillée par Stefano De Caro à Boscoreale, Villa Regina (n° 57 KOCKEL; CARANDINI, 1989, fig. 13). Dix-huit *dolia* y ont été retrouvés et le fouilleur a indiqué la capacité totale de stockage: environ 100 hl.

Dimensions du vignoble comprises entre 1,6 et 2,8 ha.

Une villa du même genre se trouve à Gragnano, località Carmiano (n° 33 KOCKEL; CARANDINI, 1989, fig. 14): 12 *dolia* retrouvés, place pour 18.

La modeste capacité de stockage de ces deux villas répond à la faible surface au sol des bâtiments (400-450 m²). Notons que, si la première a un caractère très rustique, la seconde est décorée de peintures de grande qualité[3].

---

[3] Voir J.-M. CROISILLE, *Latomus*, 25 (1966), p. 249-257; H. ERISTOV, *Latomus*, 37 (1978), p. 625-633.

2. *Settefinestre*

On doit encore, pour l'Italie, faire état de l'exemple de la villa de Settefinestre, mais à condition de dire qu'il est impossible d'accepter le système de vinification et de calcul de la production proposé par A. Carandini (1985, I, p. 165-168; III, p. 106-107 et fig. 167): cinq ou six fermentations successives dans un *lacus* contenant 40 *cullei* de moût et dont le volume devient la base des calculs de capacité de production. Les textes les plus clairs (Caton, 23, 3; 26, 1; Columelle, XII, 21, 2; Galien, XIV, 18: μετὰ τὸ κατὰ τοὺς πίθους ζέσαι etc ...) indiquent que la fermentation avait lieu dans les *dolia* et c'est bien ainsi qu'on a jusqu'à présent interprété la vinification antique (Billiard 1913, p. 456-462). D'autre part, même si le *lacus* B de Settefinestre, où la fermentation est censée avoir eu lieu, est encastré dans une voûte basse, l'importance de la surface de contact avec l'air (ses dimensions sont de 1,20 m de haut x 9,50 m x 2,50 m) aurait multiplié les risques pour le vin ainsi traité. Ajoutons enfin les difficultés quasi-insurmontables qu'il y aurait eu à transporter, fouler et presser la masse de raisins nécessaires pour produire les 200 hl de moût remplissant le *lacus* en un temps assez bref pour que le départ en fermentation se fasse de façon homogène, ainsi que les problèmes posés par une vendange prolongée pendant plus de quarante jours et fournissant ainsi (sauf si des variétés précises de cépages avaient été sélectionnées pour cela) des raisins à maturité bien différente. Reprenons donc plutôt les calculs traditionnels d'après la place possible pour 80 à 100 *dolia*, auxquels les fouilleurs ont supposé une capacité égale à celle des *dolia* de Boscoreale. Les résultats du reste ne seront pas très différents de ceux auxquels avait conduit la méthode rejetée, mais notons bien la part de supposition dans ces calculs, puisque ni le nombre de *dolia* ni leur capacité ne sont exactement connus.

Capacité supposée de stockage: 880 à 1100 hl.

Dimensions du vignoble : 14,6 à 31,4 ha.

3. *Le Digeste*

Avant de quitter le domaine italien, il est intéressant de citer un passage du *Digeste,* XVIII, 1, 60 (Marcellus): C*omprehensum erat lege venditionis dolia sexaginta emptoris accessura. Cum esset centum..., etc*. Ce cas d'école prend l'exemple d'un domaine pour lequel l'acte de vente indiquait la présence de 60 *dolia* alors qu'en réalité il y en avait 100. Les chiffres paraissaient évidemment plausibles, et il est intéressant que le nombre de *dolia* des villas de La Pisanella et probablement de Settefinestre se trouve à l'intérieur de cette fourchette. Si on donnait à ces *dolia* 11 hl de capacité comme à La Pisanella, on arriverait aux deux fourchettes de dimensions suivantes: 11 à 18,8 ha; 18,3 à 31,4 ha.

4. *En Gaule*

Les données ont déjà été réunies par J.-P. Brun (1991). Je les reprends en me référant aux publications primitives.

a. Villa de Pardigon 3 à Cavalaire, Var (Brun *et al.* 1988). Les fouilleurs ont retrouvé 20 *dolia* en place et calculé qu'il y avait place dans le chai pour 115. Les *dolia* peuvent contenir 15 hl et la capacité de stockage est de 1700 hl.

Dimensions du vignoble comprises entre 28,3 et 48,5 ha.

b. Villa du Grand Loou à La Roquebrussane, Var (Lecacheur 1985; Brun 1986, p. 193).

Deux chais ont été trouvés dans cette villa, l'un contenait 10 *dolia*, l'autre les vestiges ou les alvéoles de (probablement) 58. Les capacités de ces *dolia* fragmentaires n'ont pas toujours pu être mesurées avec précision, mais J.-P. Brun leur donne une capacité moyenne de 15 hl., ce qui aboutit à une capacité de stockage de 1020 hl.

Dimensions du vignoble comprises entre 17 et 29 ha.

c. Villa du Molard près de Donzère (Vaucluse) (Dechandol *et al.* 1983; Odiot 1983-1984; Lasfargues 1985, p. 542).

La villa était équipée de 4 pressoirs, et c'est là qu'a été trouvé le plus grand chai connu jusqu'à présent. Cinq *dolia* étaient intacts, et les traces dans le sol laissées par les autres permettent de restituer un total de 200, dont la capacité pouvait aller de 12,5 à 15 hl. La capacité de stockage était de 2500-3000 hl.

Dimensions du vignoble comprises entre 41,6 et 85,4 ha.

IV. Conclusions

A l'issue de ces calculs, il est réconfortant de constater que les résultats obtenus à partir de sources différentes et selon des méthodes diverses présentent une cohérence que le tableau ci-dessous met en lumière et ne proposent aucune absurdité. Dans huit cas sur treize, la superficie du vignoble est comprise entre onze et trente hectares. Deux propriétés plus petites existent à Pompéi; trois villas, dont deux en Gaule, ont plus de trente hectares de vigne. J'ai laissé de côté les données incomplètes sur certaines villas pompéiennes, dont on pourrait accroître le nombre: elles servent principalement à montrer la représentativité de la villa de La Pisanella. Il sera utile de

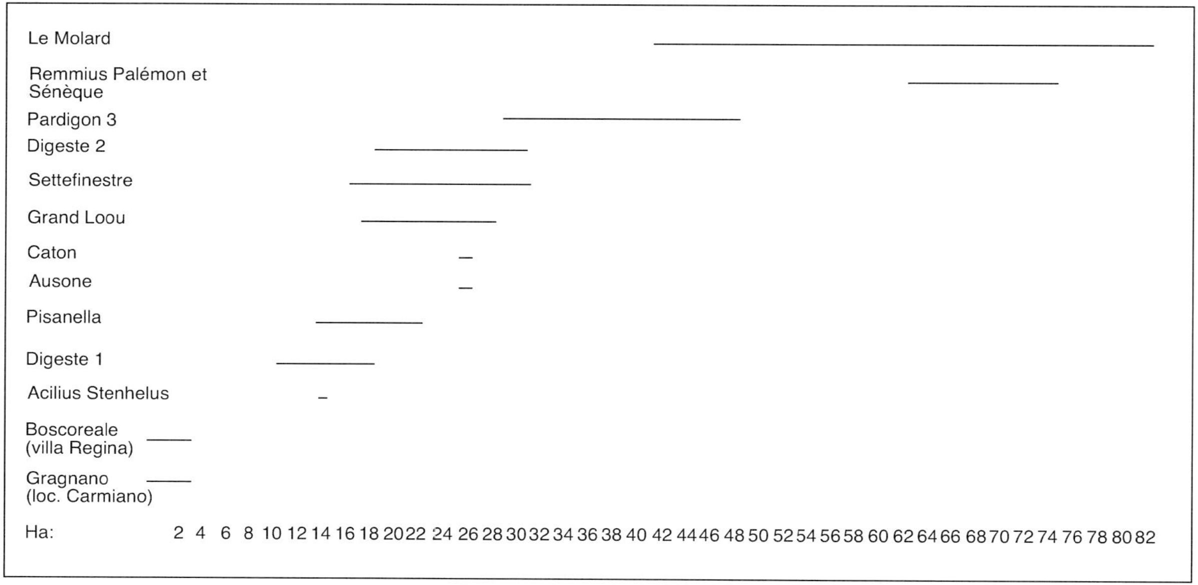

Les dimensions de quelques vignobles romains.

rappeler comment des géographes, étudiant il y a quelques dizaines d'années l'un le Languedoc, l'autre l'Italie, classaient les vignobles selon leurs dimensions. Cela peut autoriser des appréciations un peu plus fondées que celles qui ont été portées, par exemple, sur les dimensions du vignoble de Caton, qualifié tour à tour, selon les auteurs, comme le rappelait H. Dohr (1965, p. 31) de petit, moyen ou grand.

GALTIER (1960)

Micropropriété < 1 ha
Petite propriété 1-3 ha
Propriété paysanne 3-7 ha
Moyenne propriété 7-20 ha
Grande propriété 20-50 ha
Très grande propriété > 50 ha

TIRONE (1970)

Petite propriété < 10 ha
Moyenne propriété 10-20 ha
Grande propriété 20-50 ha
Très grande propriété 50-100 ha
Exceptionnelle > 100 ha

Dans ce système, les deux petites villas de Pompéi appartiendraient à la petite propriété, huit domaines à la moyenne ou au tiers inférieur de la grande, un ferait franchement partie des grandes propriétés; deux seulement seraient considérés comme très grands.

A Pompéi, les petits vignobles voisinent avec de grandes exploitations beaucoup plus importantes, qui semblent plus nombreuses. Cela ne se heurte à aucune impossibilité, et les exemples de ces contrastes ne sont pas rares dans l'histoire de la propriété viticole[4].

J'ai dit en commençant que le «latifondo» était exceptionnel quand il s'agissait de vigne. On en trouve cependant quelques exemples: Henri Bresc m'a signalé pendant ce colloque un vignoble dépassant le millier d'hectares en Sicile au XVIIIe siècle; j'ai rappelé dans la note précédente le cas de quelques domaines du Cuyo; actuellement, les domaines de 300 à 600 ha sur lesquels la Compagnie des Salins du Midi fait son Listel pourraient passer pour des sortes

[4] L'exemple le plus accentué est peut-être à chercher dans le vignoble du Cuyo en Argentine: "On trouve trois types de propriétés: une petite propriété ayant de quatre à cinq ha de vignes, une moyenne propriété qui possède 8 à 25 ha et une grande propriété qui en possède plusieurs centaines. Certains domaines sont immenses: la société des Bodegas Arizu cultive 2784 ha de vignes, celle des Bodegas Giol 1150, celle des Bodegas Gargantini possède un vignoble de 1500 ha d'un seul tenant. Les petites propriétés forment la majorité [...]. Dans la seule province de Mendoza, sur 50000 agriculteurs qui reçoivent l'eau d'irrigation, 34000 sont propriétaires de moins de 5 ha de terrain; 124 vignobles seulement dépassent cent hectares."(GALTIER 1960, III, p. 237).

de *latifundia* viticoles. Ni l'archéologie ni les sources fiables ne fournissent de preuve de l'existence de vignobles de ces dimensions dans l'Antiquité romaine.

En revanche, une comparaison avec les dimensions des vignobles du Bordelais au XVIIIe siècle laisse penser que ceux de l'époque romaine étaient plus grands: légèrement dans le Médoc, où les domaines aristocratiques font le plus souvent 12 à 15 ha, une douzaine dépassant les 30 ha (le plus grand vignoble était celui du Château Margaux, avec 76 ha, et son propriétaire, le Marquis d'Aulède, possédait 139 ha de vignes), et bien plus nettement ailleurs (Pijassou 1980, p. 440-445). Sénèque et Pline le Jeune étaient grands propriétaires de vignes en plusieurs endroits, probablement plus grands au total que le Marquis d'Aulède, mais avec des domaines bien plus éloignés les uns des autres. Sur cet aspect important de la propriété romaine, je renvoie aux discussions du colloque.

Il ne faut pas abuser de comparaisons faciles, qui mettraient seulement en lumière la grande variabilité de la propriété viticole, bien visible de nos jours entre les différents vignobles de France. On a plus à chercher peut-être du côté des indications encore ténues, mais destinées à se multiplier, que commence à apporter l'archéologie en deux sens: les vignobles du midi de la Gaule pourraient constituer de plus grandes propriétés que ceux de l'Italie péninsulaire; dans ce dernier cas, pour les Ier et IIIe siècles de notre ère, la fourchette du *Digeste* – 60 à 100 *dolia*, 12 à 30 ha – pourrait être représentative d'une large catégorie des propriétés viticoles.

[Les fouilles de villas viticoles, qui se sont multipliées en Provence et en Languedoc-Roussillon ces dernières années, ont amplement confirmé que les domaines de Gaule méridionale pouvaient avoir des dimensions largement supérieures à celles constatées jusqu'ici en Italie. J.-P. Brun 2005, p. 62-65 a repris la question en partant de bases de calcul très voisines des miennes. A la villa du Molard se sont ajoutées celle des Toulons près de Rians dans le Var: vignoble de 60 à 125 ha, et surtout celle des Vareilles, à Paulhan, dans l'Hérault, qui, même en supposant les plus hauts rendements, disposerait d'un vignoble de 100 à 150 ha, le plus grand domaine viticole de l'Antiquité. Fouillé encore plus récemment, en 2006 et 2007, un autre domaine, à Aspiran toujours dans l'Hérault, paraît avoir des dimensions comparables].

Bibliographie

André 1958	J. André, Pline L'Ancien, *Histoire Naturelle,* livre XIV, Édition, traduction, commentaire, Paris 1958.
Aymard 1973	M. Aymard, «Rendements et productivité agricoles dans l'Italie moderne», dans *Annales (ESC)*, 28, 2 (1973), p. 475-497.
Billiard 1913	R. Billiard, *La vigne dans l'Antiquité,* Lyon 1913.
Brun 1986	J.-P. Brun, *L'oléiculture antique en Provence*, *RAN* supplément 15, Paris 1986.
Brun 1993	J.-P. Brun, «L'oléiculture et la viticulture antiques en Gaule d'après les vestiges d'installations de production», dans *La production du vin et de l'huile en Méditerranée*, *BCH* supplément XXVI, éd. par M.-C. Amouretti, J.-P. Brun, Athènes 1993, p. 307-342.
Brun 2005	J.-P. Brun, *Archéologie du vin et de l'huile en Gaule romaine*, Paris 2005.
Brun *et al.* 1988	J.-P. Brun *et al.*, «La villa gallo-romaine de Pardigon 3», dans *Autour d'Heraclea Caccabaria*, Toulon 1988, p. 41-59.
Carandini 1980	A. Carandini, «Il vigneto e la villa del fondo di Settefinestre nel Cosano: un caso di produzione agricola per il mercato transmarino», dans *MAAR*, 36 (1980) p. 1-10.
Carandini 1985	A. Carandini, (a cura di), *Settefinestre, una villa schiavistica nell'Etruria Romana*, 3 vol., Modène 1985.
Carandini 1989	A. Carandini, «La villa romana e la piantagione schiavistica», dans *Storia di Roma*, IV. *Caratteri e morfologie*, éd. par A. Schiavone, Torino 1989, p. 101-200.
Croisille 1966	J.-M. Croisille, «Les fouilles archéologiques de Castellamare di Stabia: découvertes récentes», dans *Latomus*, 25 (1966), p. 249-257
Day 1983	J. Day, «Agriculture in the Life of Pompeii», dans *YCIS*, 3 (1932), p. 167-207.
Dechandol, Feuillet, Odiot 1983	H. Dechandol, M.-P. Feuillet, T. Odiot, «Donzère (Drôme): le grand domaine viticole du Molard», dans *Histoire et Archéologie, les dossiers*, 78 (nov. 1983), p. 56-57.
Dohr 1965	H. Dohr, *Die italische Gutshöfe nach den Schriften Catos und Varros*, Cologne 1965.
Duncan-Jones 1974	R. Duncan-Jones, *The Economy of the Roman Empire*, Cambridge 1974.
Galtier 1960	G. Galtier, *Le vignoble du Languedoc méditerranéen et du Roussillon*, 3 vol., Montpellier, 1960.
Kockel 1985	V. Kockel, «Archäologische Funde und Forschun-

gen in den Vesuvstädten I», dans *AA*, (1985), p. 95-571.

LASFARGUES 1985 — J. LASFARGUES, «Informations archéologiques. Rhône-Alpes», dans *Gallia*, 43 (1985), p. 542-543.

LECACHEUR 1985 — P. LECACHEUR, «Les dolia de la villa du Grand Loou de La Roquebrussanne, Var», dans *Annales de la Société des Sciences Naturelles de Toulon et du Var*, 37, 3 (1985), p. 169-179.

ODIOT 1984 — T. ODIOT, Un grand domaine viticole à Donzère (Drôme), dans *Archéologie en Rhône-Alpes. Protohistoire et monde galloromaine: dix ans de recherches*, Cat. de l'exposition (Lyon 1983-1984), Lyon 1984, p. 28-29.

PASQUI 1897 — A. PASQUI, «La villa pompeiana della Pisanella presso Boscoreale», dans *MonAL*, VII (1897), p. 397-554.

PIJASSOU 1980 — R. PIJASSOU, *Un grand vignoble de qualité: le Médoc*, 2 vol., Paris 1980.

RATHBONE D. — D. RATHBONE, «The Development of Agriculture in the 'Ager Cosanus' during the Roman Republic: Problems of Evidence and Interpretation», dans *JRS*, 71 (1981), p. 10-23.

TIRONE L. — L. TIRONE, «La vigne dans l'exploitation agricole en Italie», dans *Méditerranée*, n.s. I, 4 (oct.-déc. 1970), p. 339-362.

VII

MAESIANUS CELSUS ET *CAEDICIA VICTRIX* SUR DES AMPHORES DE CAMPANIE*

André Tchernia

1. En 1894, A.L. Delattre publiait, parmi les timbres des amphores du "mur" de la colline Saint-Louis à Carthage, une estampille sur col d'amphore de forme indéterminée, trouvée à une trentaine d'exemplaires, dont il donnait le dessin sous son n. 33: MAESCELS, associé à AVI[1] (fig. 1) (Delattre 1894). Plus de quarante ans plus tard, S. Loeschcke, parmi la céramique du célèbre camp militaire d'Oberaden sur la Lippe, occupé de 12 à 9 av. n.è., publiait à son tour un fragment de col d'amphore à pied annulaire, son type 74, portant un timbre incomplet à gauche (fig. 2). «Folgender Stempelschluss ist m. E. deutlich zu erkennen [...] CELS», disait-il avec raison, ajoutant aussi, mais avec moins de prudence: «Durch den [...] Stempel aus Karthago ist die Ergänzung des Stempelanfanges gesichert: MAES(ii) CELS(i)». L'assurance de Loeschcke, et son dessin restitué, ont entraîné la conviction générale, et particulièrement la mienne (Tchernia 1986, p. 151). L'on ne connaissait pas la forme

* Version corrigée de l'article paru dans *Les élites municipales de l'Italie péninsulaire des Gracques à Néron*, Actes de la table ronde internationale de Clermont-Ferrand (28-30 novembre 1991), Naples-Rome 1996, p. 207-211.

[1] Voir aussi *CIL*, VIII, 3, 22637 (68). Le même timbre a été retrouvé plus récemment dans les fouilles de F. Rakob, associé aux contremarques CALI et CER: Arthur 1991, p. 74, note 120.

Fig. 1. Le timbre de Carthage.

Fig. 2. Le timbre d'Oberaden.

des amphores de Carthage, mais en s'appuyant sur celle qui portait le même timbre à Oberaden, on déduisait qu'il s'agissait de trente amphores de forme Oberaden 74. Le rapprochement était d'autant plus facile que la chronologie des découvertes concorde bien. Et pourtant, il aurait suffi de mieux lire Delattre pour éprouver des doutes. Car (p. 92), il cite en détail Beulé, qui avant lui était déjà tombé, au cours de fouilles sur la colline Saint-Louis, sur le mur d'amphores: «Les amphores avaient un mètre de haut, 30 centimètres de large. Les unes avaient de doubles anses arrondies et portaient l'estampille de *Manilius,* les autres avaient de doubles anses, anguleuses et aplaties, avec le nom et le monogramme de *Mescellius*». «C'est sans doute», ajoutait Delattre, «dans la marque MAECELS, avec la ligature des trois lettres MAE, que Beulé a cru pouvoir lire le nom de *Mescellius*». Or (et même si les termes d'anse arrondie et d'anse aplatie peuvent d'une certaine façon surprendre), ni les mensurations de l'amphore, ni l'anse double (que nous appellerions maintenant bifide) et anguleuse ne peuvent appartenir à des amphores Oberaden 74. La forme des lettres des timbres est du reste tout à fait différente.

Le problème ne s'est posé que depuis que des prospections sur le territoire de Suessa Aurunca ont fait découvrir au lieu dit Masseria San Donato, sur la rive gauche du Garigliano, à une douzaine de kilomètres de la mer, les restes d'un atelier d'amphores et ceux d'une villa dont l'atelier paraît dépendre. Plusieurs estampilles MAESCELS, sur amphore Dr. 2-5, parfois associées à la contremarque CALI, ont été trouvées, et il s'agit presque à coup sûr du lieu de production de la marque (Villucci 1979; Arthur 1987; Pagano 1988; Arthur 1991). Paul Arthur en a tiré argument pour soutenir l'hypothèse que des amphores à fond plat du type Oberaden 74 ou proches de ce type ont été produites en Campanie et ont servi de prototype à celles qu'on trouve dans des ateliers de Tarraconaise. L'argument n'est pas bon, et, si cette hypothèse est envisageable, elle ne peut reposer sur nos timbres. Rien en réalité ne fonde l'interprétation du timbre d'Oberaden comme [MAES] CELS. Les lettres sont différentes de celles du timbre de Carthage. Ni le *cognomen Celsus* ni les timbres CELS ou CELSI ne sont rares; Callender (1965, n. 293) en signalait quatre et plus récemment Pascual Guasch (1977, p. 76) a publié deux CELS différents sur Dr. 2-4 de Tarraconaise ou sur Pascual 1, venant d'ateliers de la région de Barcelone. Nous devons nous résigner à ignorer la partie gauche du timbre d'Oberaden, qui n'a aucun rapport avec ceux de Suessa Aurunca et de Carthage et la forme Oberaden 74, au moins au sens strict, doit rester attribuée à la Tarraconaise[2].

Que les marques de Carthage et de Suessa Aurunca doivent être développées en MAES(iani) CELS(i) et que la villa de Masseria San Donato ait appartenu à cette famille (Arthur 1991, p. 67 et 74) est une conclusion beaucoup plus acceptable. La famille des *Maesiani Celsi* est connue à Suessa Aurunca par une inscription (*CIL*, X, 4749) où un empereur, un tribun militaire duumvir pour la troisième fois et deux jeunes sénateurs font une dédicace ensemble. Un des deux sénateurs s'appelle *[...Qua]dratus Maesianus Celsus*. Depuis Mommsen, on considère que le duumvir de Suessa Aurunca est le père des deux sénateurs (voir Cébeillac-Gervasoni 1982, p. 86). La villa, l'atelier d'amphores et les estampilles de Carthage attestent l'assise viticole de la fortune de la famille.

En à peu près aussi grand nombre qu'elles, le mur de Carthage a livré des estampilles pompéiennes de *L. Eumachius,* dont on ad-

---

[2] Il est dommage qu'aucun dessin du timbre de Masseria San Donato n'ait été publié, mais Mario Pagano a donné ses dimensions: 5,6 x 2 cm; h. des lettres: 1,5 cm. Les proportions correspondent à celles du timbre de Carthage, publié sans échelle par Delattre.

met qu'il était le père de la prêtresse *Eumachia*, donatrice du célèbre édifice de Pompéi. Au moment où s'amenuisent les grandes exportations de vin italien vers la Gaule, c'est là et à Alexandrie qu'il faut chercher sous Auguste les témoignages spectaculaires d'expéditions lointaines des produits des vignobles italiens, qu'on ne retrouvera plus par la suite en grande quantité outre-mer. La Campanie était bien placée pour profiter de cette nouvelle orientation du commerce, et les familles des *Eumachii* et des *Maesiani Celsi* ont visiblement su en tirer parti.

2. L'autre timbre à retenir notre attention sera celui de *Caedicia M.f. Victrix* dont la diffusion à Rome, Florence, Fondi, Carthage et Tarragone est connue depuis longtemps (Callender 1965, n. 216; *CIL*, II, 4973, 3; cf. Manacorda 1985, p. 143), et dont d'autres exemplaires ont été retrouvés plus récemment à Tibur (fig. 3), Saint-Romain-en-Gal (en face de Vienne), sur la rive droite du Rhône, Corinthe (*Forma Italiae I*, p. 330 et fig. 669; Desbat, Savay-Guerraz 1990, p. 206-209; Williams, Zarvos 1985, p. 57). Cette marque d'amphore a été souvent invoquée dans les notes sur la *gens Caedi-*

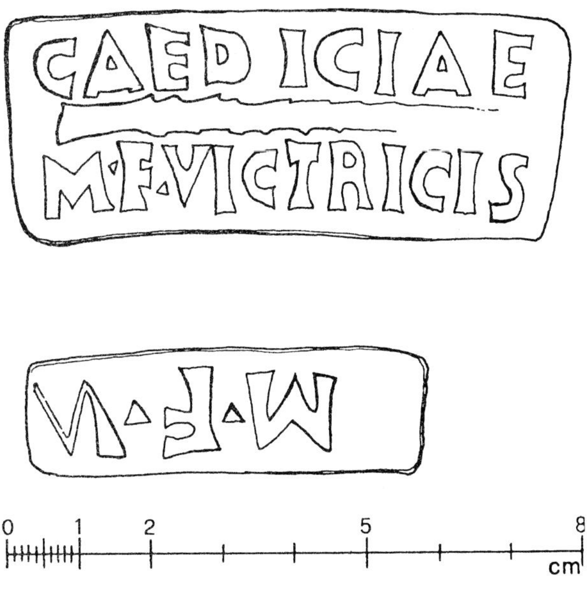

Fig. 3. *Caediciae M.F. Victricis* et *M.F.N.* sur une amphore Dr. 2-4 de Tibur.

cia en Campanie et ailleurs. Plusieurs rapprochements sont en effet tentants, dont je citerai les principaux.

Le premier a été suggéré par Dessau (*ILS*, 8573), et souvent repris depuis: la *Caedicia Victrix* des amphores serait une *Caedicia* citée par Tacite (*Annales*, XV, 71, 5), épouse du consul *Flavius Scaevinus,* bannie d'Italie au moment de la conspiration des Pisons, et vraisemblablement rentrée dans ses droits par la suite.

Les suivants ramènent à la viticulture. Un *vicus Caedicii*, à 6000 pas de Sinuessa, sert à Pline (XIV, 62) pour repérer l'emplacement du cru faustinien du Falerne, qui en est distant de 4000 pas. Ce *vicus* est manifestement situé au pied du flanc sud du Mont Massique. On y rattache aussi les *tabernae Caediciae* dont parle Festus (39 Lindsay) en précisant qu'elles sont placées sur la Via Appia et qu'elles ont reçu leur nom d'après celui de leur propriétaire. Voilà un ensemble tout-à-fait séduisant: un *fundus Caedicianus,* bien situé dans le vignoble du Falerne, commercialisant une partie de sa production dans des tavernes le long de l'Appia, appartenant depuis longtemps à la *gens Caedicia* (qui a donné sous la République un duumvir à Sinuessa et aurait aussi donné son nom au *vicus*), et plus précisément propriété à la fin des Julio-Claudiens ou sous les Flaviens de *Caedicia M.f. Victrix,* preuve rare de stabilité par-delà les guerres civiles, comme le souligne Paul Arthur (1991, p. 68)[3].

Le dernier rapprochement est plus fragile et moins intéressant pour notre propos: considérées abusivement comme des marques sur briques, les estampilles de *Caedicia M.f. Victrix* ont été placées, hypothétiquement, dans la lignée précédant celles de *Q. Aburnius Caedicianus,* qui timbre des briques à Rome dans le second quart du IIe s.[4].

Les découvertes récentes ont apporté des éléments chronologiques nouveaux. Le nom de *Caedicia M.f. Victrix* timbre à Saint-Romain-en-Gal et à Corinthe des amphores Dr. 2-4 dont A. Desbat et H. Savay-Guerraz (1990, p. 206) ont noté le col de fort diamètre et les anses larges et épaisses[5]. Elles ont été trouvées dans le niveau d'abandon d'un entrepôt détruit au IIIe s. A Corinthe, le contexte de la découverte a d'abord été daté par les fouilleurs du IIIe s., puis ramené au IIe (Williams, Zarvos 1985, p. 55-59; 1986, p. 131-134).

[3] On verra là-dessus, outre les notices de la *RE* et de la *PIR*, Johannowsky 1976, p. 24; Cébeillac-Gervasoni 1982, p. 70 et 85-86; Cébeillac-Gervasoni 1986, p. 64-69; Manacorda 1985, p. 143.

[4] Setälä 1977, p. 45-46, suivant une dissertation inédite de J. Morris, *The Roman Senate, A.D. 69-193*, Londres 1954.

[5] Voir aussi la planche 8,1 de Williams, Zarvos 1985.

Les timbres à grandes lettres, sur cols massifs de Dr. 2-4, comme ceux de Saint-Romain-en-Gal forment une série pour laquelle d'autres dates dans le IIe s. ont été proposées (FREED 1989). Même si sa chronologie n'est pas encore très précise, la marque de *Caedicia M. f. Victrix* paraît se situer dans le IIe s. déjà bien entamé[6].

La *Caedicia M. f Victrix* des amphores ne peut donc être ni la femme de *Flavius Scaevinus,* ni la mère ou la grand-mère de *Q. Aburnius Caedicianus.* Elle possédait au IIe s., sur la côte tyrrhénienne de l'Italie, des vignobles dont le vin a connu une large diffusion. Pouvaient-ils appartenir à un *fundus Caedicianus* situé près du *vicus Caedicii*? M. Picon et A. Desbat ont procédé à l'analyse par fluorescence X des amphores de Saint-Romain-en-Gal: à la différence d'autres exemplaires, la composition de celles qui portent des timbres ne ressemble pas à celle des ateliers de Dr. 2-4 du Falerne que M. Picon a étudiés précédemment[7]. Cela jette au moins des doutes sur l'attribution de ces amphores aux dernières pentes du Mont Massique. Par ailleurs, l'inscription lapidaire où l'on a le plus de chances de découvrir un personnage identifiable à la *Caedicia M. f. Victrix* des amphores est une inscription grecque trouvée à Sorrente (*IG*, XIV, 722); une Καιδικιά Μ(άρκου) θυγάτηρ Οὐίκτριξ y fait une dédicace φρήτορσι θεοῖς. Or, une des amphores Dr. 2-4 tardive de Saint-Romain-en-Gal, non timbrée, porte l'inscription peinte *SVR*, qui se développe facilement, comme l'ont fait les auteurs, en *Sur(rentinum vinum).* Malgré son lieu de découverte, le culte des dieux de la phratrie, répartition spécifique aux citoyens de Naples, a fait attribuer l'inscription à Naples et il fait en tout cas de Καιδικιά Οὐίκτριξ une Napolitaine. Mais rien n'empêche que cette Napolitaine ait possédé des vignobles à distance de sa ville, à Sorrente, à Sinuessa, ou aux deux endroits à la fois. N'oublions pas non plus, à l'époque républicaine, la mention d'un *M. Caedicius M. f.* sur une *tabella defixionis* trouvée à Cumes (*ILLRP*, 1146). Fort ancienne, la *gens Caedicia* a dû, dès la République, compter plusieurs rameaux dans le Latium et en Campanie, en particulier à Minturnes et à Sinuessa (LICORDARI 1982, p. 34; CÉBEILLAC-GERVASONI 1986, p. 68). Il est possible que plusieurs d'entre eux aient eu des rapports avec la viticulture. Les *Caedicii* pourraient ouvrir des pistes sur les intermariages (CÉBEILLAC-GERVASONI 1986, p. 68) et les

[6] DESBAT, SAVAY-GUERRAZ 1990, p. 208-211, ont mené une discussion approfondie sur la chronologie.

[7] DESBAT, SAVAY-GUERRAZ 1990, p. 212-213. L'hypothèse d'une ressemblance avec les amphores des ateliers de la région du Cécube est présentée avec tant de prudence qu'elle ne peut guère être prise en compte pour le moment dans le raisonnement.

déplacements de propriété dans la zone de riches vignobles qui s'étend de Sorrente à Minturnes. Il y a quarante ans, J. Heurgon (1952), en étudiant les *Lassii* pompéiens, avait déjà donné un aperçu de ces problèmes. Il est bien évident qu'à l'intérieur de cette zone (et quel que soit le jugement global que l'on porte sur ses phases de prospérité et de déclin), les propriétaires, le renom des crus et les orientations commerciales ont beaucoup changé. Si *Caedicia M.f. Victrix* est Napolitaine, on peut aussi penser à l'essor, à partir de la fin du Ier s. de n.è., de crus voisins de Naples, le *Trebellicum* et *l'Amineum Neapolitanum*, ou peut-être à celui du *Gauranum* au-dessus de Pouzzoles, qui, de la fin du Ier s. à la fin du IVe, est resté au tout premier rang des crus italiens (Tchernia 1986, p. 202-203, p. 276-277; Blanchard-Lemée 1988).

Bibliographie

Arthur 1987	P. Arthur, «Produzione ceramica e Agro Falerno», dans *Storia, economia ed architettura nell'ager Falernus*, éd. par G. Guadagno, Minturno 1987, p. 59-70.
Arthur 1991	P. Arthur, *Romans in Northern Campania*, London 1991 (*Archeological Monographs of the British School at Rome*, 1).
Blanchard-Lemée 1988	M. Blanchard-Lemée, «A propos des mosaïques de Sidi Ghrib: Vénus, le Gaurus et un poème de Symmaque», dans *MEFRA*, 100 (1988), p. 367-384.
Callender 1965	M.H. Callender, *Roman Amphorae, with an index of stamps,* London 1965.
Cébeillac-Gervasoni 1982	M. Cébeillac-Gervasoni, «Ascesa al Senato e rapporti con i territori d'origine: Italia: Regio I (Campania: la zona di Capua e Cales)», dans *Epigrafia e ordine senatorio*, Atti del Coll. Internaz. AIEGL, (Roma, 14-20 maggio 1981), II, Roma 1982 (*Tituli*, V), p. 59-99.
Cébeillac-Gervasoni 1986	M. Cébeillac-Gervasoni, «Due iscrizioni inedite di Sinuessa», dans *PP*, 226 (1986), p. 64-72.
Delattre 1894	A.L. Delattre, «Le mur à amphores de la colline Saint-Louis à Carthage», dans *BCTH*, (1984), p. 89-119.
Desbat, Savay-Guerraz 1990	A. Desbat, H. Savay-Guerraz, «Note sur la découverte d'amphores Dressel 2/4 italiques, tardives, à Saint-Romain-en-Gal (Rhône)», dans *Gallia*, 47 (1990), p. 205-213.
Forma Italiae I	Z. Mari, *Tibur*, III, Firenze 1983 (*Forma Italiae*, I, XVII).

FREED 1989 — J. FREED, «Late stamped Dressel 2/4 amphoras from a deposit dated post 200 A.D. at villa site 10 on the via Gabina», dans *Amphores romaines et histoire économique: dix ans de recherche*, Actes du Colloque de Sienne (22-24 mai 1986), Roma 1989 (*CollEFR*, 114), p. 616-617.

HEURGON 1952 — J. HEURGON, «Les *Lassii* pompéiens et l'importation des vins italiens en Gaule», dans *PP*, 23 (1952), p. 113-118.

JOHANNOWSKY 1976 — W. JOHANNOWSKY, «Problemi archeologici campani», dans *RAAN*, 50 (1976), p. 3-38.

LICORDARI 1982 — A. LICORDARI, «Ascesa al Senato e rapporti con i territori d'origine. Italia: Regio I (Latium)», dans *Epigrafia e ordine senatorio*, Atti del Coll. internaz. AIEGL (Roma, 14-20 maggio 1981), II, Roma 1982 (*Tituli*, V), p. 9-57.

LOESCHCKE 1942 — S. LOESCHCKE, «Die römische und belgische Keramik aus Oberaden», dans CH. ALBRECHT, *Das Römerlager in Oberaden*, II, Dortmund 1942, p. 76-114.

MANACORDA 1985 — D. MANACORDA, «Schiavo "manager" e anfore romane: a proposito dei rapporti tra archeologia e storia del diritto», dans *Opus*, 4 (1985), p. 141-151.

PAGANO 1988 — M. PAGANO, Compte-rendu de: *Storia, economia ed architettura nell'ager Falernus*, éd. par G. Guadagno, Minturno 1987, dans *RSP*, 2 (1988), p. 292-293.

PASCUAL GUASCH 1977 — R. PASCUAL GUASCH, «Las ánforas de la Layetania», dans *Méthodes classiques et méthodes formelles dans l'étude des amphores*, Actes du Colloque de Rome (27-29 mai 1974), Roma 1977 (*CollEFR*, 32), p. 48-96.

SETÄLÄ 1977 — P. SETÄLÄ, *Private Domini in Roman Brick Stamps of the Empire*, Helsinki 1977.

TCHERNIA 1986 — A. TCHERNIA, *Le vin de l'Italie romaine. Essai d'histoire économique d'après les amphores*, Roma 1986 (*BEFAR*, 261).

VILLUCCI 1979 — A.M. VILLUCCI, «Note di presenza romana nell'agro di Suessa Aurunca». dans *Studia Suessana*, I (1979), p. 41-59.

WILLIAMS, ZARVOS 1985 — C.K. WILLIAMS II, O.H. ZARVOS, «Corinth 1984, East of the Theater», dans *Hesperia*, 54, 1 (1985), p. 55-96.

WILLIAMS, ZARVOS 1986 — C.K. WILLIAMS II, O.H. ZARVOS, «Corinth 1985, East of the Theater», dans *Hesperia*, 55, 2 (1986), p. 29-75.

VIII

LE CERCLE DE L. LICINIUS CRASSUS ET LA NAISSANCE DE LA HIÉRARCHIE DES VINS À ROME*

André Tchernia

Le problème des sources du classement des vins donné par Pline dans le livre XIV de son *Histoire naturelle* (59-79) est au point de départ des réflexions que je propose ici. Ce texte donne la liste de tous les vins dignes d'éloges et répartit ceux de l'Italie en cinq classes: quatre de «grands crus classés» et une de «grands crus non classés». Il y a exactement un siècle, Friedrich Münzer, s'appuyant sur un article antérieur de M. Wellmann, a estimé que Pline s'inspirait de Sextius Niger, médecin sous Auguste et Tibère[1]. Il se fondait principalement sur une des mises à jour que Pline (76) apporte à sa source: *exoleuit et protagion, quod Italicis proximum fecerant Asclepiadis scholae.* Cette phrase montre en effet à la fois que les médecins méthodiques, qui se réclamaient d'Asclépiade, classaient les vins par qualité, qu'ils avaient donné à ceux de l'Italie, comme le fait notre texte, un rang privilégié, et que Pline avait connaissance d'un de ces classements, qu'il a actualisé et complété en y ajoutant quelques remarques.

* Dans *CRAI*, 141, 4 (1997), p. 1247-1259.

[1] *Beiträge zur Quellenkritik der Naturgeschichte des Plinius*, Berlin 1897, p. 385-387. M. Wellmann, «Sextius Niger, Eine Quellenuntersuchung zu Dioscorides», *Hermes*, 24 (1889), p. 530-569 et Id., « Zur Geschichte der Medizin in Alterthum », dans *Hermes*, 35 (1900), p. 349-384.

Sextius Niger constitue effectivement un bon candidat, parce qu'il est cité par Pline dans ses listes de sources et en particulier celle du livre XIV, parce qu'il est considéré comme asclépiadéen par Dioscoride[2], et parce que les noms mentionnés dans le texte en question (César, Messala Potitus, Auguste, Livie, Tibère, Caligula) renvoient en gros à l'époque de sa vie. J'ai déjà dit toutefois, après W. Kroll[3], qu'il me paraissait exagéré de lui attribuer la totalité de ce long passage. Outre les remarques personnelles de Pline, on y distingue d'autres niveaux. Les observations sur les goûts des empereurs, entre autres, doivent venir d'un auteur qui s'y intéressait particulièrement.

On pourrait soulever aussi un problème chronologique. Comme le vin de Sétia, vin préféré d'Auguste, est cité en marge de la liste de base, celle-ci devrait être au moins antérieure à la fin de son règne: au bout de quelques décennies, la préférence d'un souverain impose forcément dans le public la qualité du cru dont il use par prédilection. Strabon du reste range déjà le *Setinum* parmi les meilleurs vins italiens[4]. Or on admet que l'activité médicale de Sextius Niger a été postérieure à son activité philosophique, ce qui fait dater son ouvrage περὶ ὕλης ἰατρικῆς entre les années 10/20 et 40 de notre ère[5]. Une telle date empêcherait donc de lui attribuer le classement des crus tel qu'on le trouve dans Pline. On voit mal toutefois pourquoi Sextius Niger n'aurait pas pu s'intéresser bien plus tôt à la médecine: le passage que Sénèque lui consacre[6] montre au contraire qu'il associait étroitement préoccupations médicales et philosophiques. Il reste donc tout à fait possible que Sextius Niger ait été l'auteur, dans la seconde moitié du règne d'Auguste, du noyau de la liste de Pline.

La phrase sur le *protagion* rend en tout cas manifeste qu'à l'origine de ces classifications se trouve Asclépiade de Bithynie, le célèbre médecin de la fin du IIe siècle av. notre ère et des toutes premières années du Ier[7], considéré comme l'inventeur d'nue méthode pour

---

[2] Dioscoride, 1, *praef*. 2.

[3] *RE*, XXI, 1 (1951), col. 324, *s. v. C. Plinius der Älter*e.

[4] V, 3, 6.

[5] U. CAPITANI, «La scuola dei Sesti e il suo rapporto con la medicina latina del 1° secolo», dans *Les écoles médicales à Rome*, éd. par PH. MUDRY et J. PIGEAUD, Genève 1991, p. 95-124.

[6] *Ad Luc*., 108, 18.

[7] Sa chronologie a été sensiblement remontée par E. RAWSON, «The Life and Death of Asclepiades of Bithynia», dans *Cl. Q*., 52/2 (1982), p. 358-370, approuvée par D. GOUREVITCH, «Asclépiade de Bithynie dans Pline: problèmes de chronologie», dans *Pline l'Ancien témoin de son temps*, éd. par J. PIGEAUD et J. OROZ RETA, Nantes-Salamanque 1987, p. 67-81: il est mort âgé, avant 91 av. notre ère.

soigner les malades avec du vin et auteur d'un ouvrage sur l'administration du vin, le περὶ οἴνου δόσεως, si important qu'il fut par la suite l'objet d'innombrables commentaires[8]. Une curieuse inscription de Lucanie, épitaphe d'un φυσικὸς οἰνοδότης, atteste le succès pris à la fin de la République par cet excellent remède: tout se passe comme si la première des trois spécialités canoniques de la médecine de l'époque – diététiciens, chirurgiens, oculistes – s'était scindée en deux pour donner naissance à des prescripteurs de vin[9].

Asclépiade de Bithynie n'a certes pas été le premier médecin à traiter du rôle du vin comme remède: Hippocrate, dans ses traités «Du régime» et «Du régime dans les maladies aigües» y a consacré plusieurs pages qui seront commentées par Galien[10]; Cléophante, au IIIe siècle av. notre ère avait, nous dit Pline, mis sur pied une brillante théorie de l'emploi du vin; l'autorité de son frère Érasistrate hissera le vin de Lesbos au rang des meilleurs[11]. L'originalité d'Asclépiade a dû être triple: un usage plus général du vin, qui, disait-il, apportait des bénéfices «que le pouvoir des dieux pouvait à peine égaler»[12]; sa prescription à des moments déterminés de la maladie, alternant avec l'eau froide[13]; enfin, nécessairement, puisqu'il a été le premier médecin vivant à Rome à s'intéresser à la question, l'application aux vins de l'Italie des classifications par qualités et par genres adaptés aux différentes maladies que les médecins grecs avaient depuis longtemps opérées pour ceux de leur pays: on ne peut diversifier les prescriptions de vin sans en préciser les caractères et définir des crus qui les présentent de façon stable. Aussi n'est-ce sans doute pas par hasard que la plus ancienne mention qui nous soit parvenue d'un nom de cru italien, en l'occurrence le Falerne, se trouve sur une amphore datée de 102 av. notre ère[14], vers la fin de la brillante carrière d'Asclépiade.

Voilà le point où s'arrête, pour le moment, la «Quellenforschung». Pour indispensable qu'elle soit, elle laisse de côté l'étude des conditions sociales, du milieu et du cadre dans lequel s'est créée

---

[8] Pline, VII, 124 et XXIII, 32.

[9] *ILLRP*, 799: *L. Manneius Q. medic(us) ueiuos fecit*, φύσει δὲ Μ[ε]νεκράτης Δημη/τρίου Τραλλιανὸς φυσικὸς οἰνοδότης / ζῶν ἐποίησεν.

[10] Hippocrate, *Du Régime*, 52, 1-2; *Du Régime des maladies aigües*, 50-52; Galien, *In Hippocratem de acutorum morborum victu,* 111, 1-8 (ed. Kühn, XV, 626-649). Voir, J. Jouanna, «Le vin et la médecine dans la Grèce ancienne», dans *REG*, 109 (1996), p. 410-434.

[11] Pline, XXVI, 14 et XIV, 73.

[12] Id., XXIII, 38.

[13] Id., XXVI, 12.

[14] *CIL*, XV, 4554.

la hiérarchie des vins. C'est à cela que, par un détour, je voudrais m'attacher aujourd'hui.

* * *

Russell Meiggs[15] a donné le joli nom, en français dans le texte, d'épitaphe du «bon viveur» à une inscription métrique d'Ostie, intéressante à plusieurs égards, dont je citerai l'essentiel[16]:

Hoc ego sum in tumulo Primus notissimus ille.
Vixi Lucrinis, potabi saepe Falernum,
balnia vina Venus mecum senuere per annos.
    Hec ego si potui, sit mihi terra lebis.
Set tamen ad Manes foenix me serbat in ara
    qui mecum properat se reparare sibi.

Avec la confusion systématique des *b* et des *v*, et l'image du Phénix sauveur (qui pourrait intéresser les historiens des religions), l'inscription est très probablement du IVe siècle. C. Domitius Primus s'inscrit assurément dans une longue lignée se réclamant des plaisirs qu'il est fier d'avoir cultivés; à en juger par son orthographe incertaine, il a dû plus souvent rêver d'appartenir à l'aristocratie des «bons viveurs» dont ils sont la marque qu'avoir l'occasion de faire des repas d'huîtres et de Falerne. L'inscription s'analyse mieux, du point de vue qui nous occupe, si on la compare à l'épitaphe bien connue de l'affranchi impérial T. Claudius Secundus[17]:

Balnea uina Venus corrumpunt corpora / nostra
set uitam faciunt b(alnea) u(ina) V(enus).

Les deux textes se fondent sur la trilogie classique *balnea, uina, Venus*. Ils sont pourtant bien différents. Le second exprime une fierté assez basse de l'autodestruction dans des plaisirs crapuleux. Au contraire, les bains, les vins et les amours, loin de raccourcir la vie de C. Domitius Primus, ont égayé sa vieillesse jusqu'à la fin. Primus est un épicurien de style horatien. T. Claudius Secundus se situe beaucoup plus bas. Les deux inscriptions expriment très exactement la différence entre le *carpe diem* et sa caricature *rapere uitam*, attestée par Pline à la fin d'un paragraphe effrayant sur la vie

[15] *Roman Ostia*², Oxford 1973, p. 230.
[16] D'après BUECHELER, 1318. Cf. *CIL*, XIV, 914.
[17] BUECHELER, 1499. Cf. *CIL*, VI, 15258 = *ILS*, 8117.

des ivrognes: «*Hinc pallor et genae pendulae, oculorum ulcera et tremulae manus plena uasa effundentes [...] ac omnium rerum obliuio et mors memoriae. Rapere se ita uitam praedicant*»[18]. Et, à la liste banale et un peu sordide limitée aux trois plaisirs de l'amour, de la boisson et des bains, Primus ajoute une touche d'élégance avec les huîtres du lac Lucrin et le Falerne.

L'alliance des huîtres et des grands vins comme signes de belle vie et de distinction sociale est facilement corroborée par d'autres textes. Cicéron par exemple, pour montrer que Pison n'a pas les mœurs qui conviennent à un ancien consul, ne peut trouver mieux que de l'accuser de servir à dîner de la viande rance et non des huîtres ou du poisson et d'acheter son vin en vrac à la taverne voisine au lieu de faire monter des amphores de sa cave[19]. Huîtres et grands vins sont des plaisirs que Sénèque exhorte malades et mourants à ne pas regretter[20]. Lui-même a gardé de sa jeunesse ascétique cinq abstinences: les huîtres, les champignons, les parfums, le vin et les bains de vapeur[21]. L'inscription de C. Domitius Primus fait bien référence à des traits devenus canoniques d'une vie épicurienne élégante, parmi lesquels les grands vins, les huîtres et les bains occupent une place centrale.

Or, l'introducteur à Rome de deux des plaisirs de Primus, les huîtres du Lucrin et les bains chauds, est connu. Il s'agit de Sergius Orata, un personnage que les historiens de la République citent pour ses activités spéculatives dont peu d'autres exemples nous sont parvenus, mais qui pour Cicéron était surtout l'exemple même du «bon viveur» réussi, leur maître à tous, comme il dit, un privilégié de la fortune, à qui tous les bonheurs sont échus: la plus grande richesse, les plus grands plaisirs, une excellente santé et les meilleurs amis[22]. Pline retient son nom parce qu'il est l'auteur de trois innovations: il a inventé les *pensiles balineae* (probablement les hypocaustes), les parcs à huîtres, et il fut enfin «le premier à décerner la palme de la meilleure saveur aux huîtres du lac Lucrin»[23]. Comme le montre l'anaphore insistante de *primus*, le dernier titre n'a, aux yeux de Pline, pas moins d'importance que les deux autres. Archétype des épicuriens, technicien de l'élevage des huîtres et des bains chauds, habile diffuseur des deux, autorité gastronomique en huîtres: tous

[18] Pline, XIV, 142.
[19] In *Pisonem*, 67.
[20] *Ep.*, 77, 16; 78, 23.
[21] *Ibid.*, 108, 15-16.
[22] Cic., *De fin.*, II, 70; *Hortensius*, 67.
[23] Pline, IX, 168.

ces motifs font qu'on peut sans risque attribuer un rôle à Sergius Orata dans la définition du style de vie dont se réclame C. Domitius Primus. Reste le Falerne.

Ses activités édilitaires et spéculatives valurent à Sergius Orata deux procès pour lesquels il trouva comme défenseur L. Licinius Crassus, le célèbre orateur de la fin du IIe siècle et du début du Ier, consul en 95. Il faisait assurément partie du cercle des amis de ce grand personnage. Un autre des amis de celui-ci, et également son médecin, était Asclépiade de Bithynie. Crassus les a sans doute mis en relations, et c'est à cela que l'on doit la collusion visiblement intéressée entre le premier, qui revendait fort cher les villas qu'il avait équipées de ses *balneae pensiles* et le second, qui, avec les bains chauds, recommandait à ses malades un traitement qui leur plaisait infiniment, ou du moins, selon une autre interprétation du même texte de Pline, cessa de prescrire des moyens archaïques de réchauffer les malades à un moment où l'usage des *pensiles balineae* commençait à plaire infiniment[24]. Martin Frederiksen ne doutait pas que cela s'expliquât par «una piccola percentuale»[25]. L'hypothèse est amusante mais inutile: l'échange de services de ce genre s'appelle simplement en latin amitié.

Nous pouvons donc proposer d'identifier, autour de L. Licinius Crassus, un groupe qui a mis à la mode les bains chauds des thermes privés, décrété la qualité particulière des huîtres du lac Lucrin, et commencé à classer les vins italiens, plaçant sans doute en tête le Falerne, puisqu'il est le plus ancien cru qui ait été isolé. C'est la mise au point, dans le domaine de la vie quotidienne, d'un style de vic dont nous avons vu qu'il gardera pendant plusieurs siècles son image d'élégance. Il est évident qu'il a fait partie des moyens de différenciation sociale dont l'approfondissement dans le cours du IIe siècle a été fortement ressenti par les Anciens. Pline n'a pas attendu Veblen et Bourdieu pour comprendre cet usage d'une gastronomie

---

[24] Id., XXVI, 16. Les éditions récentes adoptent toutes le texte des manuscrits *Asclepiaden adiuuere multa in Antiquorun cura nimis anxia et rudia [...], tum primum pensili balinearum, ad infinituum blandiente* (alors que Littré traduisait un texte corrigé, *blandientem),* mais gardent un sens proche de celui de Littré: construction un peu rude de l'ablatif absolu sans sujet; l'interprétation plus simple qui est celle du *TLL* et de G. G. Fagan, *art. cit.* (n. 36), n'implique pas littéralement l'usage des *pensiles balineae* comme remède mais Pline y pensait certainement: cf. Celse, II, 17, 3: *Antiqui timidius eo utebantur, Asclepiades audacius*, et J. Benedum, «Die *balnea pensilia* des Asklepiades von Prusa», dans *Gesnerus*, 24 (1967), p. 93-107.

[25] M. Frederiksen, «I cambiamenti delle strutture agrarie nella tarda repubblica: la Campania», dans *Società romana e produzione schiavistica*, 1, éd. par A. Giardina et A. Schiavone, Roma-Bari 1981, p. 265-287, part. p. 278.

construite pour que les pauvres ne mangent pas la même chose que les riches: on a créé, dit-il, des fruits choisis pour leur saveur, leur taille, ou quelque caractère extraordinaire: ils sont interdits aux pauvres; la qualité du ravitaillement descend par échelons jusqu'au dernier rang de la plèbe, et même pour les légumes, il a fallu trouver une différence, et que la richesse établisse une distinction dans des mets d'un as[26]. Le vin, avec la gradation de ses qualités réparties en cinq classes par Pline est évidemment particulièrement bien adapté à cette fonction de marqueur social.

Le IIe siècle a vu un enrichissement considérable de l'Italie romaine, et, dans ses dernières décennies, la naissance de très grandes fortunes, plus de dix fois supérieures à celles du début du siècle. L. Licinius Crassus, dont la maison sur le Palatin pouvait valoir à elle seule six millions de sesterces[27], faisait assurément partie de cette élite-là. Il disposait d'une position sociale et politique qui lui permettait de dicter les règles du bien vivre. La célébrité d'Asclépiade lui donnait un pouvoir analogue sur les vins. Leur ami Sergius Orata devait de son côté passer pour un arbitre des élégances. Il s'en est servi, et s'est servi de ses amis, pour créer les conditions de réussite de ses spéculations: revendre fort cher les villas qu'il avait équipées d'hypocaustes, installer à Baïes et sur le lac Lucrin[28] des viviers d'huîtres qui resteront célèbres jusqu'à la fin de l'Empire. Voilà donc des buts intéressés[29] qui éclairent la création des traits d'élégance dont nous cherchons l'origine. Mais cet aspect lucratif ne doit pas nous faire négliger la dimension culturelle.

* * *

Nos trois amis étaient tous pétris de talent et d'esprit. Asclépiade faisait de brillantes conférences sur ses idées médicales et séduisait ses patients «par les flots d'une éloquence travaillée»[30]. Sergius Orata n'était pas qu'un spéculateur et un riche amateur de plaisirs, il était aussi le plus charmant et le plus agréable des compagnons[31]. Quant à L. Licinius Crassus, mis en scène par Cicéron dans le *De*

---

[26] XIX, 53. Voir (avec quelques précautions) C. Barberis, *Le campagne italiane da Roma antica al Settecento*, Roma-Bari 1997, p. 102-116.

[27] Pline, XVII, 4.

[28] Val. Max., IX, 1, 10.

[29] Pline, IX, 168, affirme qu'il n'était pas mu par le plaisir gastronomique mais par la cupidité, *magna uectigalia tali ex ingenio percipiens*.

[30] Pline, XXVI, 12. Cf. Cic., *De or.*, I, 62.

[31] Cic., *Hortensius*, 67: *hominem ditissimum, amoenissimum, deliciosissimum*.

oratore, il était avec M. Antonius, le plus grand orateur de son temps et se distinguait particulièrement par ses réparties spirituelles et l'art avec lequel il mêlait le sérieux et l'enjouement[32]. Sa maison sur le Palatin, célèbre par ses six micocouliers, renfermait des trésors de toreutique grecque; il y avait fait porter des colonnes de marbre pentélique, étant ainsi le premier romain à déployer des marbres étrangers dans une demeure privée[33]. Ce luxe lui vaudra, pendant sa censure de 92, quelques démêlés avec son collègue Cn. Domitius Ahenobarbus[34], mais il fit aussi, cette année-là, fermer les écoles de rhéteurs latins parce que ceux-ci n'enseignaient que des procédés rhétoriques sans les associer à un véritable savoir: seuls des gens cultivés, lui fait dire Cicéron, auraient pu adapter à la langue latine la vieille habileté grecque[35].

Pour l'élégance des plaisirs de la table, L. Licinius Crassus s'est précisément entouré, avec Asclépiade et Sergius Orata, de techniciens cultivés, capables de les choisir dans le domaine grec et de les adapter à la société dans laquelle ils vivaient. Ils sont les acteurs d'un épisode de l'appropriation des mœurs hellénistiques et de leur transformation pour l'usage romain.

Sergius Orata n'a pas véritablement inventé les hypocaustes: l'archéologie en fournit au moins un siècle plus tôt quelques exemples primitifs en Grèce et en Sicile. Mais il les a profondément modifiés, peut-être au vu du thermalisme naturel de la région de Baïes, et a suscité un développement considérable de leur usage, qui reste parfaitement caractéristique de la civilisation romaine[36]. Cela aura suffi pour que l'auteur dont s'inspire Pline, sans doute peu au fait des exemples hellénistiques, lui accorde un statut d'inventeur.

Il se passe quelque chose d'analogue pour les huîtres et le vin. En les nommant, ou au moins en diffusant les noms de grands crus

---

32 Id., *Brutus*, 143; Pline, XVII, 4.

33 Id., XXXIII, 147; XVII, 6; XXXVI, 7. Cf. P. Gros, *Aurea Templa. Recherches sur l'architecture religieuse de Rome à l'époque d'Auguste*, Rome 1976 (*BEFAR*, 231), p. 70.

34 Pline, XVII, 3; Val. Max., IX, 1, 4.

35 Cic., *De oratore*, III, 94.

36 R. Ginouvès, *Balaneutikè* (BEFAR, 200), Paris 1962, p. 208 sq.; I. Nielsen, «Considerazioni sulle prime fasi dell'evoluzione dell'edificio termale romano», *ARID*, XIV (1985), p. 81-112; Id., *Thermae et balnea, The Architecture and Cultural History of Roman Public Baths*, Aarhus 1990, p. 20-22; G. G. Fagan, «Sergius Orata: Inventor of the Hypocaust?», dans *Phoenix*, 50/1 (1996), p. 56-66, qui critique l'interprétation devenue traditionnelle de *pensiles balineae* comme des hypocaustes, sans toutefois parvenir à en proposer une plus satisfaisante ni à emporter la conviction contre l'argumentation serrée d'I. Nielsen, même si celle-ci conserve une part d'hypothèse.

italiens, Asclépiade de Bithynie met fin au règne exclusif des vins grecs importés comme signes de luxe: *diu transmarina in auctoritate fuerunt*[37]. Vers le milieu du IIe siècle, Polybe parle d'un excellent vin produit sur le territoire de Capoue «auquel aucun autre ne peut être comparé»: c'est assurément, le Falerne[38]. Mais comme il ne s'appelle pas encore Falerne, il n'a pas l'*auctoritas* des grands vins de la mer Égée, qui viennent de Chio, de Thasos et de Lesbos. Plaute ne cite que ces vins grecs. Après le Falerne, d'autres grands crus italiens vont apparaître rapidement. C'est d'une certaine façon à Asclépiade qu'Horace doit de pouvoir user de leurs noms dans ses *Odes*, les rendant ainsi plus romaines.

Quand il crédite Sergius Orata d'avoir innové en accordant le premier rang aux huîtres du lac Lucrin, Pline poursuit sa phrase pour rattacher ce jugement à une activité de classement des produits de bouche (les exemples donnés concernent les poissons) qui s'appelle *censura culinarum*: l'art d'accorder leur juste rang aux aliments, comme le censeur attribue aux citoyens le rang qui justement leur revient. Cette alliance de mots n'a qu'un parallèle: la *censura uinorum* dont nous parle aussi Pline[39] à propos d'un affranchi chargé, quand Auguste voyageait, de choisir le vin qu'il boirait à l'étape. Asclépiade et Sergius Orata se livrent au même exercice. On objectera peut-être que le premier classait à des fins médicales et non gastronomiques. Ce serait oublier que ce qui est bon pour la santé ne se distinguait guère de ce qui est bon à boire ou à manger, comme on le voit bien dans la satire II, 4 d'Horace ou dans le texte de Pline sur la hiérarchie des vins.

Cette passion du classement est héritée des Grecs. Au début du IIIe siècle, le philosophe Cléarque se plaignait de ce que les conversations des banquets en étaient venues au niveau de se demander quel genre de relation sexuelle est la plus agréable ou quelle espèce de poisson est la meilleure[40]. Il visait par ce dernier point les lecteurs des *Hedypatheia* d'Archéstrate de Gela. Ce poème mi-didactique, mi-parodique, est, dans la partie qui nous a été conservée, comme un guide qui indique les rivages où s'achètent les meilleurs poissons de chaque espèce. Ils se trouvent, naturellement, en Grèce, sur les côtes d'Asie Mineure, ou en Sicile. Archéstrate ne fait que deux incursions

---

[37] PLINE, XIV, 95

[38] Cf. J. HEURGON, *Recherches sur l'histoire, la religion et la civilisation de Capoue préromaine*, Paris 1942 (*BEFAR*, 154), p. 14.

[39] XIV, 72: *iudiciorum ac palati peritissimum censuram uini in epulis eius facientem*.

[40] ATHÉNÉE, *Deipnosophistes*, 457 d.

en Italie, à Rhegium et à Hipponion. Sept on huit décennies avant Sergius Orata, Ennius, avec ses *Hedyphagetica*, avait consacré un poème en hexamètres à adapter celui d'Archéstrate. Je serais assez peu enclin à suivre Classen, qui pense que les plats de poissons fins décrits par Ennius devaient avoir plus d'amateurs que son poème de lecteurs. Dans les onze vers qui nous sont parvenus, Ennius cite certes davantage de ports italiens qu'Archéstrate – Brindes, Tarente et Sorrente. Mais il indique bien plus de sites grecs (sept en tout), parfois fort éloignés, et, pour les huîtres, il ne fait que reprendre le vers d'Archéstrate qui les signale à Abydos dans l'Hellespont. Les *Hedyphagetica* sont, avant tout, comme le souligne Classen lui-même, un exercice linguistique et littéraire[41]; c'est sur ce plan-là que la transposition de la discussion gastronomique grecque s'est d'abord effectuée. Cet aspect n'était certainement pas absent des intérêts du cercle de L. Licinius Crassus. Sergius Orata et Asclépiade influeront non seulement sur la pratique des plaisirs de la table, mais aussi sur le choix de ceux qui se prêteront à un usage symbolique et littéraire reflétant mieux la réalité de la consommation romaine.

Les huîtres, qui semblent n'avoir intéressé que modérément les Grecs[42], étaient cependant entrées dans la catégorie des mets de luxe et de prestige avant Sergius Orata. Lucilius les mentionne en ce sens à plusieurs reprises[43]; M. Aemilius Scaurus, dans la loi somptuaire qui marqua son consulat de 115, tenta d'interdire les coquillages dans les banquets[44]. L'originalité de Sergius Orata est d'avoir conféré une dignité hiérarchique particulière à celles du lac Lucrin, et d'avoir ainsi mis les huîtres en première ligne dans le débat gastronomique. Elles vont dès lors constituer, à travers la rivalité de celles du Lucrin, de Tarente, de Circeii, de Brindes puis de Bretagne, un des sujets préférés des célèbres dégustateurs d'époque romaine[45], aussi bien dans le déploiement pratique d'une culture gastronomique que dans sa mise en scène littéraire. Le meilleur exemple du premier cas est celui du Montanus de Juvénal, probablement le consul de 81, T. Iunius Montanus, que Domitien consultera pour savoir comment

---

[41] J. Classen, « Ennius: ein Fremder in Rom», dans *Gymnasium*, 99 (992), p. 121-145.

[42] Archéstrate (LVI) ne les mentionne qu'en passant, à Abydos et à Chalcédoine. Voir A. C. Andrews, «Oysters as a Food in Greece and Rome», dans *CJ*, 49 (1948), p. 299-303.

[43] Marx, 132 et 440-441 = Charpin, III, 29 et XIII, 3.

[44] Pline, VIII, 223: *cenis ademere [...] conchylia aut ex alio orbe conuectas aues*. Certains ont compris qu'il ne s'agissait que des coquillages importés, ce qui irait dans notre sens, mais paraît peu vraisemblable.

[45] Hor., *Sat.*, II, 4, 32; Pline, IX, 169; XXXII, 59.

cuire un turbot exceptionnellement gros. Il savait dire *primo morsu* si une huître venait du lac Lucrin, de Circeii ou de Rutupiae en Bretagne[46]. C'est évidemment le fruit d'une science gastronomique acquise et socialement reconnue: *nulli maior fuit usus edendi / tempestate mea*, ajoute à son sujet Juvénal. Pour le second aspect, les huîtres traversent la littérature comme symbole de richesse et plat obligé d'un dîner de haut goût, jusqu'à Ausone qui leur consacre tout un poème, où la parodie est plus présente encore que chez Archéstrate[47]. Il en parle, prétend-il, par ouï-dire, car il n'a pas mené une enquête dans le monde entier; il n'est ni un noble ni un dissipateur et n'a pas participé aux banquets des Saliens[48]. Il a appris ce qu'il en sait, en écoutant parler de bons juges au cours de banquets entre amis. Voilà une dernière clef pour situer le cadre des activités de *censura culinarum et uinorum*: le classement des joies gastronomiques et œnologiques n'a pas cessé d'être un thème des conversations de banquet. Les *Deipnosophistes* d'Athénée sont à ce titre exemplaires, en ce que le banquet censé réunir chez Larensis des hommes de culture est aussi, selon la formule d'Alessandra Lukinovich, un banquet de mots[49], dans lequel le discours littéraire et érudit, déclenché par l'arrivée de chaque plat, est inséparable de leur consommation.

Les *conuiuia* dans lesquels l'élite romaine de la fin de la République rivalisait d'éclat et d'esprit ont donné aux talents de brillants causeurs de nos trois amis l'occasion de se déployer. Ils ont été non seulement le cadre idéal pour la diffusion des classements et des modes culinaires, mais aussi le creuset d'un lexique littéraire. Aucun grand cru ne peut exister, à travers les profondes variations de qualité qu'amène chaque année, sans que l'on n'y ait isolé des caractères stables et sans que l'on ne dispose de mots pour les dire. Ce sont ces mots dont feront usage les poètes. Le Falerne d'Horace est *seuerum*, *forte*, *ardens*: *seuerus* est un équivalent poétique d'*austerus*[50], adjectif qui apparaît pour la première fois chez Caton[51], préci-

---

[46] Juv., IV, 139-142.

[47] *Epist.*, 3.

[48] V. 1-2, 13-15 et 40-41; dans ces derniers vers (*non historicus neque toto orbe / uagus conuiua loquor*) Ausone fait manifestement référence aux fragments I et II d'Archéstrate: Ἱστορίης ἐπίδειγμα ποιούμενος Ἑλλάδι πάσῃ [...] γῆν πᾶσαν περιῆλθον... qui eux-mêmes sont un rappel humoristique du début de l'Enquête d'Hérodote.

[49] A. Lukinovich, «The Play Reflections between Literary Form and the Sympotic Theme in the Deipnosophistae of Athenaeus», dans *Sympotica*, éd. par O. Murray, Oxford 1990, p. 263-271.

[50] Cf. le commentaire de G. M. Nisbet et M. Hubbard, *A Commentary on Horace*: *Odes*, *book I*, Oxford 1970, p. 313 sq.

[51] *De agr.*, 126.

sément dans un contexte d'usage médical du vin, et qui décalque le grec αὐστηρός; *forte* traduit ἰσχυρός et *ardens* θερμός, qui font partie du vocabulaire canonique du goût du vin en grec, dont on trouve un tableau détaillé chez Galien[52]. Si Horace a su si bien parler du vin, c'est d'abord parce qu'il en a trouvé un vocabulaire antérieurement élaboré pour en distinguer les différences.

Nous pouvons maintenant imaginer, dans les *triclinia* des villas maritimes que Sergius Orata sûrement, et L. Licinius Crassus probablement, possédaient à Baïes[53], les dîners qui réunissaient nos trois amis et quelques convives choisis. Les huîtres du lac Lucrin et le vin de Falerne, dégustés dans le plus grand apparat et discutés par les plus brillants causeurs, y ont pris leur latin et leur valeur de symboles de luxe et de raffinement proprement romains.

Il reste pourtant un problème à résoudre à propos de la liste de Pline. C'est que le Cécube y occupe la première place, alors que le Falerne a, comme nous l'avons vu, été le premier grand cru italien reconnu et qu'il reste le plus cité. Le Cécube est un vin rare qui vient «des peupleraies marécageuses du golfe d'Amyclées». Il s'agit d'une zone située entre les villes romaines de Terracine et de Fundi, en partie occupée par un résidu de lagune devenu un lac aux lisières marécageuses. Il y poussait des vignes arbustives enlacées aux peupliers[54]. Peut-être l'humidité de la zone a-t-elle favorisé le développement de la pourriture noble, la *botrytis cineraea*, qui exige douceur et brumes. On aurait là le seul vin de l'Italie romaine qui pourrait se comparer au Sauternes, alors que les autres vins liquoreux, comme l'*Albanum* et certains Falernes viendraient de raisins surmûris mais sans pourriture noble. Être mis au premier rang n'est cependant, pas l'effet immédiat de la qualité ou de l'originalité. Il y faut un déclic, souvent que quelque personnage influent parvienne à susciter l'intérêt des amateurs. Le champagne, par exemple, a dû son essor à partir du début du XVIIe siècle à la brillante carrière de Nicolas Brûlart de Sillery, grand propriétaire de vignobles près de Reims, garde des sceaux en 1604, chancelier en 1607, qui s'était acquis l'appui du médecin du roi[55]. Le cas du Cécube n'est pas facile

---

52 Cf. n. 10.

53 J. D'Arms, *Romans on the Bay of Naples*, Cambridge (Mass.) 1970, p. 18-22; Shatzman, *Senatorial Wealth and Roman Politics*, Bruxelles 1975 (Latomus, 142), p. 274.

54 Territoire du Cécube: Vitruve, VIII, 3, 12; Martial, XIII, 115, 1. Marécages: Strabon, V, 3, 6; XVII, 31; Martial, XIII, 115, 2. Vignes arbustives: Pline, XVI, 173.

55 G. Sabatier, «Une révolution de palais: le remplacement des vins de Champagne par ceux de Bourgogne à la table de Louis XIV en 1694», dans *Boire et manger*

à résoudre. On connaît cependant, par Stéphane de Byzance, les noms des trois premiers disciples d'Asclépiade: Philonidès de Dyrrachium, Nicon d'Acragas et Titus Aufidius de Sicile[56]. Aucun Aufidius n'est attesté en Sicile: le troisième est à coup sûr un médecin sicilien entré, d'une façon ou d'une autre dans la famille des *Aufidii / Alfidii*, qui est, précisément originaire de Fundi[57]. Rien d'étonnant à ce que T. Aufidius, fort de son statut de disciple du plus célèbre des prescripteurs de vin, soit parvenu à donner, au moins dans certains classements, la primauté au cru de ses patrons.

On m'objectera peut-être que ce T. Aufidius est, à coup sûr le Titus cité trois fois par Caelius Aurelianus comme *sectator* ou *discipulus* d'Asclépiade, et qu'il ne manifeste dans aucun de ces passages un intérêt particulier pour l'administration du vin, si ce n'est qu'il s'en sert pour affaiblir ceux qui ont perdu la raison[58]. Mais un disciple d'Asclépiade n'a pas pu y être étranger. Et surtout, ne devrait-on pas le reconnaître dans l'Aufidius du vers 24 de la satire II, 4 d'Horace, plutôt que l'éleveur de paons Aufidius Lurco, souvent proposé, mais en général très dubitativement[59]? D'après le gastronome mystérieux dont les préceptes sont rapportés, il préconisait le Falerne fort pour y ajouter du miel, et il avait tort, car «dans des veines encore vides, on ne doit rien introduire que de doux»[60]. Comme ces vers font partie d'un passage qui traite de diététique, il serait bien approprié qu'un médecin y fût cité: très probablernent notre Aufidius.

* * *

au temps de la Marquise de Sévigné, Actes du IIe symposium «*Vin et histoire*», (Université du Vin, 16-17 octobre 1996), Suze-la-Rousse 1998, p. 43-57.

56 *S. v. Dyrrachium*, p. 215, et voir D. GOUREVITCH, *art. cit.* (n. 7).

57 A. LICORDARI, «Ascesa al Senato e rapporti con i territori d'origine: Italia: Regio I (Latium)», dans *Epigrafia e ordine senatorio*, II, Tituli, V, 1982, p. 9-57, part. p. 27 sq.; G. PESIRI, «Iscrizioni di Fondi e del circondario», *Epigraphica*, 40, 1978, p. 162-184, nos 12 et 15. Citons deux de ses représentants les plus connus, pour des raisons différentes: le grand-père maternel de Livie, M. Alfidius, qui y a été décurion, et l'Aufidius Luscus du voyage à Brindes d'Horace.

58 *Tard.*, I, 178-179; III, 78; *Acut.*, II, 158.

59 L'identification à Aufidius Lurco me paraît remonter au commentaire d'A. DACIER, *Remarques critiques sur les œuvres d'Horace*, VII, Paris 1687, p. 358 sq. A la certitude de l'article de la *RE*, II, 2 (1896), col. 2293, n. 26, on opposera les fortes réserves de A. KIESSLING et B. HEINZE, (Q. HORATIUS FLACCUS, *Satiren*[5], Berlin 1921, p. 270, n. 24), la formule dubitative de F. VILLENEUVE (HORACE, *Satires*, CUF, Paris 1932, p. 175, n. 2) et l'abstention de O. SCHÖNBERGER (*Horaz, Satiren und Episteln*[2], Berlin 1991, p. 297).

60 *Sat.*, II, 4, 24-26 (trad. F. VILLENEUVE).

Nous voilà donc revenus aux *Asclepiadis scholae* de Pline, avec une lueur de plus sur la façon dont le classement des vins a pu s'établir, à travers un mélange presque inextricable d'intérêts financiers, d'idées médicales et d'authentique raffinement du goût. Nous le voyons se modifier et s'enrichir par la suite principalement sous l'effet de recommandations médicales qui commandent l'évolution du goût. Du moins jusqu'à Auguste, cette histoire se joue dans un territoire limité: les monts Albains, le littoral entre Terracine et Formies, les alentours du golfe de Naples. C'est là que se déploient alors les villas suburbaines et les villas littorales[61], qui sont les lieux par excellence de l'*otium* des sénateurs romains et d'un bouillonnement culturel[62] qui a forgé, avec beaucoup d'autres choses, au sein de cercles qui décidaient des hiérarchies gastronomiques, la science des amateurs de vin.

[Depuis les livres de N. Mathieu, *Histoire d'un nom, les* Aufidii, Rennes 1999 et de M. Di Fazio, *Fondi ed il suo territorio in età romana. Profilo di storia economica e sociale*, Oxford 2006 (*BAR*, 1481), l'assimilation des *Alfidii* et des *Aufidii* est rejetée et il n'y a pas d'indice fort pour affirmer que les *Aufidii* étaient originaires de Fundi. On trouve cependant un *Aufidius*, *quiquennalis bis* à Fundi, sans doute à la fin de l'époque républicaine (Mathieu, notice 31) et un autre magistrat à Terracine (*CIL*, I^2, 1554 = *ILLRP*, 673); je maintiens les hypothèses présentées à la page précédente].

[61] Sur ces dernières, et sur leurs liens avec les vignobles de grands crus, voir X. Lafon, «A propos des villas de la zone de Sperlonga», dans *MEFRA*, 93 (1981), p. 297-353; Id., *Villa maritima*, Rome 2001 (*BEFAR*, 307).

[62] Sur les initiatives culturelles dans la région de Baïes, voir l'important article de F. Zevi, «Fra mito e storia», dans *I Campi Flegrei*, Naples 1987, p. 11-72, particulièrement p. 39-47.

IX

ACRE FALERNUM: JUVÉNAL, XIII, 213-216*

André Tchernia

Les vers 213-216 de la satire XIII de Juvénal (elle traite des remords qui font le châtiment du criminel) ont posé beaucoup de problèmes à leurs interprètes. Les voici, dans une phrase qui commence au vers 211:

> Perpetua anxietas nec mensae tempore cessat,
> faucibus ut morbo siccis interque molares
> difficili crescente cibo, sed uina misellus
> expuit, Albani ueteris pretiosa senectus
> displicet; ostendas melius, densissima ruga
> cogitur in frontem uelut acri ducta Falerno.

Sous la plume de Pierre de Labriolle et de François Villeneuve, la Collection des Universités de France en donne la traduction suivante:

«Son anxiété est perpétuelle, sans répit, même à l'heure des repas, son gosier est sec, comme dans la fièvre, et, rebelles, les aliments s'accumulent entre ses molaires. Le vin? il le crache, le malheureux; l'Albe, le vieil Albe dont les années ont tant de prix, lui répugne; qu'on lui en offre un autre, meilleur encore, les rides se pressent sur son front contracté, comme si un Falerne âpre les y creusait».

---

* Dans *Revue de Philologie*, 75, 1 (2001), p. 125-130.

Ainsi traduits, ces vers présentent un sens paradoxal: à un vin encore meilleur que l'albain, mais qui reste curieusement anonyme, s'oppose un âpre falerne, susceptible de provoquer l'apparition d'une grimace de dégoût sur le visage du buveur. Or le falerne est le plus célèbre de tous les grands vins italiens. À sa place, a écrit R.G.M. Nisbet, on attendrait le nom d'un vin inférieur. Le grand philologue anglais, rejetant comme trop difficile l'interprétation de Courtney, sur laquelle je reviendrai dans un instant, propose de corriger *Falerno* en *Falisco*[1], et fait même de ce cas un paradigme de la conjecture textuelle: «it is indeed a merit of a conjecture, if it gets rid of an overcomplicated interpretation»[2]. Pour défendre le vin de Faléries et sa médiocrité, qui ne sont pas directement attestés, Nisbet invoque un passage d'Aulu-Gelle (20, 8, 1) qui témoigne seulement de l'existence de vignobles autour de Faléries et de la mauvaise réputation des vins d'Étrurie en général.

J.D. Duff et E. Courtney avaient pris un parti tout différent en voyant dans le falerne l'explicitation du *melius* du vers 215. Il est vrai que ce comparatif serait extrêmement plat pour renchérir sur la précieuse vieillesse de l'albain, qui est un des plus anciens grands crus de l'Italie romaine. Plus encore si l'on adopte au vers 213 la correction de Herel et Witof: *Setina* (des vins de Setia) pour *sed vina*. Duff la trouvait déjà très séduisante[3], Courtney[4] et Nisbet[5] considèrent qu'elle s'impose, G. Viansino et J. Adamietz l'ont adoptée pour leurs traductions[6]. Elle est en effet à la fois légère et utile, car le *sed* n'est pas satisfaisant. Mais, si on l'adopte, on ne peut décidément plus accepter qu'un simple *melius* vienne couronner une énumération dont les deux premiers termes sont constitués par les beaux noms de deux vins nobles; la stylistique impose qu'il soit explicité par *Falerno,* un vin qui, à l'époque de Juvénal est le seul vin que l'on puisse placer au-dessus de ceux d'Albe et de Setia, tout au sommet de la hiérarchie des crus de l'Italie romaine.

Duff, qui a le premier défendu, avec raison me semble-t-il, cette

---

[1] R.G.M. Nisbet, «Notes on the text and interpretation of Juvenal», *BICS* suppl. 51, Londres 1988, p. 86-110 = *Collected Papers on Latin litterature*, éd. par S.J. Harrison, Oxford 1995, p. 225-271 (p. 258-259). La correction *Falisco* a été adoptée par N. Rudd dans sa traduction des Satires de Juvénal (N. Rudd, *Juvenal, The Satires*, Oxford 1991).

[2] R.G.M. Nisbet, «How textual conjectures are made», dans *MD*, 26 (1991), p. 65-91 = *Collected Papers on Latin litterature*, cit., p. 338-361 (p. 349-350).

[3] *D. Iunii Iuuenalis saturae XIV*, éd. par J.D. Duff, Cambridge 1962, p. 411-412.

[4] E. Courtney, *Commentary on the Satires of Juvenal*, Londres 1980, p. 558.

[5] R.G.M. Nisbet, *Collected Papers on Latin litterature*, cit., p. 19, 258, 349-350.

[6] Milan 1990, p. 477 et Munich 1993, p. 272.

vision de la structure de la phrase, traduisait *acre* par *bitter*, et précisait qu'il fallait bien traduire par *the bitter Falernian*. L'article est important; il veut dire que l'amertume ne serait pas un accident du falerne bu cette fois-là, mais la qualité permanente du cru. Duff accordait que de faire d'un vin amer celui qui a le plus de prix est éloigné de notre conception du goût du vin, mais il apportait en faveur de sa thèse un texte de Sénèque, *Ep.*, 63, 5: *in uino nimis ueteri ipsa nos amaritudo delectat*. Il aurait pu ajouter Catulle, 27, 1-2: *Minister uetuli puer Falerni / inger mi calices amariores*.

L'amertume est dans l'Antiquité le signe de l'extrême vieillesse d'un vin, donc de sa rareté et de son prix; elle flatte le désir d'ostentation sociale de celui qui le sert, et son goût a pu dans cette mesure être valorisé, quoiqu'on le considère en général comme peu agréable au palais. Dans l'interprétation de Duff, c'est bien en face d'un vin de la plus grande qualité que le criminel fait la grimace: pas même cela ne peut lui faire surmonter sa répugnance pour la nourriture et la boisson.

Courtney, tout en admettant la justesse de l'équivalence *melius – Falerno,* n'a accepté ni la traduction d'*acre* par *bitter* (il préfère *vinegary*, piqué), ni l'interprétation générale de Duff. Il propose de mettre *velut acri* entre virgules, et préserve ainsi les qualités gustatives du falerne: *the man only imagines this*. On pourrait dire en francais «comme s'il était piqué», et en effet il y aurait bien de quoi plisser le front de surprise et de déception en découvrant qu'un aussi grand vin est piqué. Mais, selon Courtney, en réalité, il ne l'est pas; c'est bien l'anxiété rongeant le criminel qui lui inflige, à la simple vue du falerne, la réaction qu'aurait un buveur déçu, de même qu'elle lui a fait cracher le vin de Sétia, ne pas aimer celui d'Albe, et, plus haut, ne pas parvenir à avaler ses aliments[7].

* * *

Acer, toutefois, ne veut dire ni piqué ni amer. Il y a quatre siècles qu'Henri Estienne, dans le *Thesaurus Graecae Linguae*, *s.v.* δριμύς, a bien vu que ce mot sert entre autres à traduire l'adjectif grec δριμύς[8]. Il appuyait sa démonstration sur deux textes parallèles de Dioscoride et de Pline l'Ancien, où ce dernier traduit à coup sûr δριμύς par *acer*[9]. On pourrait y ajouter les caractères du suc de

[7] C'est l'interprétation qu'ont adoptée G. Viansino, p. 477, et J. Adamietz, p. 272 (v. nt. préc.).

[8] Réédition Firmin Didot, II, Paris 1833, col. 1680.

l'argémone: κροκίζοντα, δριμύν pour Dioscoride (II, 177), *croci colore acrem et acutum* pour Pline (XXV, 102). Au livre XV, 106 de l'*Histoire Naturelle*, Pline donne une liste de dix saveurs fondamentales: *dulcis, suauis, pinguis, amarus, austerus, acer, acutus, acerbus, acidus, salsus*. Ces termes reprennent les huit saveurs d'Aristote[10] et de Théophraste[11], en y ajoutant *suauis* et *acutus*. *Acer* y répond sans aucun doute à δριμύς; il est doublé par *acutus*, rarement employé pour les saveurs, mais que nous venons de trouver à côté d'*acer* à propos de l'argémone, et qui partage le même voisinage chez Pline le Jeune (Ep., 7, 3, 5): *si cenam tibi facerem, dulcibus cibis acres acutosque miscerem*.

Un passage du livre III du commentaire de Galien au «Régime des maladies aiguës» d'Hippocrate[12] montre que δριμύς est un des termes de base de la dégustation du vin. Il n'a aucun caractère péjoratif[13]:

ἡ δὲ κατὰ τὴν γεῦσιν διαφορὰ τῶν οἴνων εἰς γλυκὺν καὶ αὐστηρὸν τέμνεται καὶ δηλονότι κἀνταῦθα τὸν ἀμφοῖν μέσον, ὃς οὐδετέραν ἔχει σαφῆ ποιότητα, καὶ πρός γε τούτοις τὸν ἐξ ἀμφοτέρων τῶν ποιοτήτων σύνθετον, ἔτι τε τὸν δριμὺν ὀνομαζόμενον.

«Selon la saveur, les vins se différencient en se répartissant dans les directions du doux et de l'astringent, avec bien évidemment là aussi un moyen terme entre les deux pôles, qui n'a pas une qualité nette. En plus de ces derniers, il y a les vins qui combinent les deux saveurs, et enfin il y a celui qu'on appelle *drimus*».

D'autres passages de Galien font comprendre que cette saveur est une caractéristique des vins vieux:

---

[9] À propos du *pycnocomum*, DIOSCORIDE, IV, 174 (φύλλα ἔχει ὅμοια εὐζώμῳ, τραχέα δὲ καὶ δριμέα καὶ παχύτερα) et PLINE, *H.N.*, XXVI, 57 (*erucae foliis crassioribus et acrioribus*); à propos du *smyrnion*, DIOSCORIDE, III, 68 (ἡ δὲ ῥίζα δριμεῖα, εὐώδης ἁπαλή); PLINE, *H.N.*, XXVII, 133 (*Radix quoque odorata, gustu acri mordet, sucosa, mollis)*, et, quelques lignes plus haut, sur les feuilles de la même plante, DIOSCORIDE, φύλλα δὲ πλατύτερα – τὰ δὲ πρὸς τὴν γῆν καὶ ὑποπερικλᾶται – ὑπολίπαρα καὶ ῥωμαλέα καὶ εὐώδη σὺν δριμύτητι; PLINE, *folia latiora (...), pinguia et ad terram infracta, odore medicato cum quadam acrimonia*.

[10] *De anima*, II, 10 (422b).

[11] *De causis plantarum*, VI, 1,1.

[12] Édition Kühn, XV, Leipzig 1828, p. 626-632; édition HELMREICH, dans *Corpus Medicorum Graecorum*, V, 9, 1, Leipzig-Berlin 1914, III, 1-2.

[13] La remarque a été faite pour la première fois par G. Bertucchi, dans la publication d'une thèse dirigée par F. SALVIAT, *Les amphores et le vin de Marseille*, Paris 1992 (*RAN*, 25), p. 202-203.

καλοῦσι δὲ οἱ περὶ ταῦτα δεινοὶ παλαιοῦσθαι τὸ μετάβαλλειν ἑτοίμως, εἰς τὴν τοιαύτην ποιότητα τῶν παλαιουμένων. δριμύτης δ' ἐστὶ αὔτη μετὰ τοῦ θερμαίνειν σαφῶς, ὕστερον δὲ καὶ πικρότης, εἰς ἣν μετέστη.

«Les spécialistes appellent vieillissement la transformation par laquelle le vin prend de façon manifeste les caractères des vins vieux. Ces caractères sont la *drimutès,* accompagnée d'un effet chaleureux évident, et plus tard l'amertume, en quoi la *drimutès* se transforme»[14].

J'ai proposé ailleurs de comprendre δριμύς quand il s'applique au vin, comme un adjectif polysémique, indiquant à la fois un degré d'alcool élevé (d'où l'emploi d'un terme voulant originellement dire piquant ou brûlant) et un goût, ressenti positivement, de madérisé[15].

* * *

À la fin du Ier et au début du IIe siècle de n. è., un très vieux falerne est le vin le plus précieux que puisse servir un hôte. C'est ce vieux falerne qui, originellement blanc ou ambré (κιρρός)[16], devient sombre ou noir en vieillissant, comme le font maintenant des sauternes séculaires madérisés. On les servait ainsi à la table de Mécène, du moins dans l'image que s'en faisait Martial un siècle plus tard[17], et le poète lie l'âge avancé des falernes et leur couleur sombre[18]. Elle désigne par elle-même un vin précieux, donc longuement vieilli, comme dans les beaux vers de l'épigramme VIII, 55, 13-14:

> Adstabat domini mensis pulcherrimus ille
> marmorea fundens nigra Falerna manu.

Un vieux falerne noir est inévitablement *acre*. Juvénal, dans le passage que nous étudions, procède comme Martial, mais en em-

[14] Éd. Kühn, XIV, 14-15. Voir aussi XI, 87 et 655.

[15] A. Tchernia, J.-P Brun, *Le vin romain antique,* Grenoble 1999, p. 133-135. Voir *infra*, p. 209-214.

[16] Dioscoride, V, 6, 11; Galien, VI, 275; XI, 87 et voir VI, 801; Athénée, 1, 26 d.

[17] Martial, VIII, 55 (56), 14.

[18] II, 40, 5-6: «Que l'on filtre les cécubes et les vins qu'a mûris l'année d'Opimius, que les falernes sombres soient versés dans un petit flacon» (*Caecuba saccentur quaeque annus coxit Opimi, condantur parco fusca Falerna uitro*), VIII, 77, 6: «Qu'un vieux falerne noircisse les cristaux éclatants» (*candida nigrescant uetulo crystalla Falerno*), et XI, 49, 7: «On me demande maintenant une amphore décrépite emplie de noir falerne» (*amphora nunc petitur nigri cariosa Falerni*).

ployant un adjectif de saveur. Son texte dit simplement que, même devant le plus grand vin possible, riche des qualités que lui confèrent son terroir et son âge, le criminel accablé par le remord plisse le front et n'éprouve que du dégoût. La gradation *Setinum, Albanum vetus, acre Falernum* est parfaitement cohérente du point de vue de la hiérarchie des vins. Nous retrouvons l'interprétation de Duff, débarrassée de la difficulté que créait la traduction d'*acer* par amer.

On pourrait aussi envisager une solution légèrement différente, si l'on évoque un passage de Galien qui semble présenter la seule occurrence où l'adjectif δριμύς désigne une saveur native du vin plutôt que celle acquise par le vieillissement. Il s'agit du chapitre XIV du *De theriaca ad Pisonem*. Galien y indique le vin susceptible de fournir un bon excipient pour les thériaques: le meilleur vin possible, par exemple le falerne doux, pas le Faustianum, mais celui qui est δριμύς et que tous appellent ἄκτος[19]. Le falerne faustinien désigne un terroir plus restreint, une division du cru générique falerne, citée par Pline[20], Fronton[21] et Galien dans d'autres passages[22]; il produit un falerne doux. Le falerne δριμύς se caractérise lui par une saveur particulière; ἄκτος est un hapax, mais on y discerne vraisemblablement le thème indo-européen *ak-, que l'on retrouve dans ἀκκίς, ἀκμή, *acus, acer, acerbus,* idée de pointe et de piquant, qui est bien le sens normal de δριμύς. Pour comprendre comment certains falernes peuvent être à la fois doux et piquants, γλυκεῖς et δριμεῖς on peut se référer à Athénée, qui explique les conditions dans lesquelles on récolte le falerne doux: quand au moment de la vendange souffle un vent du sud. Le vin que l'ont fait est alors plus noir[23]. Sa couleur se rapproche donc de celle des vieux falernes, et sa saveur doit aussi les évoquer. Le vent du sud, chaud, passerille les raisins, ce qui favorise une oxydation rapide et la concentration du sucre, donc un degré alcoolique élevé. On a là un vin doux différent du *Faustianum*.

Il n'est pas impossible que Juvénal, si ce vin particulier, produit uniquement les années où le vent lui était favorable, existait déjà à son époque, ait voulu le désigner dans le passage que nous étudions.

---

[19] Èd. Kühn, XIV, p. 267: ὁ φαλερῖνος γλυκὺς, ὁ μὴ φαυστιανὸς, ἀλλ'ὁ δριμύς τε καὶ πᾶσι καλούμενος ἄκτος.

[20] XIV, 63.

[21] *De Fer. Als*., 3, 2 = éd. Naber, p. 224; éd. van den Hoaut, p. 228.

[22] Èd. Kühn, VI, 801; X, 832; XIV, 19-20.

[23] ATHÉNÉE, I, 26c.

X

ARCHÉOLOGIE EXPÉRIMENTALE ET GOÛT DU VIN ROMAIN: LA VALORISATION DU GOÛT DE MADÉRISÉ *

André Tchernia

Un art consommé de la dégustation des vins existait à Rome, qui ne se limitait pas à l'intervention du *bonus vir* sachant dire si un vin proposé à la vente était loyal et marchand[1]. Auguste disposait d'un affranchi dont le jugement et le palais étaient particulièrement exercés, *judiciorum ac palati peritissimus*[2]. Il choisissait pour l'Empereur les vins de ses dîners, pratiquant ainsi la *censura vini*, la critique oenologique, comme d'autres la *censura culinarum*, la critique gastronomique[3].

Presque aux deux extrémités de la littérature latine, Térence et Cassiodore révèlent une technique. Dans l'*Héautontimoroumenos* (457-458) Chrémès se plaint qu'un dîner auquel participait la courtisane Bacchis lui a coûté bien cher car «pytissando modo mihi /

* Ce texte est une version remaniée et complétée de deux articles antérieurs: «Archéologie expérimentale et goût du vin romain», dans *El Vi a l'Antiguitat: Economia, producció i comerç al Mediterrani Occidental*, II Colloqui internacional d'arqueologia romana (Badalona, 6-9 Maig de 1998), Badalona 1998, p. 504-510, et «Le goût du vin romain», dans *Actas del I simposio de la asociación internacional de historia y civilización de la vid y el vino (Puerto de Santa Maria, Enero 2001)*, éd. par J. Maldonado Rosso, I, El Puerto de Santamaria 2001, p. 49-59.

1 Caton, *De agr.*, 148.

2 Pline, *N.H.*, XIV, 72.

3 Pline, *N.H.*, IX, 168.

quid vini absumpsit». *Pytissando*, qui est le grec πυτίζω «cracher» latinisé, a été fort bien traduit par Jules Marouzeau: «Rien qu'à la dégustation, le vin qu'elle a pu me consommer!». Près de sept siècles plus tard, Cassiodore[4] fournit une clef de cette pratique: le *Palmatianum*, délicieux vin de son Bruttium natal, *ita redolet ore ructatum ut merito illi a palma nomen videatur impositum*: «son parfum quand on le crache lui a valu à bon droit de tirer son nom de celui de la palme». Cracher fait ressortir l'arôme.

Les descriptions de crus, dont les versions les plus détaillées ne nous sont pas parvenues, atteignaient assez de précision pour que Galien, arrivant de Pergame à Rome sans avoir jamais bu de Falerne doux, sût le reconnaître simplement à partir de ce qu'il avait lu auparavant de ses caractères[5]: c'est un tour de force dans la définition d'un vin. Galien est aussi, dans un texte où il critique le classement des vins présenté par Hippocrate, l'auteur d'une page qui est un véritable petit manuel de dégustation, ce que la littérature ancienne nous a transmis de plus précis sur la façon d'examiner le vin:

> «Les vins se différencient premièrement par leur couleur, deuxièmement par leur saveur, troisièmement par leur consistance, quatrièmement par leur odeur et cinquièmement par leur force.
>
> La couleur se répartit en blanc, noir, doré, ambré et rouge, avec d'autres nuances intermédiaires, où se mêlent plusieurs des précédentes (il en va du reste de même pour la force).
>
> Selon la saveur, les vins se répartissent en moelleux et astringents, avec bien évidemment là aussi un moyen terme entre les deux pôles, qui n'a pas une qualité nette. En plus de ces derniers, il y a les vins qui combinent les deux saveurs, et enfin il y a la saveur qu'on appelle piquante.
>
> Selon la consistance, les vins se répartissent en aqueux et fluides ou tout à fait épais, avec bien évidemment un moyen terme entre les deux pôles, et encore une fois tous ceux qui sont intermédiaires entre la moyenne et les extrêmes.
>
> Du point de vue de l'odeur, les vins se distinguent dans la mesure où les uns ont une bonne odeur, les autres non, mais plutôt une odeur violente et désagréable; d'autres n'en ont pas du tout et sont inodores comme de l'eau.
>
> Selon la force, la répartition se fait en ce que l'un est fort, l'autre léger; un autre forme un moyen terme et un autre se situe entre la moyenne et les extrêmes. Le fort est celui qui échauffe fortement et rapidement le corps et qui monte à la tête; le léger est à l'inverse. Bien évidemment ceux qui sont intermédiaires s'écartent des extrêmes. On appelle le fort vineux, le léger aqueux. En effet, chaque fois que dans un vin nous voyons se manifester

[4] *Variae*, XII, 12, 4.

[5] GALIEN, ed. Kühn, XV, p. 626.

avec le plus de force ce en quoi le vin l'emporte sur l'eau, nous l'appelons à juste titre vineux, et à l'inverse aqueux celui qui en tout ressemble le plus à l'eau, en particulier par sa fluidité, sa couleur, son absence d'odeur et le fait qu'il n'échauffe manifestement pas».

Comme Galien, les dégustateurs actuels considèrent successivement la couleur d'un vin, son odeur, sa viscosité (en regardant la formation des gouttes sur la paroi du verre) et sa saveur, dans laquelle entre la force ou vinosité. Galien structure la saveur du vin autour de trois pôles: αὐστηρός, γλυκύς, δριμύς, que j'ai traduits par astringent, moelleux et piquant. C'est aussi autour d'un triangle dont les pointes sont l'astringent, le moelleux et l'acide que les manuels de dégustation distribuent souvent les saveurs du vin moderne. L'identité des lignes astringent-moelleux et αὐστηρός - γλυκύς est évidente. La troisième pointe du triangle est plus difficile à interpréter. Δριμύς, dans son sens premier, désigne quelque chose de piquant au toucher, une flèche ou un javelot par exemple. On le rattache à la racine **der(H)*, «écorcher, déchirer»[6]. La fumée qui pique les yeux est aussi dite δριμύς. Au sens métaphorique, δριμύς peut indiquer un argument incisif, ou, appliqué à un homme, un caractère agressif comme un esprit pénétrant.

Galien, dans son traité sur «les vertus et les tempéraments des drogues simples», en a précisé le sens quand il s'applique aux saveurs des aliments:

> «Si tu demandais au premier venu ce qu'il appelle un aliment piquant, il dirait, je pense, ce qui échauffe fortement quand on le goûte, comme le poivre, le pyrèthre, le cresson, l'ail, l'oignon et toutes les choses de ce genre. Il me semble que ce genre de saveur étant la seule à ne pas avoir de dénomination propre, on utilise dans un sens particulier la dénomination commune. En effet la saveur amère et la saveur acide sont l'une et l'autre piquantes, mais quand nous trouvons dans un corps une forte saveur piquante sans qu'il soit ni amer ni acide, nous avons pris l'habitude de l'appeler piquant, quoiqu'il y ait, espèce par espèce, beaucoup de corps de ce genre»[7].

Δριμύς est donc bien distingué de l'acide, ὀξύς. Théophraste donnait déjà des référents voisins de ceux de Galien: moutarde, cresson, origan, sariette[8]. Et Platon dans le *Timée*[9] définissait ce qui est δριμύς comme composé de particules qui, une fois chauffées par

[6] LAMBERTERIE 1990, p. 446-447.
[7] XI, 679-80.
[8] *H.P.*, I, 12, 1.
[9] 64 e.

la bouche, deviennent brûlantes, puis s'élèvent, du fait de leur propre légèreté, vers les organes sensoriels situés dans la tête, en coupant tout ce qu'elles rencontrent sur leur passage. Il s'agit à coup sûr de la saveur qu'on appelait âcre, au sens de Littré, «qui a quelque chose de piquant et de corrosif au goût». Acre a mainteant un sens plus flou, «On appelle aujourd'hui cette saveur», comme le disait J.-L. Flandrin, «'piquante' ou 'pimentée' en français, 'hot' en anglais[10]». Je traduirai pour le moment δριμύς par piquant. Les Anciens ne connaissaient pas le piment, mais le poivre, la moutarde, le thym grec sont bien des condiments qui brûlent la bouche. Mais, ni la sensation, ni le mot 'piquant' ne font actuellement partie des caractères ou des termes mis en œuvre par les dégustateurs modernes pour parler du vin[11]. Le sens de δριμύς appliqué au vin à l'époque romaine reste à élucider.

I. Refaire du vin romain d'apres Columelle

C'est avec cette question en tête, à côté de plusieurs autres, concernant en particulier la conservation des vins, que nous avons entrepris, avec le concours d'Hervé Durand, propriétaire du Mas des Tourelles dans les Costières de Nîmes, près de Beaucaire[12], une reconstitution de vin romain.

Un texte de Columelle paraissait particulièrement intéressant, à la fois par sa précision et parce qu'il mettait en œuvre des aromates dont nous ne savions pas prédire l'effet. Le résultat bien entendu n'apporte d'éclairage qu'à un des multiples types de vinification utilisés dans l'Antiquité. Il laisse en particulier de côté tout le pan de la vinification à la résine[13] et à la poix[14], abondamment décrit par Columelle et Pline l'Ancien.

Il s'agit du § 21 du Livre XII du *De agricultura* de Columelle, qui décrit le procédé utilisé par son oncle, agriculteur en Bétique parmi les plus savants et distingués, «pour faire vieillir un moût sans force»:

---

[10] Flandrin, Montanari 1996, p. 500.

[11] Les sensations de piquant et d'astringent sont transmises par le nerf trijumeau, qui transmet aussi les sensations tactiles de la langue ainsi que celles de chaud et de froid. On ne les range plus maintenant parmi les saveurs.

[12] Sur les circonstances de notre rencontre, voir Tchernia, Brun 1999, p. 7-8. L'expérience a été commencée en 1991. Elle s'est prolongée par la construction d'un pressoir romain sous la direction de J.-P. Brun: on peut lire dans le même volume les conclusions qu'il en a tirées. Le vin est commercialisé sous le nom de *Turriculae*.

[13] Caton, *De agr.*, 23, 3; Pline, *N.H.*, XIV, 120-124.

[14] Columelle, *De agr.*, XII, 20, 3; 20, 6; 22-24; Pline, *N.H.*, XIV, 120; 124-125.

1. On fera cuire jusqu'à réduction au tiers du moût de la saveur la plus douce possible: ainsi réduit, il prend le nom de *defrutum*, comme je viens de le dire. Lorsqu'il est refroidi, on le transvase dans d'autres vaisseaux et on le met en réserve pour l'employer au bout d'un an. On peut aussi toutefois l'ajouter au vin neuf jours après qu'il a refroidi, mais il est meilleur après une année de repos. On ajoute un setier de ce *defrutum* à deux urnes de moût, si le moût provient de vignes de coteaux, mais trois hémines, s'il provient de vignes de plaines. 2. On laisse deux jours le moût tiré de la cuve fermenter et se purger; le troisième jour, on ajoute le *defrutum*, puis, deux jours après, quand ce moût aura fermenté avec le *defrutum*, on le purge et, dans cet état, on y ajoute pour deux urnes une bonne cuillerée ou la mesure d'une demi-once bien pleine de sel grillé et égrugé. Ce sel, le plus blanc possible, est jeté dans un pot de terre non poissé; quand le pot a reçu le sel, on l'enduit tout entier soigneusement d'un mélange d'argile paillée; on le place ainsi sur le feu et on le torréfie tant qu'on entend des pétillements; quand ils commencent à cesser, la cuisson est terminée. 3. On fait en outre macérer pendant trois jours du fenugrec dans du vin vieux; puis on l'en retire et on le fait sécher au four ou au soleil; quand il est devenu sec, on le broie. Une fois broyé, après avoir salé le moût, on en jette pour deux urnes une bonne cuillerée ou une coupe de même contenance, soit un quart de cyathe; puis, quand le moût a terminé sa fermentation et s'est reposé, on mêle autant de fleur de gypse qu'on a mis de sel, et le lendemain on purge la jarre, on couvre le vin traité et on lute le couvercle.

4. C'est de cette préparation que Columelle, mon oncle paternel, agriculteur distingué, usait habituellement sur les domaines où il avait des vignobles en terrain marécageux; mais, quand il apprêtait des vins de coteaux, il ajoutait, au lieu de sel, de l'eau de mer réduite au tiers. Elle ajoute sans aucun doute à la quantité et au bouquet, mais elle risque de gâter le vin, si elle n'est pas convenablement cuite. On la prend, comme je l'ai déjà dit, le plus loin possible du rivage, car elle est d'autant plus limpide et plus pure qu'elle a été prise plus loin en haute mer.

5. [...] Il suffit d'ailleurs d'ajouter un setier d'eau de mer à deux urnes de moût, bien que beaucoup de personnes en versent même deux setiers et quelques-uns même jusqu'à trois, ce que je ne désapprouverais pas si le vin était assez fort pour qu'on ne sente pas la saveur de l'eau salée.

traduction J. André, Les Belles-Lettres

La préparation du *defrutum* est décrite aux § 19 et 20 du même livre de Columelle. Elle consiste à réduire progressivement le moût par ébullition jusquà ce qu'il n'en reste qu'un tiers[15]. Nous n'avons

[15] Sur le *défrutum*, voir Brun 2003, p. 72-74 et J. Van der Werff, «Old and new evidence on the contents of Haltern 70 amphoras», dans éds, *Vivre, produire et échanger, reflets méditerranéens. Mélanges offerts à Bernard Liou*, ed. par L. Rivet, M. Sciallano, Montagnac 2002, p. 445-449.

pas cherché à respecter les consignes de l'agronome latin sur la vendange à la nouvelle lune des raisins destinés à cet usage. Ils ont été récoltés et pressés au moins une semaine avant la vendange principale. Après la première année, le *defrutum* de l'année précédente a pu parfois être utilisé, comme le recommande Columelle. Il est probable que dans ce cas la décantation du produit, très riche en bourbes, est meilleure. Nous avons évité d'utiliser des récipients en plomb: les risques de saturnisme ne sont pas à écarter[16]. Selon les préceptes de Columelle, des coings ont été mis à cuire pendant quelques heures dans le moût en ébullition, il a été remué avec un balai de fenouil et écumé. Nous avons procédé aux adjonctions prescrites de deux substances aromatiques: fenugrec et rhizome d'iris, à raison de 0,18 gr/litre. Columelle en indique aussi une troisième, le *schoenus* que J. André traduit par «herbe-à-chameau», et qui est le *Cymbopogon schoenanthus* ou le *Cymbopogon olivieri* plus aromatique[17]. Cet aromate est difficile à trouver. Nous n'avons pu l'utiliser qu'une fois. Il a paru apporter au vin un léger goût citronné, sans changer de façon notable la nature de celui que nous avions obtenu auparavant.

Fort peu de cépages – deux exactement, la rèze dans le Valais et la mondeuse en Savoie – peuvent avec quelque fondement prétendre être les héritiers de cépages romains. On ne les trouve évidemment pas dans les Costières du Gard. Nous avions besoin d'un cépage blanc, puisque les rouges n'étaient pas appréciés dans l'Italie romaine. Un seul était disponible au Mas des Tourelles: le Villard blanc, un hybride créé après la crise du phylloxéra, donc bien éloigné d'avoir le moindre rapport avec un cépage antique. Il présentait cependant un double avantage: le premier, que ses raisins, très résis tants, peuvent être cultivés pratiquement sans traitements; le second qu'ils produisent un vin agréable mais peu aromatique, de goût neutre, qui ne pouvait jurer avec les aromates que nous avions ajoutés. Il en laisserait au contraire bien mesurer les effets.

Résumons les opérations menées en application du texte:

– deux jours après le début de la fermentation, ajouter 1/36 à 1/24 de *defrutum* aromatisé.

– quatre jours après le début de la fermentation, 0,60 cl/litre

[16] Voir l'expérience menée par J. Eisinger, «Lead and Wine. Eberhard Gockel and the *colica Pictonum*», dans *Medical History*, 26 (1982), p. 279-302.

[17] Je remercie Mme Suzanne Amigues qui a identifié le *schoenus* et a réussi, non sans peine, à nous en procurer.

d'eau de mer concentrée au tiers, soit l'équivalent d'environ 0,7 g de sels (chlorure de sodium et autres) par litre.

– en même temps, 0,3 gr/litre de fenugrec macéré dans du vin, séché et broyé.

– à la fin de la fermentation, 0,7 g/litre de plâtre (gypse chauffé).

Il n'est pas difficile de savoir ce qu'on peut attendre de l'adjonction de *defrutum,* de plâtre et de sel. Le rôle des aromates était moins prévisible.

1. Le *defrutum*

La réduction du moût par ébullition concentre le sucre, mais aussi l'acidité. En en ajoutant au moût pendant la fermentation, on augmente le degré d'alcool du vin et son acidité. Ce second point est fort utile dans les vignobles méridionaux. L'addition de moût concentré est encore pratiquée de nos jours à côté du sucrage[18]. La vinification antique a très souvent utilisé du *defrutum* diversement apprêté[19].

Le texte de Columelle ouvre une fourchette de proportions pour l'adjonction de *defrutum* au moût en fermentation: 1/48 si l'on traite du vin de coteau, 1/36 s'il s'agit de vin de plaine. Il va, à la fin du § 20, jusqu'au 1/24 dans les cas d'années trop humides. Caton préconisait une proportion d'1/40[20].

Nous avons adopté d'abord la proportion de 1/36, puis nous sommes passés à 1/24 pour tenir compte de ce que le Villard blanc n'atteint qu'un degré alcoolique faible. Avec 1/36, la teneur en alcool a été augmentée d'un demi à trois-quarts de degré et l'acidité totale de 0,2 à 0,3 gr/l. Ce résultat est toutefois légèrement inférieur à l'effet réel si l'on tient compte de l'adjonction d'eau de mer concentrée que nous avons également opérée et qui ajoute au vin la faible proportion d'1/144 d'eau.

2. Le salage et le plâtrage

Pour le sel, nous avons privilégié l'usage d'eau de mer concentrée au tiers, ajoutée dans la proportion indiquée par Columelle (1/48 d'eau de mer avant concentration dans mon interprétation); elle sale le vin à raison de 0,76 gr/litre. La proportion indiquée en cas d'usage de sel grillé et écrasé équivaut à 0,52 gr/litre.

---

[18] Peynaud 1981, p. 78-79.

[19] Outre Columelle, Pline, *N.H.*, XIV, 75, 93, 129, 135; Palladius, XI, XIV, et les inscriptions sur amphores citées par Brun et van der Werff.

[20] *De agr.*, 23, 2.

Le sel a été utilisé par les vignerons du XIXe s., en présence de matières albuminoïdes, comme adjuvant du collage[21], mais il a aussi accompagné ou remplacé le plâtrage, certains vignerons estimant que son effet conservateur était équivalent[22]. De fait, il peut, même à faible dose, avoir dans certains cas un effet antiseptique. Pour Columelle, le sel prévient la maladie de la graisse (qui fait filer le vin et lui donne la viscosité de l'huile); il est indispensable à toute vendange[23]. Mais au IIe s., Plutarque lui accorde déjà les deux rôles: éviter les mauvaises odeurs et la putréfaction (pour les Anciens, l'acétification est une putréfaction); faire déposer les lies et rendre le vin plus limpide[24].

Le plâtrage a été encore plus répandu. Le gypse chauffé est un sulfate de chaux dont l'adjonction acidifie les moûts[25], alors que le carbonate de chaux (chaux, craie, marbre) les désacidifie. Le plâtrage était abondamment utilisé au XIXe s. dans la vinification des régions méridionales, le sud de la France, l'Espagne, l'Italie du Sud et la Sicile[26]. L'objectif, d'après W. Maigne, auteur en 1874 du *Nouveau manuel complet du sommelier et du marchand de vins,* est plus précisément «d'aviver la couleur du vin, d'augmenter sa vinosité et de favoriser sa conservation». «Cette pratique», ajoute-t-il, «remonte à une haute antiquité. Elle a été adoptée, depuis quelques années, par presque tous les propriétaires de crus médiocres ou mauvais, et, grâce à elle, tous les vins défectueux, qu'il était impossible de garder ou de transporter, peuvent arriver aujourdhui au consommateur. On considère généralement les vins plâtrés comme n'étant pas falsifiés»[27]. En 1880, une circulaire ministérielle limita le plâtrage à 2 g/l - bien au-dessus donc de la proportion employée par Columelle. C'était trop peu pour les vignerons. Il faut citer quelques lignes savoureuses parues huit ans plus tard, en 1888, dans le numéro 8 du *Bulletin mensuel de la société d'agriculture, d'horticulture et d'acclimatation du Var, La Provence agricole et horticole*:

«Placé entre deux autorités scientifiques en complète contradiction:

---

[21] JULLIEN 1999, p. 108; TURIÉ 1894.

[22] PELLICOT 1876, p. 301; TURIÉ 1894.

[23] XII, 23, 3. Cf. *Géoponiques*, VII, 12, 1.

[24] *Moralia*, 914 e.

[25] Par combinaison avec le bitartrate de potasse du vin, le gypse produit du sulfate de potasse, du tartrate de chaux et de l'acide tartrique. Le tartrate de chaux, qui est insoluble, se dépose et favorise la clarification. Le sulfate de potasse et l'acide tartrique augmentent l'acidité du vin. De là un effet conservateur, surtout quand les vendanges de pays chauds donnent peu d'acidité.

[26] LENTINI 2003.

[27] MAIGNE 1985, p. 326.

l'Ecole d'agriculture de Montpellier d'une part, tenant le plâtrage pour une pratique utile, souvent même indispensable, en tout cas sans danger pour la santé publique, et l'Académie de Médecine de l'autre, qui n'admet pas, en principe, cette opération, mais la tolère dans une certaine mesure; aussi peu éclairé qu'il l'était les années précédentes, le gouvernement a résolu de maintenir encore le *statu quo*.

En conséquence, M. le Garde des Sceaux vient d'adresser aux procureurs généraux des instructions pour proroger d'un an encore la tolérance dont jouissent les vins plâtrés, et ajourner une fois de plus la circulaire du 27 juillet 1880».

Il a fallu attendre une loi du 11 juillet 1891 pour que la limite des 2 g/l soit appliquée. On la retrouve dans le code du vin de 1936 et elle a été confirmée par décret en 1962, ainsi que le salage, limité lui à 1 g/l. L'interdiction totale de plâtrer viendra seulement, dans les années 1970, des lois de la communauté européenne. Mais dans la pratique, salage et plâtrage avaient été abandonnés après la première décennie du XXe s. Cependant, encore maintenant, le plâtrage est parfois maintenu comme une pratique traditionnelle pour les vins de Xérès, dont les raisins offrent peu d'acidité. On les saupoudre de gypse. Cela aboutit à un plâtrage d'environ 2 g/litre.

L'usage du gypse était très répandu dans l'Antiquité, particulièrement dans les régions les plus méridionales. Dès la fin du IVe siècle av. n. è., Théophraste le signale en Italie[28]. Columelle l'emploie dans d'autres apprêts à plusieurs reprises[29], Pline le connaît en Afrique[30], Athénée dans les îles de la mer Ionienne[31], Palladius en Grèce; il le recommande, si le vin est trop aqueux, dans des proportions bien supérieures à celle de Columelle: 6 g/l[32]; pour l'Abba Isaïe, moine égyptien du IVe siècle, il est aussi indispensable pour faire le vin que l'enseignement des Pères pour faire progresser la jeunesse[33].

Columelle, dans un autre passage[34], et Pline, dans son texte sur le plâtrage en Afrique[35], présentent le marbre ou la chaux comme des équivalents du plâtre; pour Pline, l'effet recherché est de tempérer l'âpreté du vin. Cette confusion est restée fréquente. En 1810,

---

[28] *De lap.*, 67.
[29] XII, 20, 8; 28, 2.
[30] XIV, 120; cf. 126.
[31] 33 b.
[32] XI, 14.
[33] Asceticon, *logos* XVIII. Je remercie encore mon ami Pierre Petitmengin, qui, il y a bien longtemps, m'a signalé ce beau texte.
[34] *De agr.*, XII, 20, 8.
[35] *Africa gypso mitigat asperitatem nec non aliquibus partibus sui calce.*

Etienne Chevalier, savant vigneron d'Argenteuil et ancien député à la Constituante, commettait la même erreur: «Quand le vin est vert, acerbe, dur, on peut l'adoucir en mettant par le bondon deux ou trois poignées de plâtre en poudre, ou autant de craie ou de blanc d'Espagne»[36]. On la retrouve à la même époque chez des vignerons siciliens[37]. Elle s'explique peut-être par la présence fréquente de carbonate de chaux mêlé au gypse.

3. Les aromates

Le fenugrec, qui aromatisait déjà le *defrutum* a été ajouté au moût selon les prescriptions de Columelle, dans la proportion de 0,4 ml/litre, ou, d'après nos calculs de densité, de 0,3 g/litre. Le fenugrec est une légumineuse. Il offre un arôme prenant d'épice orientale, de la même famille que l'arôme du cumin. Il entre dans la composition des currys. Il joue le rôle essentiel dans l'aromatisation du vin de Columelle.

Au Maghreb et en Orient, le fenugrec fortifie les enfants malingres et les convalescents; les jeunes femmes désireuses de prendre de l'embonpoint en mangent. Il est également employé, en usage interne et externe, contre toutes sortes de maux, au point d'apparaître comme une panacée. En Occident, ses feuilles ont été largement utilisées comme fourrage. On y a renoncé parce que la viande en prenait le goût. On trouve encore, dans nos pharmacies, des comprimés prescrits comme fortifiants dont il forme la base.

En dehors de ce passage de Columelle, et d'un autre du même auteur qui présente un apprêt très voisin[38], le fenugrec est peu mentionné par les textes anciens à propos de la vinification, sauf dans les Géoponiques. Là, il entre, avec plusieurs autres plantes aromatiques, dans la préparation de la poix destinée à la paroi des *dolia*[39]. Le fenugrec fait aussi partie, un peu plus loin dans le même ouvrage, des produits qui stabilisent le vin et l'empêchent de s'altérer[40], ainsi que de ceux qui lui donnent une bonne odeur[41]. Mais l'archéologie a fourni récemment une autre indication en faveur de l'utilisation plus fréquente du fenugrec. Des restes végétaux décelés dans des cuves

[36] Cité par M. Lachiver, *Vin, vigne et vignerons en région parisienne du XVIIe au XIXe siècle*, Pontoise 1982.

[37] Lentini 2003.

[38] XII, 28.

[39] VI, 6.

[40] VII, 12, 6.

[41] VII, 20, 7; 24, 1.

et canalisations d'installations de vinification fouillées dans la rue Lladó à Badalona, près de Barcelone (la *Baetulo* antique) ont bénéficié de recherches archéométriques poussées. On a découvert, à côté des prévisibles pépins de raisins et tartrates, des diatomées, qui semblent attester l'usage de sel marin, et, à la surprise des scientifiques, deux graines de fenugrec[42].

II. Le resultat: «gout de jaune» et fenugrec

Même si les ingrédients ajoutés au vin ont certainement un effet positif, ils n'ont en général pas suffi, dans les conditions dans lesquelles nous avons travaillé, à éviter la piqûre acétique, et il a fallu utiliser, à faible dose, le soufre. Cela s'explique au moins en partie parce que le cépage Villard blanc donne un vin de faible degré, donc plus difficile à conserver. Malgré l'adjonction de *defrutum,* le *Turriculae* ne dépasse guère 11°.

Le vin est d'une belle robe dorée ou topaze: le *defrutum,* devenu ambré foncé ou caramel à la cuisson, le colore. Il est très aromatique. Tous les dégustateurs, amateurs avertis ou professionnels, qui l'ont essayé, ont observé que, s'ils devaient rapprocher ce vin venu d'ailleurs, fort différent de ceux auxquels nous sommes habitués, d'un vin actuel, ce serait du vin jaune du Jura ou du Xérès, des vins de voile.

On sait que ces vins subissent un élevage très particulier: dans des fûts incomplètement remplis, un voile de levures (*saccharomyces*) se forme à la surface du vin et le met à l'abri de l'oxydation chimique. Les levures produisent une oxydation biologique qui donne au vin, après plusieurs années (six ans dans le Jura, les Xérès étant élevés selon un système de *soleras*) un goût caractéristique, qu'on appelle dans le Jura «goût de jaune».

La chance a voulu que, dans les années où nous commencions notre expérience, des chimistes cherchassent à déterminer la molécule responsable du goût des vins de voile. Après quelques hésitations, ils se sont décidé pour le sotolon, dont le seuil de perception est extrêmement bas et dont la quantité caractérise le mieux la typicité des vins de voile[43]. Un peu plus tard, on a trouvé la même molécule dans les vins ayant subi un long vieillissement oxydatif, comme les

---

[42] Comas, Juan 2002; Beltràn De Heredia *et al.* 2006.

[43] Girardon *et al.* 1986; «Le vin jaune», dans *Pour la science*, 204 (octobre 1994), p. 18; Martin *et al.* 1990; Martin *et al.* 1992.

madères, les olorosos d'Andalousie, les vins doux naturels du Roussillon. Dans les vins de voile, elle est produite par un processus biologique; dans ces vins-là, au bout de plus longtemps encore, par un processus physico-chimique[44]. Le goût de ces deux types de vin est évidemment en rapport. Alexis Lichine, dans une Encyclopédie du vin déjà ancienne, les assimilait[45]:

> «Pour les madères, les marsalas, les xérès et le Château-Châlon du Jura français, la madérisation est une qualité qui ajoute à la grandeur du vin et lui donne un goût appelé *rancio*. Pour les autres vins blancs, c'est un défaut».

Le sotolon est rare à l'état naturel, et le fenugrec est justement une des seules plantes qui en contienne; il lui donne son arôme caractéristique et tenace[46]. La chimie explique ce que la dégustation avait constaté. En utilisant du fenugrec dans la méthode de vinification que nous avons reproduite, l'oncle de Columelle recherchait volontairement l'obtention d'un goût de madérisé ou de rancio. Ces saveurs étaient assurément plus, et plus généralement, appréciées dans l'Italie romaine qu'elles ne le sont maintenant.

De fait, il obtenait ainsi un arôme qui, autrement, ne serait apparu qu'à l'issue de longs processus d'élevage et de vieillissement. Le principe est le même que pour ceux qui actuellement préconisent de mettre des copeaux de bois dans le vin en train de se faire: gagner du temps pour obtenir une saveur valorisée dans un certain contexte culturel. On pourrait même ajouter qu'avec le fenugrec, Columelle introduisait dans le vin des molécules qui seraient survenues naturellement avec le temps, alors que le goût de boisé, qu'on cherche, grâce aux copeaux, à introduire plus vite qu'en laissant le vin suffisamment longtemps en barriques neuves, est étranger à la nature du vin.

La question se pose de savoir si la recette de Columelle permettait de faire l'économie d'un élevage sous voile ou d'un simple vieillissement prolongé[47]. L'existence de l'élevage sous voile dans l'Antiquité est difficile à établir, parce qu'on ne sait pas si les textes qui parlent de fleur renvoient au voile de levures (*saccharomyces*) ou à ce que nous appelons la fleur du vin (*mycoderma vini*) dont les

---

[44] Cutzach-Billard 1999.
[45] Lichine 1982, p. 496.
[46] Sauvaire *et al.* 1993.
[47] Voir *supra* F. Salviat, p. 27-28 et 45-46; pour une discussion plus détaillée, Tchernia, Brun, 1999, p. 128-132.

effets sont beaucoup moins positifs[48]. En revanche, un passage de Palladius invite résolument à chercher dans le sens d'un substitut aux longs vieillissements. Le fenugrec est en effet un des ingrédients qui servent à faire du vin vieux avec du vin nouveau. On y parvient, dit Palladius d'après des auteurs grecs, «en faisant griller ensemble telles quantités que l'on jugera suffisantes d'amandes amères, d'absinthe, de résine de pin pignon, et de fenugrec, puis en broyant ce mélange et en en mettant un cyathe par amphore [4,5 cl pour 26 l]. Avec cela, tu feras de grands vins»[49]. La recette apporte toutes les saveurs des vins très vieux: à côté du fenugrec, les notes de térébenthine de la résine, et surtout l'amertume, qui signale qu'un vin devient trop vieux: c'est un défaut, mais qui quelquefois peut plaire[50].

III. La recherche du gout de maderise

Une fois admise la valorisation du goût de madérisé, une série de pratiques romaines se mettent en perspective.

D'abord, les très longs vieillissements qu'il est recommandé d'appliquer à certains vins blancs parmi les plus célèbres. Le record est détenu par le vin de Sorrente: il n'est bon à boire qu'au bout de vingt ans d'après Galien, de vingt-cinq d'après Athénée[51]. Selon le même auteur, les vins d'Albe atteignent leur apogée au bout de quinze ans. Pour Pline, l'âge moyen du Falerne commence à partir de quinze ans; c'est dans les années qui suivent qu'il est bon pour la santé, n'étant ni trop jeune, ni trop vieux[52]. Mais on buvait des vins plus vieux encore. «Pourquoi, demande Sénèque[53], boit-on chez toi du vin dont l'âge dépasse le tien?». Les falernes *nigra* ou *fusca* que Martial regarde à travers des coupes de cristal tendues par de beaux esclaves[54] sont de très vieux falernes fortement madérisés et brunis par l'âge[55].

---

[48] Mais n'ont pas toujours été considérés comme négatifs: cf. Maigne 1874, p. 297: «ainsi, quand un tonneau est en vidange depuis quelque temps, si sa surface reste limpide et ne se recouvre pas de plus ou moins de fleurs, on doit en conclure que le vin est aigri ou en train de le devenir».

[49] XI, 14.

[50] Cf. Sénèque, *Ep.*, 63, 5: *in vino nimis veteri ipsa nos amaritudo delectat*; Catulle, 27, 1-2: *Minister vetuli puer Falerni/Inger mi calices amariores.*

[51] Galien, XIV, 15; Athénée, I, 26 d.

[52] Pline, *N.H.*, XXIII, 34. Pour Athénée, I 26 c, le falerne est buvable au bout de dix ans et à son meilleur entre quinze et vingt ans.

[53] *De vita beata*, 17, 2.

[54] Martial, II, 40, 6; VIII, 55, 14 et 77, 5; IX, 22, 8; XI, 8, 7 et 49.

[55] Voir II, 40, 6; VIII, 77, 5.

Les amphores pleines de grands vins naturellement vieillis étaient bues par l'élite. Autrement, on pouvait accélérer le vieillissement en conservant le vin dans des pièces chaudes, les apothèques placées au-dessus des thermes ou des cuisines des villas[56]. Une augmentation de température de dix degrés double la vitesse d'oxydation. Columelle, Pline et les Romains en général ont attribué à la fumée un effet qui venait en fait de la chaleur. «Il sera bon», dit Columelle, «de placer les apothèques au-dessus de ces locaux d'où monte souvent de la fumée parce que les vins soumis à certain type de fumée acquièrent une maturité précoce et vieillissent plus vite»[57]. Pline est tout aussi clair: ce sont les marchands, dit-il, qui ont inventé ce procédé «et maintenant les maîtres de maison en font autant: donner de l'âge au vin avant qu'il n'ait contracté par lui-même son goût de vieux»[58]. Galien avait une vision plus juste de pratiques qu'il connaissait bien parce que son père, à Pergame, y avait eu recours avec succès[59]:

«Et il est vrai que chez nous en Asie, chaque fois que revient l'été, presque tout le monde, après avoir mis son vin en amphores, met celles-ci sur les toits de tuile des maisons. Par la suite, on les descend pour les mettre à l'étage de bâtiments sur le sol desquels un grand feu va être allumé, et on oriente en général les celliers vers le sud et le soleil. Par ces procédés, on va faire mûrir le vin et le rendre buvable plus vite. Ce qui en effet met dans les autres cas beaucoup de temps à se produire arrive en très peu de temps aux vins ainsi chauffés»[60]. Encore faut-il, ajoute-t-il, choisir judicieusement les genres de vins à qui ce traitement peut être bénéfique.

Le chauffage des vins, pour leur faire acquérir plus rapidement le goût de rancio souhaité, est encore pratiqué à Madère ou dans le Roussillon, où l'on met des bonbonnes et des fûts au soleil sur les terrasses des chais. En 1866 Pasteur avait, à Sète, exposé au soleil des bonbonnes de vin incomplètement remplies «afin que l'oxygène de l'air qui y sera laissé oxyde le vin». La température y était portée à plus de 50°. Il se flattait d'avoir ainsi «préparé en un mois, sans la moindre dépense, du vin jaune façon Château-Châlon, que l'on

---

[56] Voir Brun, 2003, p. 86-89, avec la mention de découvertes dans la vallée de la Moselle d'hypocaustes appartenant à des chais et qui servaient sans doute au chauffage des vins.

[57] I, 6, 20.

[58] *N.H.*, XXIII, 39-40. Voir aussi Horace, *Od.*, III, 8, 11; Tibulle, II, 1, 27: *fumosos falernos* et les critiques de Martial contre les vins de Marseille vieillis à la fumée: X, 31, 6; XIII, 123, 2; XIV, 118.

[59] Éd. Kühn, XIV, 18. Voir Jacques 1996.

[60] Galien, XV, 663-4.

aurait mis bien des années à obtenir tel par les procédés qui sont en usage dans le Jura». Le goût du vin jaune, dont Château-Châlon est le cru le plus célèbre, lui vient précisément du sotolon produit par le voile de levures.

IV. ΔΡΙΜΥΣ

Les résultats de l'expérience menée au Mas des Tourelles sont donc cohérents avec une série d'observations sur les caractères de certains vins romains que les textes invitaient à faire. En revanche, elle ne paraît pas faire avancer l'interprétation du vocabulaire de la dégustation: le goût de madérisé n'a rien de particulièrement piquant, qui évoquerait le δριμύς grec.

Pourtant, en 1992, dans la publication d'une thèse sur les amphores et le vin de Marseille rédigée par Guy Bertucchi sous la direction de François Salviat, le problème était posé à propos d'un passage de Galien sur le vin de Marseille: «S'il n'y a pas de vin doux, on utilisera un vin léger et blanc, peu astringent, comme le Falern, le Massaliote, le Sabin, l'Adrianos, l'Arsynios, n'ayant encore pris, en vieillissant, aucun goût piquant»[61]. L'auteur de ces lignes précisait «L'épithète *drimus* n'est pas péjorative. Est-ce le goût qui vient au vin blanc madérisé?»[62].

De fait, on s'aperçoit, à examiner les passages dans lesquels Galien applique l'épithète δριμύς au vin, qu'il y parle toujours de vin vieux. La δριμύτης caractérise une étape du vieillissement, celle qui précède l'amertume. Citons deux textes:

> «Il est admis que tous les vins deviennent plus chaleureux avec le temps. Les vins secs, quand ils vieillissent, acquièrent d'abord un peu de douceur et de la δριμύτης, se dépouillant de leur astringence, puis, en même temps que leur δριμύτης s'accentue, ils abandonnent rapidement leur douceur; plus tard, le temps passant encore, ils deviennent vraiment δριμεῖς, acquièrent toujours de l'amertume, et finissent, quand ils s'épaississent, par prendre un goût complètement amer».
>
> «Les spécialistes appellent vieillissement la transformation par laquelle le vin prend de façon manifeste les caractères des vins vieux. Ces caractères sont la δριμύτης, accompagnée d'un effet chaleureux évident et plus tard l'amertume, en quoi la δριμύτης se transforme»[63].

---

[61] Éd. Kühn, XI, 87.
[62] Bertucchi 1992, p. 202-203.
[63] Éd. Kühn, XI, 655; XIV, 14-15.

La seule exception[64] est celle d'un falerne très particulier, auquel Galien est le seul à donner un nom[65]: «pas le faustinien, mais le δριμύς, communément appelé ἀκτός». Ἀκτός est un mot inconnu par ailleurs, mais qui relève de la racine *ac-* qu'on trouve dans *acer* (la traduction latine de δριμύς), *acidus*, etc. Cela s'accorde donc bien avec son goût δριμύς et permet de supposer qu'Athénée dans les *Deipnosophistes,* probablement composé au temps des dernières années de Galien, a parlé du même vin[66]. Le falerne doux, fait-il dire au Galien qu'il met en scène, «devient tel quand les vents du sud soufflent au moment de la vendange, ce qui le rend aussi plus noir. Celui qui n'a pas été vendangé dans ces conditions est sec et de couleur dorée». Donc, certaines années, les vents chauds du sud passerillent sur pied la vendange du falerne. De raisins blancs récoltés déjà un peu desséchés et oxydés coule un jus noir, comme c'est actuellement le cas pour la variété de Xérès qu'on appelle Pedro Jimenez dont on laisse les grappes sécher au soleil avant de les presser. Le seul vin δριμύς qui ne soit pas vieux en a pris le goût au moment de la vendange.

Des deux textes cités sur le vieillissement, retenons aussi que les vins deviennent plus échauffants avec l'âge (θερμαίνειν, θερμοτέροι). Le caractère échauffant ou chaleureux d'un vin est maintenant senti comme lié à son degré d'alcool. Enfin, dans un autre passage, Galien marque avec des termes désignant la force et la vinosité la différence entre les vins nouveaux et les vins vieux: «Le vin nouveau est d'une certaine façon plus aqueux et plus faible qu'il ne convient au vin [...], le vin plus âgé est plus vineux et plus fort qu'il ne faut pour les patients dont il est question en ce moment»[67].

La question est donc de savoir s'il est possible que, dans des vins faits, le degré alcoolique ait augmenté avec le temps.

A cette question, Plutarque a on ne peut plus clairement répondu oui. Se demandant pourquoi le vin nouveau (γλεῦκος, le vin bourru, le moût dont la fermentation n'est pas encore complètement achevée) est celui qui enivre le moins, il conclut que c'est parce qu'il est abondamment mêlé d'air et d'eau. Le premier est chassé d'emblée avec violence (il s'agit évidemment de la fermentation); la seconde affaiblit encore le vin (la traduction la plus exacte serait émousse: que l'on pense au sens premier de δριμύς) «mais le vieillissement concentre le vin, à mesure que son caractère aqueux est évacué; tan-

---

[64] Je mets à part les *Géoponiques*, VII, 12, 5, où le gypse rend les vins plus δριμύς. On a là sans doute une assimilation, ou une confusion, entre δριμύς et ὀξύς.

[65] Éd. Kühn, XIV, 267-268.

[66] I, 26 c.

[67] X, 484.

dis que son volume diminue, sa force s'intensifie»[68]. Les *Géoponiques* lui font écho: «Le vin jeune est le plus froid, le vin vieux le plus chaud et le plus puissant et le mieux odorant, car ce qu'il y a en lui d'aqueux, le temps le consume»[69].

Il se vérifie de nos jours que, dans certaines conditions de climat et de conservation, le degré alcoolique du vin monte avec le temps. L'alcool, bien entendu, est plus volatil que l'eau et s'évapore plus vite. Mais, quand le vin est conservé en tonneau, pour reprendre les termes d'Emile Peynaud[70] «l'eau, dont la molécule est plus petite que celle de l'alcool, traverse plus facilement que celui-ci les assises fibreuses du bois». Les vapeurs d'alcool étant ainsi piégées, si l'on est dans des conditions d'évaporation forte, l'eau s'évapore davantage que l'alcool. Dans les vins de voile, ce phénomène compense la consommation d'alcool que font les levures en partie à Jerez, et plus encore dans les meilleures caves du Jura, où le degré alcoolique des vins augmente pendant leur vieillissement sous voile, tandis que le volume diminue d'au moins 20%. A Jerez, des tonneaux témoins, gardés sans ouillage, sont passés en quelques dizaines d'années de 17 ou 18° initiaux, à 22 ou 23°[71]. Les viticulteurs de Montilla, qui abandonnent quelquefois quelques tonneaux, ont des ennuis avec le fisc, car, dans certains de ces tonneaux, le vin de 15° qu'ils contenaient est devenu un vin de 18°; or une taxe particulière frappe les vins de plus de 16° ayant subi une adjonction d'alcool et les gabelous peinent à croire que l'élévation de degré a été naturelle. C'est exactement le phénomène décrit par Plutarque: le volume d'ensemble diminue (les éleveurs appellent cela «la part des anges») et le degré alcoolique s'accroît lentement.

Toutefois, les vins dont parlent Plutarque et Galien ne vieillissaient pas en tonneaux mais en amphores. Lambert-Gócs[72], qui a bien compris que Plutarque avait observé ce phénomène d'évaporation différentielle, l'expliquait par la porosité des parois d'amphores. En réalité, elles étaient, comme on le sait, intérieurement enduites d'une couche de poix, et cet enduit vitrifié les rendait totalement étanches. Cette explication n'est donc pas valable.

La solution me paraît devoir être cherchée du côté du bouchage des amphores. Certaines amphores étaient fermées d'un bouchon de

---

[68] *Propos de table*, 656 b. Je dois la connaisance de ce texte à M.-J. Garcia Soler, que je remercie.

[69] VII, 3, 2.

[70] Peynaud 1988, p. 275-276.

[71] Jeffs 1994, p. 292-296.

[72] Lambert-Gócs 1990, p. 263.

liège bien scellé à la poix, qui les rendait hermétiques à l'air. L'archéologie sous-marine en a fourni des exemples concrets, par exemple dans une épave qui a sombré sur la *Secca di Capistello*, aux îles Lipari, vers 300 av. n.è.[73]. Comme celui de nos bouteilles (soufre mis à part), le vin de ces amphores n'a subi qu'une oxydation limitée par la faiblesse du volume d'air emprisonné entre le liquide et le bouchon, et il n'y avait pas d'évaporation différentielle. Mais, vers la fin du IIIe s. av. n.è., apparaît en Italie un système sensiblement différent. Le bouchon de liège n'est plus scellé; il est simplement coincé dans une encoche du col de l'amphore, à la paroi duquel il n'adhère pas aussi exactement que le bouchon d'une bouteille moderne à son gou-

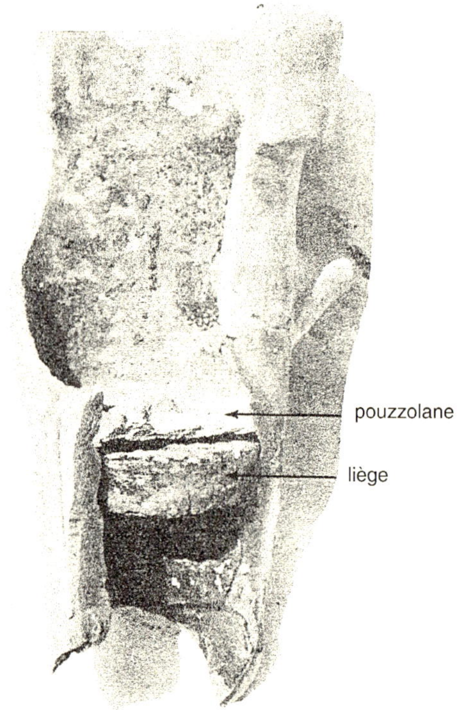

Fig. 1. Bouchage des amphores Dr. 1. (Epave de la Madrague de Giens).

[73] FREY, HENTSCHEL, KEITH 1978, fig. 12.

lot. En outre, il est très souvent percé d'un petit trou, généralement triangulaire, dont la fonction reste incertaine: peut-être éviter qu'une reprise de la fermentation, dans des vins qui devaient très souvent contenir du sucre résiduel, ne brise le bouchon. Au-dessus de ce bouchon de liège, on insère un opercule de pouzzolane, sur lequel les négociants ont souvent imprimé leur nom ou leur sigle (fig. 1).

La pouzzolane est un mélange de tuf volcanique meuble et de chaux; ce mélange a servi, entre autres, de mortier hydraulique, parce qu'il dégage des silicates qui font prise sous l'eau. C'est un produit très dur, mais de texture peu compacte. Ces bouchons sont poreux aux gaz, comme le sont aussi, dans une moindre mesure, les opercules de terrecuite qui ont été parfois utilisés sur d'autres amphores. A travers eux, dans les apothèques placées en haut des maisons, ou quand les amphores étaient laissées en plein air sous le soleil de Campanie[74], l'eau a pu s'évaporer plus vite que l'alcool.

La plus ancienne attestation de ce genre de bouchon est fournie par les amphores de l'épave du Grand Congloué[75], datée du début du IIe s. av. n.è.[76]. Or c'est précisément à partir du moment où ils sont en usage qu'on trouve les premiers millésimes inscrits sur les amphores sous forme de dates consulaires. La plus ancienne connue porte les initiales des noms de Cn. Baebius et L. Aemilius, consuls en 182 av. n.è.[77]. Juste le temps de laisser un vin produit dans les premières années du IIe s. av. n.è. prendre le goût de madérisé. Il semble donc que le nouveau type de bouchage ait entraîné, avec la possibilité de pratiquer des vieillissements oxydatifs, l'habitude de millésimer, autrement dit l'intérêt pour l'âge du vin. Le millésime fournissait une indication sur le goût et le degré alcoolique du vin contenu dans l'amphore.

Les Anciens n'avaient pas isolé l'alcool. La force du vin est évoquée dans les textes de trois façons. La première est l'opposition aqueux – vineux (ὑδατώδης – οἰνώδης). La pierre de touche en est pour Galien la capacité du vin à accepter dans le mélange une forte proportion d'eau (pour les vins vineux) ou à n'en supporter qu'une petite (les vins aqueux)[78]. La seconde est la chaleur, ou le caractère chaleureux, du vin. Elle exprime la sensation de chaleur ressentie dans son corps par le buveur. La troisième est rangée dans les sa-

---

74 Pline, *N.H.*, XIV, 136.
75 Benoit 1961.
76 Finkielsztejn 2001.
77 Manacorda 1986, p. 585.
78 X, 484.

veurs: c'est la δριμύτης. Le même mot indique la brûlure du poivre dans la bouche et celle de l'alcool. De la même façon, l'argot du XIXe s. appelait l'eau-de-vie poivre (de là le mot poivrot).

Le degré alcoolique le plus élevé que l'on pouvait rencontrer à l'époque romaine était celui des grands vins longuement vieillis, qui avaient pris avec le temps un ou quelques degrés de plus qu'au départ. On choisissait du reste certainement, pour leur faire subir ces longs vieillissements, des vins comptant parmi les plus forts, car ils n'auraient pu autrement se conserver aussi bien. Le goût de madérisé et la sensation de la brûlure de l'alcool étaient indissociables et le même mot les a désignés. Le vocabulaire du goût dépend forcément des référents dont dispose une société donnée. C'est ainsi que, dans un environnement naturel, l'usage de sel marin non purifié fait que le salé se distingue difficilement de l'amer, parce que le sodium est salé, mais le potassium à la fois amer et salé[79]. Δριμύς appliqué au vin est donc polysémique: il désigne à la fois un bouquet de vieillissement, dont le responsable principal est le sotolon, le goût de madérisé ou de rancio, et la brûlure de l'alcool. Les deux sensations étaient régulièrement associées; leur intensité croissait simultanément. A ce point, une traduction par brûlant pourrait paraître la moins mauvaise, mais il n'y en a pas d'exacte.

Bibliographie

André 1988 — J. André, édition, traduction et commentaire de Columelle, *De l'agriculture*, XII, Paris 1988.

Beltràn De Heredia, *et al.* — J. Beltràn De Heredia Bercero, M. Comas i Solà, E. Gurri i Costa, J. Juan i Tresserras, «Noves aportacions sobre la producció de vi a la Laietània romana: intal-laciones vinicoles i anàlisis de residus», dans *Quaderns d'arqueologia i historia de la ciutat de Barcelona*, 2 (2006), p. 92-107.

Benoit 1961 — F. Benoit, *L'épave du Grand Congloué à Marseille,* Paris 1961 (*Gallia*, XIV).

Bertucchi 1992 — G. Bertucchi, *Les amphores et le vin de Marseille,* Paris 1992 (*RAN*, 25).

Brun 2003 — J.-P. Brun, *Le vin et l'huile dans la Méditerranée antique. Viticulture, oléiculture et procédés dé fabrication,* Paris 2003.

[79] Dupire 1987, p. 10.

CHAPTAL 1981 — J.-A CHAPTAL, *L'art de faire le vin*[2], Paris 1819, (réimpr. an., Marseille 1981).

COMAS, JUAN 2002 — M. COMAS I SOLÀ, J. JUAN I TRESSERRAS, «La production du vin dans deux *domus* de la ville romaine de *Baetulo*. Analyses archéobotaniques et de résidus organiques», dans *Vivre, produire et échanger, reflets méditerranéens. Mélanges offerts à Bernard Liou*, éd. par L. RIVET, M. SCIALLANO, Montagnac 2002, p. 451-456.

CUTZACH-BILLARD 1999 — I. CUTZACH-BILLARD, *Etude sur l'arôme des vins doux naturels non muscatés au cours de leur élevage et de leur vieillissement,* Grand Prix 1999.

DUPIRE 1987 — M. DUPIRE, «Des goûts et des odeurs: classifications et universaux», dans *L'Homme*, XXVII (oct-déc. 1987), p. 5-25.

FINKIELSZTEJN 2001 — G. FINKIELSZTEJN, *Chronologie détaillée et révisée des éponymes amphoriques rhodiens de 270 à 108 av. J.-C.*, Oxford 2001 (*BAR int.s.*, 990).

FLANDRIN, MONTANAR I 1996 — *Histoire de l'alimentation*, éd. par J.-L. FLANDRIN, M. MONTANARI, Paris 1996.

FREY, HENSTCHEL KEITH 1978 — D. FREY, F.D. HENSTCHEL, D.H. KEITH, «Deepwater archaeology. The Capistello wreck excavation, Lipari, Aeolian Islands», dans *IJNA*, 7 (1978), p. 279-300

GIRARDON *et al.* 1986 — P. GIRARDON, Y. SAUVAIRE, J.-C. BACCOU, J.-M BESSIÈRE, «Identification de la 3-Hydroxy-4,5-diméthyl2(5H)-furanone dans l'arôme des graines de fenugrec (*Trigonella foenum graecum* L.)», dans *Lebens. Wiss. u. Technol.*, 19 (1986), p. 44-46.

JACQUES 1996 — J.-M. JACQUES, «La conservation du vin à Pergame au IIe siècle après J.-C.», dans *REA,* 98, 1-2 (1996), p. 173-185.

JEFFS 1994 — J. JEFFS, *El vino de Jerez*, Cadix 1994.

JULLIEN 1999 — A. JULLIEN, *Manuel du sommelier,* Paris 1813 (réimpr. an., Paris 1999).

LAMBERTERIE 1990 — CH. de LAMBERTERIE, *Les adjectifs grecs en-us,* Louvain-la-Neue 1990.

LAMBERT-GÓCS 1990 — M. LAMBERT-GÓCS, *The Wines of Greece,* Londres 1990.

LENTINI 2003 — R. LENTINI, *La gessatura dei vini tra '800 e '900: empirismo e sperimentazioni, communication au IV*[e] *congrès des historiens du vin,* Haro 2003.

LICHINE 1982 — A. LICHINE, *Encyclopédie des vins et des alcools,* Paris 1982.

MAIGNE 1874 — W. MAIGNE, *Nouveau manuel complet du sommelier et du marchand de vins*, Paris 1874 (réimpr. an., Paris 1985).

MANACORDA 1986 — D. MANACORDA, *A proposito delle anfore cosiddette «greco-italiche»: una breve nota*, dans *Recherches sur les amphores grecques*, éd par J.-Y. EMPEREUR, Y. GARLAN, Paris 1986 (*BCH* suppl., XIII), p. 581-586.

MARTIN *et al.* 1992 — B., MARTIN, P. X. ETIÉVANT, J.-L. LE QUÉRÉ, P., SCHLIC, «More clues about sensory impact of sotolon in some flor sherry wines», dans *J. Agric. Food Chem.*, 40 (1992), p. 475-478.

MARTIN, ETIÉVANT, *HENRY 1990* — B. MARTIN, P. ETIÉVANT, R.HENRY, *The chemistry of sotolon: a key parameter for the study of a key component of flor sherry wines*, dans *Flavour science and technology*, éd. par Y. BESSIÈRE, A. THOMAS, Chichester 1990, p. 53-56.

PASTEUR 1866 — L. PASTEUR, *Etudes sur le vin,* Paris 1866 (réimp. an., Marseille 1875, avec une autre pagination).

PELLICOT 1876 — A. PELLICOT, *Le vigneron provençal,* Montpellier 1876.

PEYNAUD 1981 — E. PEYNAUD, *Connaissance et travail du vin*[2], Paris 1981.

PEYNAUD 1988 — E. PEYNAUD, *Le vin et les jours,* Paris 1988.

SAUVAIRE *et al.* 1993 — Y. SAUVAIRE, P. BRENAC, E. GUICHARD, N. FOURNIER, *Relation entre la composition en acides aminés libres des graines de fenugrec et la qualité aromatique*, dans *Quatrième rencontre internationale sur les semences. Aspects fondamentaux et appliqués de la biologie des semences (*Angers, 20-24 juillet 1992), Paris 1993.

TCHERNIA, BRUN 1999 — A. TCHERNIA, J.-P. BRUN, *Le vin romain antique*, Grenoble 1999.

TURIÉ 1894 — F. TURIÉ, *Recherches sur la pratique du salage et sur la salure naturelle des vins,* Paris 1894.

XI

LES APPELLATIONS D'ORIGINE DANS L'ANTIQUITÉ GRECQUE ET ROMAINE*

François Salviat et André Tchernia

Dès le deuxième millénaire av. J.-C., le vin est présent en domaine grec, et dans les celliers des palais minoens ou mycéniens. Mais notre documentation est courte. Il est clair seulement que les plants qui servent à le produire et les pratiques de vinification viennent du Moyen-Orient.

Les épopées homériques, *l'Iliade* (IXème siècle av. J.-C.), *l'Odyssée* (VIIIème siècle), nous donnent l'image d'une culture installée, d'une consommation largement diffusée. Mais si l'on excepte le vin de Maronée, qui enivre le Cyclope, il n'existe pas de crus . On se réfère à un cépage, le «pramnien», tannique et coloré. Au VIIIème siècle, le poète Hésiode évoque de même un vin «biblin», noir, qui supporte trois quarts d'eau, produit du fruit passerillé d'une vigne venue de la phénicienne Biblos: on fera du «biblin» en Béotie, en Thrace, dans les Cyclades, jusqu'en Sicile.

Après ces vins de cépage, d'emprise géographique large, apparaissent vers le VII^{éme} siècle des vins situés, nous disons des crus, dont la notoriété est vite considérable, qui arrivent à être *in summa gloria* (Pline) à l'époque classique et dont la renommée dure des siècles.

L'importance du sol est dès lors reconnue. Elle est exprimée ainsi

* Dans *Le goût de l'origine*, Paris 2005, p. 12-19.

par un auteur hippocratique à la fin du Vème siècle: «*Deux terroirs fort voisins diffèrent par la bonté des vins, alors que le soleil y suffit également; c'est que l'un possède en son sol l'humeur qui rend le vin bon, l'autre non*». La comparaison est faite, manifestement, à cépages identiques. Le poète philosophe Empédocle d'Agrigente, dans son poème *Sur la Nature*, au Vème siècle av. J.-C., tenant compte des deux variables, espèces et terre, croyait, déjà, plutôt à la terre: «*Les différences des sucs des plantes sont dues aux variations des conditions diverses qui les affectent, et au fait que les plantes ne tirent qu'avec peine du sol nourricier les éléments qui leur conviennent; comme on le voit pour les vignes; ce ne sont pas en effet leurs différences qui font la variété des vins, mais bien celles du terroir qui les nourrit*». Le manque d'intérêt pour l'inventaire des variétés est sensible encore au IVème siècle chez Théophraste, déficient sur ce point, à qui nous devons pourtant les premiers grands traités de botanique.

Le terroir joue donc un rôle majeur. S'y allient des facteurs humains, «géopolitiques». Les premiers grands vins sont le chio et le thasos, et un peu plus tard le lesbos, noms de trois îles de l'Egée. Sur des routes maritimes, dotées de centres urbains et de ports, ouvertes aux échanges, ces îles portent des «cités», entités indépendantes. Des classes aisées les dirigent, qui sur le vin réglementent. Prenons l'exemple de Thasos: on y trouve gravées, affichées dès le Vème siècle av. J.-C., des lois qui répriment le «mouillage»; interdisent les transactions précoces sur des récoltes sur pied; pour les achats de moûts ou de vins en «pithoi» dans les chais, préviennent les litiges en déterminant par des scellés le moment de vente «parfaite»; tendent enfin à établir un monopole du trafic maritime. Sur le marché, des magistrats vérifient avec des récipients de référence la fidélité des mesures; des modèles de vases, de capacités échelonnées, sont conservés dans des locaux administratifs.

La surveillance de conteneurs identifiables et normalisés fut un souci collectif. Les cités productrices exportent des amphores (de 20 litres en moyenne, avec des variations locales, comme autrefois pour les mesures de nos provinces) ou des divisions modulaires (moitiés, quarts) de l'amphore. Le modèle de ces vases de terre cuite, rendus étanches à la poix, bouchés au liège plâtré, aptes à assurer la conservation longue et le transport, venait de la Syro-Palestine antique; mais les amphores grecques sont d'une autre forme générique que celles, sans col, «de Canaan»; et elles tendent très tôt à se différencier, suivant les lieux d'origine, de sorte que l'on distinguait aisément par la silhouette la «Thasienne» de la «Chiote» ou de toute autre.

Mieux, la cité prit en main le contrôle de la fabrication et organisa le «timbrage» de ces amphores. On voit par exemple à Thasos comment les vases qui devaient, fermentation terminée, accueillir chaque récolte, étaient marqués après tournage, avant séchage, dans les ateliers proches des vignobles, d'un sceau imprimé dans l'argile indiquant sur une anse l'origine, le nom du magistrat vérificateur de capacité (agoranome de l'année) et le nom du producteur ou son symbole. L'acquéreur disposait ainsi de la garantie de provenance et connaissait le millésime de ces vins de longue garde.

Cette vigilance et la motivation des viticulteurs étaient soutenues par la perspective de profits: on exportait dans le bassin égéen, jusqu'en Egypte, et au Nord au fond de la Mer Noire. Et si les vins à l'étal se détaillaient assez bon marché, l'amphore de Thasos en Egypte, à la douane de Péluse, en 259 av. J.-C. sera estimée à 20 drachmes, celle de Chio à 18: le cinquième du prix d'un bon esclave. Cette production de luxe avait des débouchés dans l'environnement proche (on goûtait du thasos spécial à Thasos, au «prytanée», qui est un peu l'Hôtel de ville), et à l'extérieur dans tous les milieux aristocratiques. Cette boisson de prestige s'imposait sous les auspices de Dionysos, aux fêtes et dans les «banquets» ritualisés, en coupes remplies autour des «cratères», où se dosait le juste mélange avec l'eau. Quant aux princes «barbares» du Nord, chez les Odryses ou les Scythes, ils la préféraient pure. Cher, le vin symbolisa richesse et statut social: il en fut ainsi en particulier dans l'Athènes cultivée du Vème siècle et dans les centres raffinés, les lieux de plaisir huppés des âges suivants. Lorsque, après Alexandre, s'effacèrent les cités-états, les cours hellénistiques prirent le relais; il y eut les vins des rois.

En concurrence, les crus se développèrent. En Thessalie, les raisins du Pélion (dont les ceps sont réputés ancêtres migrants des aminées d'Italie) donnaient le vin de Magnésie. Au nord, en Chalcidique, c'était l'excellent mendé blanc, pour lequel le sculpteur Lysippe modela un type d'amphore. Dans les îles égéennes, les vins d'Icaros, de Péparéthos maintenaient une tradition; le lesbos surtout, préconisé selon Pline par le médecin Erasistratos, rivalise au IVème siècle avec les plus grands. En Mer Noire, les vins d'Héraclée et de Sinope, dans le Dodécanèse, le vin de Cos d'abord, puis ceux de Rhodes, de Cnide, en mer Ionienne les vins de Leucade et de Corcyre (Corfou), et les vins du delta d'Egypte sont prisés, au second rang toutefois. Le système de «timbres» d'authenticité fut adopté, avec des variantes, par d'autres cités-états: à Sinope dans le Pont-Euxin (Mer Noire), à Akanthos, à Cos, à Rhodes (timbres à la rose), à Cnide.

On tâte désormais, on discute des vins, on compare les mérites, on hiérarchise. On reconnaît au nez la pomme ou la violette, la rose ou la jacinthe; on apprécie l'attaque, la longueur en bouche. Hippocrate vers 400 av. J.-C. a distingué les robes, défini vins secs, doux, moelleux, forts et leurs usages dans le régime – diurétique, digestif, cordial. Amateurs ou marchands arrangent des mariages: dans son traité *Des Odeurs* Théophraste évoque avec éloge le mélange du vin d'Héraclée du Pont, dur et odorant, et du vin d'Erythrées, moelleux mais sans parfum. Au milieu du IVème siècle apparaissent des arbitres du goût, comme le poète original Archestratos; c'est un fanatique du lesbos vieux, élevé sous fleur comme notre Château-Chalon ou le Xérès: «*Il faut boire ce vin dans sa vieillesse, quand il a la tête bien chenue, l'humide chevelure couverte d'une blanche fleur, ce vin né de Lesbos ceinte des flots*». Il vaut mieux que le vin biblin de Phénicie, plus flatteur à l'attaque; mieux que le thasos vieux, pourtant noble; et que tous les vins qu'on pourrait nommer; c'est de l'ambroisie; il est incomparable.

Arrêtons-nous sur Archestratos. Ce Sicilien de Géla, contemporain d'Alexandre, versifia, parodiant le style épique, *L'expérience des bonnes choses*. C'est un mélange de recettes et d'indications sur les régions où l'on trouve le meilleur de chaque comestible. Il ne nous en reste que 300 vers, essentiellement consacrés à dire où se pêchent les meilleurs poissons de chaque espèce. Sous ses allures de parodie, il s'agit d'un vrai guide de tourisme gastronomique, et aussi du premier exemple que nous connaissions des jeux de classement hiérarchique des produits de bouche qui feront plus tard fureur dans les dîners en ville des Romains. Pline l'Ancien appellera cela la *censura culinarum*, «la censure des mets», «tant il est vrai, poursuit-il, que les mêmes espèces d'animaux marins sont meilleures selon les endroits où on les trouve, par exemple les loups dans le Tibre entre les deux ponts, le turbot à Ravenne, la murène en Sicile, l'esturgeon à Rhodes, et les autres à l'avenant». Le gastronome fait la censure des origines, de même que le magistrat appelé censeur vérifie que les citoyens des ordres supérieurs sont bien dignes d'y rester.

Les poissons frais ne pouvaient pas faire l'objet d'un long transport, et les indications d'origine ont eu plus de poids quand elles concernaient des produits plus faciles à échanger: le blé, les fromages, les jambons, le miel, l'huile, le vin tout particulièrement, et même les huîtres.

Avec les grands crus longuement vieillis, ces dernières vont devenir des symboles d'élégance, produits réservés aux classes les plus élevées, marqueurs de distinction, exemples de raffinement pour les poètes et de luxe condamnable pour les moralistes. Leur rôle devient visible au terme du IIe siècle av. n. è., période qui a vu Rome s'enrichir considérablement, grâce à la conquête en Orient de territoires prospères, au butin qui y a été fait et aux impôts écrasants qu'on en tirait. Les différences sociales se sont creusées; les élites se sont donné un art de vivre original et une culture inspirée de la Grèce.

Il est sans doute possible de reconstruire comment vins et huîtres ont reçu alors leurs premières dénominations d'origine, dans un cercle mondain formé autour d'un des plus grands personnages de l'époque. Deux amis en faisaient partie. L'un, Asclépiade de Bithynie, était un médecin célèbre, brillant conférencier et connu pour être l'auteur d'un livre resté longtemps célèbre sur «La prescription du vin». Installé à Rome à une époque où les crus grecs étaient encore les seuls connus par leurs noms, il se devait de faire entrer dans ses traitements des vins italiens, et donc de les nommer. Par lui, ou par ses premiers disciples, fut établi le plus ancien classement des vins de l'Italie romaine, et il est vraisemblable qu'on lui doit la première dénomination d'origine d'un vin occidental, le falerne.

Aux côtés d'Asclépiade, Sergius Orata était le plus réussi des épicuriens et un charmant convive. Son succès mondain avait fait de lui un arbitre des élégances. Il passe pour avoir été l'inventeur des parcs à huîtres, et, autre titre de gloire, «le premier à décerner la palme de la meilleure saveur aux huîtres du lac Lucrin» (lagune qui s'ouvre sur le Golfe de Baïes dans la baie de Naples). Il a lançé ainsi plusieurs siècles de rivalités entre les huîtres de différentes origines, au cours desquels celles du lac Lucrin auront affaire à forte partie. Pline l'Ancien, vers 70 de n. è., s'abrite derrière l'autorité de Mucianus, un des plus grands personnages de l'Etat, par ailleurs fin connaisseur en la matière, pour citer ses jugements:

«Les huîtres de Cyzique (dans la mer de Marmara actuelle), sont plus grosses que celles du Lucrin, plus douces que celles de Bretagne, [...] plus tendres que celles d'Istrie, plus blanches que celles de Circée (près de Terracine en Italie), mais il est reconnu qu'il n'en est pas de plus douces ni de plus tendres que ces dernières.» Elles étaient déjà célèbres au temps d'Horace. Xénocrate, un médecin contemporain de Mucianus, mettait plutôt en tête celles du lac Lucrin et du port d'Alexandrie: «rondes et de couleur changeante, elles sont douces et ont un suc agréable». Une vingtaine d'années après Mucianus, un autre ancien consul, Montanus, savait dire, «au premier coup de dent, si une huître était née à Circée, ou près des falaises du lac Lucrin, ou dans les élevages de Rutupiae» (l'actuel

Richborough en Angleterre). La joute entre les huîtres de différentes origines se clôt pour nous au IVe s. de n. è. avec un joli poème que le bordelais Ausone, tel un Archestrate latin, leur a consacré. Naturellement le premier rang revient aux huîtres de Bordeaux: «très tendres, avec leur chair grasse et blanche, la douceur de leur suc, elles mêlent à leur saveur marine une légère touche salée». Puis viennent deux autres sites de Gaule: Narbonne et Marseille, Abydos sur l'Hellespont (déjà cité par Archestrate), et «celles qui flottent accrochées aux pieux de Baïes»: c'est là que Sergius Orata avait, cinq siècles plus tôt, installé ses parcs à huîtres.

Quant aux vins, le classement de l'école d'Asclépiade va peu à peu beaucoup s'étoffer. Après quelques décennies, le falerne est rejoint par d'autres vins liquoreux, le cécube, dans le sud du Latium, et le vin des Monts Albains. Horace, dans le dernier tiers du Ier siècle av. n. è., cite ces grands crus et quelques uns de leurs satellites. Mais il mentionne aussi l'origine de bons vins moyens, qu'il boit chez lui (alors que les plus grands sont réservés à ses riches protecteurs), ceux de Sabine et de Tibur.

Un siècle plus tard, vers 70, c'est une liste exhaustive des dénominations d'origine connues de son temps que Pline cherche à donner dans son *Histoire Naturelle*. Il énumère 44 vins d'Italie et des provinces occidentales, puis, de façon plus succincte, 21 de Méditerranée orientale. Les premiers sont répartis en 29 grands crus non classés (deux sont gaulois: Marseille et Béziers), et 15 classés. Hors classe, on trouve les préférés d'Auguste et de Livie (le vin de Sezze; l'autre est tout-à-fait confidentiel); puis le cécube, dans le sud du Latium, premier grand cru classé, suivi par le falerne. La troisième classe comprend neuf vins, dont celui des Monts Albains, et la quatrième est réservée à deux crus siciliens. Dans trois cas, Pline indique, à l'intérieur de l'appellation générique, une ou deux appellations particulières pour le meilleur cru de la région. Le falerne est traité de façon plus détaillée, avec l'indication précise, repérée sur le terrain, des limites de son terroir et de celles de son meilleur cru, le *Faustianum*. On a peine à les identifier maintenant, et, de l'ensemble des textes, on déduit que le terme falerne avait deux acceptions: la plus fréquente est générique, et peut même englober le vin voisin qu'on appelle *Massicum* ou *Falernum Massicum;* Pline atteste un autre usage, où le falerne au sens étroit est un cru attenant au *Faustianum*. Le terroir dans son ensemble, sur les pentes inférieures du Mont Massique et dans la plaine de Carinola, s'inscrit dans une zone qui ne devait pas dépasser 50 km^2.

Pline a visiblement travaillé sur des documents antérieurs, surtout médicaux, qu'il passe au crible de connaissances plus récentes. Son classement est le plus riche et le plus systématique qui ait existé jusqu'à la *Topographie de tous les vignobles connus* publiée par André Jullien en 1816, et le principe des grands crus classés et non classés qui le structure a influencé jusqu'au classement des vins de Médoc en 1855.

Circulaient donc au Ier siècle de n. è. des listes d'appellations d'origine qui n'étaient pas identiques, puisqu'elles n'avaient rien d'officiel, qui évoluaient avec l'émergence de nouveaux crus appréciés et la disparition d'autres, mais qui citaient toutes les vins les plus célèbres. Certains textes ont dû atteindre une grande précision, si l'on en juge par l'aventure de Galien, le célèbre médecin originaire de Pergame qui s'est installé à Rome en 162. Il n'avait, dit-il, jamais bu jusqu'alors de falerne doux, et pourtant, «quand il m'est arrivé d'en boire pour la première fois, je l'ai reconnu parce que j'avais lu auparavant la description de ses caractères».

L'échelle des prix répondait aux hiérarchies en vogue. La dernière liste d'appellations que nous connaissions est incluse dans l'édit de blocage des prix que l'empereur Dioclétien tenta de faire appliquer en 301 et que plusieurs grandes inscriptions nous ont conservé: sept crus pouvaient être vendus plus cher que les autres, ceux du Picénum, de Tibur, de Sabine, de Sezze, de Sorrente, le vin des vignes aminées et enfin le falerne. Les vins moyens d'Horace sont devenus des grands crus. Le cécube a disparu, détruit par les travaux du canal que Néron avait commencé à faire creuser entre Pouzzoles et Rome. A partir du IIe s., le terme cécube s'emploie, si l'on en croit Galien, pour tous les vins blancs qui, ayant subi un long vieillissement, ont pris une couleur ambrée et un goût amer; ils ne sont pas bons à boire, mais on s'en sert pour couper des vins jeunes et les faire passer pour vieux.

Ces vins d'appellation ne représentaient qu'une très faible partie de tous ceux qui étaient bus par les habitants de l'Empire romain et l'énorme population de sa capitale: elle absorbait peut-être deux millions d'hectolitres par an. Pour ceux qui étaient importés en amphores, l'acheteur avait pourtant le moyen de savoir d'où venait le vin. De façon moins définie que les grecques, et sans les marques des magistrats des cités, les amphores romaines ont elles aussi une forme différente selon leur région de production. Au milieu du Ier siècle de n. è., il était impossible de confondre une amphore italienne et une amphore gauloise. Les amphores à huile des grandes régions productrices, bien identifiées dans les textes, – l'Andalousie actuelle, l'Istrie et l'Afrique – se ressemblaient si peu qu'il était inutile de préciser l'origine de l'huile. Quand il s'agissait de grands vins en revanche, on en peignait le nom à l'encre sur le col de l'amphore, avec quelquefois le millésime. Un nom de cépage n'apparaît que dans un seul cas: les Aminées, cépage traditionnel de l'Italie péninsulaire, célèbre pour la capacité de vieillissement de ses vins. Nous l'avons rencontré un peu plus haut dans l'édit de Dioclétien. C'est le seul qui, pour Columelle, peut donner du bon vin même hors de son terroir de prédiléction, et, de fait, on a trouvé une inscription sur amphore qui précise «vin amineen de Béziers». Autrement, Columelle, comme le faisait Empédocle, considère qu'un plant produit des vins de qualité ou des vins inférieurs selon le sol sur lequel il se trouve. Dans le débat toujours actuel cépage-terroir, Pline est plus catégorique : «c'est la région et le terroir qui importent, non le raisin, et il est superflu de vouloir énumérer les espèces, puisqu'un même cépage a, selon les lieux, des vertus différentes».

L'Etat romain ne se sentait pas tenu de contrôler la véracité des inscriptions portées sur les amphores. Il n'était concerné par l'authenticité qu'en tant qu'utilisateur, quand il recevait du blé pour les distributions publiques (sa densité devait être celle de l'espèce et de l'origine annoncées), ou, à partir du IIIe siècle de n. è., du vin pour des ventes à prix réduit (des *ampullae*, flacons-échantillons, accompagnaient les tonneaux livrés à cet effet au IVe s.). Des appellations abusives ou des fraudes pouvaient être le fait de producteurs et de marchands. Elles ne relevaient pas du pénal. Galien en donne trois exemples, qui illustrent des pratiques souvent reprises par la suite et encore actuelles. Citons ce beau texte:

«On connaît un persil apprécié de tous, c'est celui de Macédoine, et certains l'appellent éstréatique, lui donnant le nom de la région où il pousse. Or elle n'en produit qu'une quantité très faible, car c'est une région étroite et accidentée. Mais les Macédoniens exportent le persil éstréatique dans tous les pays, alors que la Macédoine elle-même en produit peu. Il s'est passé pour le persil la même chose que pour le miel et le vin de Falerne. Les marchands exportent presque dans le monde entier aussi bien le miel Attique et le vin de Falerne que le persil de Macédoine, alors que sa production ne suffit pas à tous les pays: l'essentiel est produit en Epire et l'essentiel du miel dans les Cyclades. On transporte le miel des îles à Athènes et le persil d'Epire en Macédoine. Rassemblé ensuite presque entièrement à Thessalonique, il est exporté de là comme persil macédonien. Quelque chose de semblable s'est passé pour le vin de Falerne. Il se fait en faible quantité dans une petite région précise de l'Italie, et il est exporté dans tout l'Empire romain comme venant bien de là, alors que des manipulateurs habiles adultèrent d'autres vins pour qu'ils lui ressemblent.»

La dégustation, qui accompagnait normalement toute vente de vin, était la meilleure protection du consommateur. Il fallait s'y entendre, ou, quand on le pouvait, faire acheter son vin par un professionnel. Auguste avait auprès de lui un affranchi «dont les jugements et le palais étaient particulièrement exercés». Il choisissait les vins que l'Empereur allait boire.

Ne croyons pas pourtant que les falsifications ont dominé la consommation antique. Les amphores qui transportaient les liquides n'étaient pas faciles à imiter jusque dans le détail d'une région à l'autre, et nous n'en avons pas d'exemple sûr. Les produits de luxe pour leur part circulaient au sein d'une société relativement étroite et selon des circuits qui ne s'entrecroisaient pas tous. Aucune transaction n'était impersonnelle, et cela constituait une forme de contrôle. Qui demandait dans un bar une coupe de falerne (nous avons son tarif à Pompéi) avait sans doute peu de chances qu'on lui serve de l'authentique. Mais les milliers d'amphores qui vieillissaient dans les apothèques de l'empereur et des aristocrates contenaient au moins du vin produit dans la région du Mont Massique. Quand, à partir du VIe s., on appellera falerne des vins d'un peu partout, même de Normandie, ce n'est pas qu'on y faisait du faux falerne, c'est que le mot avait pris un autre sens; il ne désignait plus qu'un vin un peu moins médiocre que les autres. Les temps avaient changé.

XII

LA FORMULE *PANE ET VINO ADJECTO* ET L'INSCRIPTION DU COLLÈGE D'ESCULAPE ET D'HYGIE (*CIL*, VI, 10234)

André Tchernia

Comment comprendre les inscriptions où les évergètes fournissent en plus de sportules en numéraire du pain et du vin? Les formules peuvent se répartir en plusieurs groupes: 1) celles où il est précisé que le pain et le vin ne sont donnés qu'aux bénéficiaires qui profitent de l'argent reçu pour faire un *epulum: panem et vinum et caldam passive praestari placuit iis qui ad tetrastylum epulati fuerint* (*CIL*, VI, 33885 = Dessau, 7214); *adjecto pane et vino epulantibus* (*CIL*, XI, 4395 = Dessau, 6632); *cum epul* (*arentur*) (*CIL*, XI, 6362 = Dessau, 7364); *sportulas ... divisit ... et recumbentibus panem et vinum praebuit* (*CIL*, V, 7920). 2) celles où le terme *adjecto* conservé persiste à donner une place à part à ce don de pain et de vin, mais sans qu'on précise sa destination ou sa limitation (*CIL*, X, 5796 = Dessau, 6268; *CIL*, XI, 4582; *CIL*, XI, 6358 = Dessau, 6654; *CIL*, XI, 6360). 3) celles où *panem et vinum* sont simplement liés à l'indication de la somme d'argent par *et* ou *cum* (*CIL*, X, 3699 = Dessau, 4174; *CIL*, XI, 5215 = Dessau, 2650; *CIL*, XI, 6310 = Dessau, 3082; *CIL*, XI, 3009 = Dessau, 6595; *CIL*, XI, 6014 = Dessau, 6645; *CIL*, XIV, 119).

L'interprétation des formules du premier type s'impose. Le terme *sportula* désigne indifféremment sous l'Empire un don en nature ou un don en argent (de même qu'*epulum* finira par pouvoir signifier une somme d'argent: *CIL*, X, 6090, etc.) mais il conserve de son sens originel (le panier dans lequel on emporte la viande des sacrifices) l'idée qu'il s'agit en principe de consommer de la viande. *Epulum* de la même façon garde des traces d'un sens étroit qui exclut au moins le vin dans les nombreux textes littéraires où il est opposé à *vinum: vino atque epulis retentus, vino epulisque dediti*[1], etc. Si le donateur veut manifester qu'il entend offrir un repas complet, il doit ajouter à la sportule le pain et le vin. Ce don en nature complétant le don en argent est une façon d'inciter les bénéficiaires à utiliser la sportule pour faire un banquet en l'honneur, ou en souvenir, du donateur. Je ne fais ici que reprendre les vieilles idées de Mommsen[2], Marquardt[3], Schiess[4], Waltzing[5].

Il est plus difficile de prouver que l'on doit entendre de la même façon (ainsi que le font les auteurs que je viens de citer) les formules du deuxième et du troisième type: la limitation aux *epulantibus* y serait implicite. Je serais cependant tenté de le croire: quel sens aurait autrement l'adjonction de pain et de vin à une sportule de quarante sesterces (donc peut-être vingt ou trente fois supérieure au prix d'une ration de pain et de vin) et réservée en outre aux décurions (*CIL*, XI, 3009 = Dessau, 6595)? Quoi qu'il en soit, et même si l'on admet que dans ces cas le pain et le vin sont donnés à tous les bénéficiaires, quelle que soit la façon dont ils comptent les consommer et utiliser l'argent de la sportule, il faut bien penser qu'il y a là une référence traditionnelle à sa destination première, et non pas l'attribution d'un simple supplément en nature s'ajoutant au don en argent[6]. Il n'y a pas en Italie d'inscription (si ce n'est celle du collège d'Esculape et d'Hygie pour laquelle je renvoie à la discussion ci-dessous) où il soit question de donation de pain et de vin seul. L'évergète pauvre ou avare n'offre pas ce repas médiocre: il donne

---

[1] Cicéron, *Philippiques*, III, 20; Cornélius Népos, *Pelopidas*, 3, 1; voir d'autres références dans le dictionnaire de Lewis & Short, *s.v. epulum*.

[2] Th. Mommsen, *De collegiis et sodaliciis Romanorum*, Kiel 1843, p. 109-111.

[3] J. Marquardt, *Das privatleben der Römer*, Leipzig 1886 (réimpr. anast., Darmstadt 1964), p. 208.

[4] Tr. Schiess, *Die römischen collegia funeraticia nach den Inschriften*, Munich 1888, p. 104.

[5] J.P. Waltzing, *Etude historique sur les corporations professionnelles chez les Romains*, I, Bruxelles 1895-1900 (réimpr. anast., Hildesheim, 1970), p. 304, note 4, et p. 393.

[6] O. Toller, *De spectaculis, cenis, distributionibus in municipiis romanis occidentis Imperatorum aetate exhibitis*, Altenburg 1889, p. 91; cf. S. Mrozek, «Quelques remarques sur les inscriptions relatives aux distributions privées de l'argent et de la nourriture dans les municipes italiens aux I, II et IIIe s. d.n.è.», dans *Epigraphica*, XXX (1968), p. 156-171; Id., «Les bénéficiaires des distributions privées d'argent et de nourriture dans les villes italiennes à l'époque du Haut-Empire», dans *Epigraphica*, XXXIV (1972), p. 30-54.

soit une sportule en numéraire très faible (parfois une sesterce) soit le *crustulum et mulsum*: vin doux et petits fours, plus proche d'un apéritif ou d'un vin d'honneur que d'un banquet.

Ces inscriptions peuvent donc confirmer que dans les régions où on les trouve (le Latium, l'Etrurie, l'Ombrie, le Picénum et le Samnium), le vin était bien considéré comme l'accompagnement nécessaire du repas. Mais il est abusif d'en conclure que le pain et le vin formaient souvent un *epulum* plébéien[7]. Ils sont au contraire à plusieurs reprises réservés aux seuls décurions, sévirs augustaux ou autres notables[8]. Je ne dis pas cela pour mettre en doute l'idée que la plèbe italienne ne se nourrissait souvent que de pain et de vin: les ethnologues nous apprennent au contraire que les banquets de fête ne sont jamais identiques aux repas quotidiens et qu'ils prennent d'autant plus d'importance que la société est plus sous-alimentée[9]. C'est par un raisonnement inverse que l'on peut suggérer, à partir des mêmes inscriptions, la même conclusion: ce qui est offert dans l'*epulum* ou la *sportula* au sens traditionnel, c'est le supplément au quotidien, non le quotidien lui-même, qui consiste précisément en pain et vin, avec quelquefois un complément frugal. L'inscription du collège des *cultores* de Diane et d'Antinoüs à Lanuvium est bien parlante à cet égard[10]. Les membres du collège qui se trouvent à tour de rôle *magistri cenarum* sont tenus de fournir du pain, du vin et quatre sardines par personne pour chacun des six dîners que le collège organise annuellement. Mais le bienfaiteur du collège, L. Caesennius Rufus, fait une fondation qui permet de dépenser quatre cents sesterces le jour de deux de ces repas: à l'anniversaire de Diane et à l'anniversaire d'Antinoüs. Quant aux quatre autres repas, Waltzing a supposé avec bon sens qu'ils devaient avoir fait l'objet d'une autre fondation, antérieure à celle citée dans l'inscription, puisqu'ils ont lieu aux anniversaires de Caesennius Rufus ou de membres de sa famille[11]. Rien n'oblige donc

---

[7] R. Duncan-Jones, *The economy of the Roman empire. Quantitative studies*, Cambridge 1974, p. 263 et note 3. Repris par l'auteur dans «The price of wheat in Egypt under the Principate», dans *Chiron*, VI (1976), p. 241.

[8] *CIL*, X, 5796 = Dessau, 6268; *CIL*, XI, 3009 = Dessau, 6595; *CIL*, XI, 5215 = Dessau, 2650.

[9] Voir par exemple M. Cépède, M. Lengellé, *Les orgies alimentaires*, dans *Enc. Française*, XIV (1954), p. 14, 38, 15-16.

[10] *CIL*, XIV, 2112 = Dessau, 7212.

[11] Waltzing, *Etude historique*..., I, p. 483, note 1: «C'était peut-être aussi avec les revenus d'une fondation, antérieure à sa *lex*, que le collège de Lanuvium fêtait les *natales* de ses bienfaiteurs» (dans l'inscription la *lex collegii* est de 133 ap. J.-C. et la fondation décrite de 136: il pourrait en fait y avoir eu une première fondation contemporaine de la *lex*). Mommsen, *De collegis*..., p. 112, supposait avec moins de vraisemblance que Caesennius invitait ces jours-là les membres du collège chez lui.

à penser que le pain, le vin et les sardines constituent la totalité des *cenae* du collège; on devait les améliorer en puisant dans les revenus de la fondation. Ce que fournissent les *magistri cenarum* n'est pas représentatif du menu des banquets collectifs, mais du nécessaire quotidien.

Reste le problème posé par l'inscription du collège d'Esculape et d'Hygie à Rome[12] qui a servi à Schiess[13] et à Duncan-Jones[14] pour calculer les prix des repas et le prix du vin. Il faut citer (d'après Dessau) toute la partie du texte qui nous intéresse:

... eadem Marcellina collegio s. s. dedit donavitque ~~HS~~, L. m. n. hominibus n. LX sub hac condicione, ut ne plures adlegantur, quam numerus s. s. et ut in locum | defunctorum loca veniant et liberi adlegantur, vel si quis locum suum legare volet filio vel fratri vel liberto dumtaxat, ut inferat arkae n. partem | dimidiam funeratici; et ne eam pecuniam s. s. velint in alios usus convertere, sed ut ex usuris eius summae diebus infra scriptis locum confrequentarent; | ex reditu eius summae si quod comparaverint sportulas hominib. n. LX ex decreto universorum quod gestum est in templo divorum in aede divi Titi con|ventu pleno, qui dies fuit V id. Mart. Bruttio Praesente et Iunio Rufino cos., uti XIII k. Oct. die felicissimo n. Antonini Aug. n. Pii p. p. sportulas dividerent: in | templo divorum in aede divi Titi C. Ofilio Hermeti qq.pp. vel qui tunc erit X III, Aelio Zenoni patri collegi X III, Salviae Marcellinae matri collegi X III, imm. | sing. X II, cur. sing. X II, populo sing. X I. Item pl. pr. non. Nov. n. collegi dividerent ex reditu s. s. ad Martis in scholam n. praesentibus q.q. X VI, patri colleg. X VI, | matri collegi X VI, imm. sing. X IIII, cur. sing. X IIII, panem [a.] *III; vinum mensuras qq.s. VIIII, patr. coll. s. VIIII, imm. sing. s. VI, cur. sing. s. VI, populo sing. s. III. Item pr. non. Ian. | strenuas* (sic) *dividerent sicut s. s. est XIII k. Oct. Item VIII k. Mart. die kare cognationis ad Martis eodem loco dividerent sportulas pane et vinum sicut s. s. est | prid. non. Nov. Item pr. id. Mart. eodem loco cenam, quam Ofilius Hermes qq. omnibus annis dandam praesentibus promisit, vel sportulas, sicut solitus est dare. Item | XI k. Apr. die violari eodem loco praesentibus dividerentur sportulae vinu pane sicut diebus s. s. Item V id. Mai. die rosae eodem loco praesentib. dividerentur spor|tulae vinu et pane sicut diebus s. s. ea condicione, qua in conventu placuit universis, ut diebus s. s. ii qui ad epulandum non convenissent, sportulae et pane et vinu | eorum venirent et praesentibus divideretur, excepto eorum qui trans mare erunt vel qui perpetua valetudine detinetur. Item P. Aelius Aug. lib. Zenon | eidem collegio s. s. ob memoriam M. Ulpi Aug. lib. Capitonis*

---

[12] *CIL*, VI, 10234 = Dessau, 7213.

[13] Schiess, *Die römischen...*, p. 105.

[14] Duncan-Jones, *The economy...*, p. 364-365.

fratris sui piissimi dedit donavitque HS X m. n., uti ex reditu eius summae in contri|butione sportularum dividerentur. Quod si ea pecunia omnis quae s. s. est, quam dedit donavit collegio s. s. | Salvia C. f, Marcellina et P. Aelius Aug. lib. Zeno, in alios usus convertere voluerint, quam in eos usus, qui s. s. s., quos ordo collegi n. decrevit et uti | haec omnia, q. s. s. s. suis diebus ut ita fiant dividantque, quod si adversus ea quid fecerint sive quid ita non fecerint, tunc qq. vel curato|res eiusdem collegi qui tunc erunt, si adversus ea quid fecerint, qq. et curatores s. s. uti poenae nomine arkae n. inferant HS XX m. n. |

On comprend bien qu'il y a deux types de distribution: 1) celles où tous les membres du collège reçoivent des sportules: deux fois par an, pour l'anniversaire de l'empereur Antonin (lignes 9-11) et la veille des nones de janvier, pour les étrennes (lignes 12-13); 2) celles où les décurions et les *immunes* reçoivent en outre du pain et du vin, dont apparemment les membres ordinaires, privés de sportules, doivent alors se contenter: quatre fois par an, la veille des nones de novembre, anniversaire du collège (ligne 11), le huitième jour avant les calendes de mars, jour de la chère famille (ligne 13), le onzième jour avant les calendes d'avril, jour où l'on fleurit les tombes de violettes (ligne 15), le cinquième jour avant les ides de mai, jour où on les fleurit de roses (lignes 15-16). On connaît le nombre des membres du collège, limité à soixante par la volonté des donateurs. Les seules inconnues pour parvenir à estimer le coût de chaque distribution sont: 1) le nombre des *immunes* et des *curatores; 2)* le prix du vin (dont on connaît les quantités).

Schiess et Duncan-Jones adoptent des estimations voisines pour le nombre des *immunes*: cinq pour le premier, six pour le second[15], et arrivent naturellement à des chiffres voisins pour le coût des sportules du premier type: 300 sesterces selon Schiess, 292 selon Duncan-Jones. Il n'en va pas de même quand il s'agit du second type. La question posée est du reste différente: Schiess veut établir le coût d'une *cena,* Duncan-Jones le prix d'une amphore de vin. Ce dernier part de deux hypothèses possibles: intérêts de *5%* ou de *6%* pour le capital de 50.000 sesterces (ligne 5). Une fois déduites des intérêts annuels les dépenses consacrées aux sportules et au pain, il reste la somme réservée au vin distribué: 1.064 ou 1.564 sesterces selon le taux d'intérêt choisi pour 210 setiers par repas, c'est-à-dire 17,5 am-

[15] En outre Duncan-Jones inclut le *pater* et la *mater collegii* dans le nombre limite et compte soixante parts, alors que Schiess les exclut et compte soixante deux parts.

phores par an. Le prix de l'amphore de vin à Rome en 153 s'établirait donc à 61 ou 88,5 sesterces par amphore. C'est un prix nettement plus élevé que ceux dont nous avons des témoignages datés du Ier siècle, et Duncan-Jones en conclut que le vin était cher dans la capitale.

Schiess raisonne à l'inverse, et part de l'hypothèse d'un prix du vin compris entre 15 sesterces l'amphore (c'est le prix donné comme un minimum à la production par Columelle, *R.R.*, III, 3, 10) et 25 sesterces. Sur ces bases, il aboutit à une dépense moyenne annuelle de 3.600 sesterces qui l'oblige à supposer un taux d'intérêt de 7,2%. La discordance considérable entre les deux calculs – puisqu'avec des dépenses en vin trois fois inférieures, Schiess calcule un taux d'intérêt supérieur à celui de Duncan-Jones – s'explique parce que Schiess se fonde sur un texte corrigé: il va pour lui de soi qu'à la ligne 12, le lapicide a oublié de mentionner la sportule du *populus*: deux deniers, la moitié de celle des *immunes*[16].

La correction de Schiess peut être défendue non seulement parce que, comme nous venons de le voir, le don de pain et de vin sans sportule serait sans parallèle, mais aussi parce que l'inscription est dans son ensemble fort mal rédigée. A deux reprises, des répétitions visiblement abusives rendent les phrases incohérentes: *sportulas* aux lignes 8 et 9, *si adversus ea quid fecerint* aux lignes 21-22. Il n'y aurait rien d'étonnant à ce que le rédacteur, ou le lapicide, ait ajouté à ces erreurs par excès une erreur par défaut.

Mais il faut encore préciser un point essentiel. Les deux auteurs ont calculé les intérêts sur le capital fourni par *Salvia Marcellina*: 50.000 sesterces. Or les dernières lignes que nous avons citées imposent d'y ajouter les 10.000 sesterces de *P. Aelius Zeno*: c'est bien les intérêts des deux fondations ensemble qu'il est obligatoire de consacrer aux donations énumérées[17]. En appliquant à ce capital de 60.000 sesterces les mêmes bases de calcul que Duncan-Jones, on aboutit à des prix du vin de 89 sesterces l'amphore (intérêts à 5%) ou de 123 sesterces l'amphore (intérêts à 6%): ils paraissent cette fois nettement trop élevés, et confirment la légitimité de la correction de Schiess.

Restent à calculer par curiosité le prix du vin et le taux d'intérêt dans l'hypothèse du texte corrigé et du capital de 60.000 sesterces: l'intérêt à 5% ne suffit pas à couvrir l'ensemble des dépenses; l'in-

[16] SCHIESS, *Die römischen...*, p. 107, note 361: «ist jedenfalls nur durch Versehen des Steinmetzen nach '*cur. sing*. X IIII' ausgelassen 'populo *sing*. X II'» . La correction a été adoptée par WALTZING, *Etude historique...*, I, p. 401, note 1 et III, p. 271.

[17] WALTZING, *Etude historique...*, I, p. 483, note 3, l'a bien vu.

térêt à 6% met l'amphore de vin à 23 sesterces, en conservant les bases de Schiess et à 28,5 sesterces en prenant celles de Duncan-Jones: ce sont des chiffres tout à fait cohérents avec nos autres sources si l'on admet qu'il s'agit d'un vin populaire et que les prix sont restés stables entre la seconde moitié du 1er siècle et le milieu du second.

Index géographique et des vins

MÉDITERRANÉE ORIENTALE, ASIE, PONT-EUXIN

SICILE, ITALIE, MÉDITERRANÉE OCCIDENTALE

SAGGI DI STORIA ANTICA

25 - Amarelli, F. (Ed.) - Politica e partecipazione nelle città dell'Impero romano, 2005.
26 - Grelle, F. - Diritto e società nel mondo romano, a cura di L. Fanizza, 2005.
27 - Giardina, A. - Cassiodoro politico, 2006.
28 - Lizzi Testa, R. (Ed.) - Le trasformazioni delle *élites* in età tardoantica (Atti del Convegno Internazionale, Perugia, 15-16 marzo 2004), 2006.
29 - De Giovanni, L. - Istituzioni scienza giuridica codici nel mondo tardoantico. Alle radici di una nuova storia, 2007.
30 - Cristofoli, R. - Antonio e Cesare, (anni 54-44 a.C.), 2007.
31 - Salviat, F. et Tchernia, A. - Vins, vignerons et buveurs de l'Antiquité, 2013.

Finito di stampare nel mese di gennaio 2014 per conto de
«L'ERMA» di BRETSCHNEIDER
da Arti Grafiche Editoriali srl - Urbino